"十四五"职业教育国家规划教材

高等职业教育计算机类课程
新形态一体化教材

人工智能导论

主编 钱银中
主审 眭碧霞
参编 林聿中 韦俊丞 刘郁君
贺宁 翟文正 周敏
黄薰慧 曾世邦 吴敏君

中国教育出版传媒集团
高等教育出版社·北京

内容提要

本书为“十四五”职业教育国家规划教材。

本书是为高等职业院校学生编写的人工智能入门教材，全书由6个单元组成。 单元1介绍人工智能概念、发展历史、基本技术和架构、现状和发展趋势；单元2介绍人工智能应用，包括智能制造、智能家居、智慧医疗、智能物流、智能城市、智能农业和智慧政务；单元3介绍大数据、云计算、物联网、边际运算、智能芯片以及开放平台等人工智能技术支撑和运作平台；单元4介绍关键技术，包括机器学习、深度学习、计算机视觉、自然语言处理、人机互动、虚拟现实和增强现实；单元5介绍人工智能产品及服务，包括智能机器人、智能运载工具、智能终端设备和智能服务；单元6介绍人工智能的安全、伦理及隐私。

本书配套有微课视频、课程标准、授课计划、教学课件以及习题答案等数字化学习资源。与本书配套的数字课程“人工智能导论”在“智慧职教”平台（www.icve.com.cn）上线，学习者可登录平台进行在线学习，授课教师可调用本课程构建符合自身教学特色的SPOC课程，详见“智慧职教”服务指南。教师也可发邮件至编辑邮箱1548103297@qq.com获取相关资源。

本书紧跟人工智能技术动态，选取了人工智能中的典型应用案例，兼顾通识与技能，具有很强的操作性和实用性，既可作为高职高专及中等职业学校计算机通识课程的教材，也可作为电子信息、计算机相关专业的人工智能入门教材。

图书在版编目（CIP）数据

人工智能导论 / 钱银中主编. --北京 ：高等教育出版社，2019.11(2025.2重印)

ISBN 978-7-04-053171-8

Ⅰ. ①人… Ⅱ. ①钱… Ⅲ. ①人工智能-高等职业教育-教材 Ⅳ. ①TP18

中国版本图书馆CIP数据核字(2019)第275452号

策划编辑 侯昀佳　责任编辑 刘子峰　封面设计 王凌波　版式设计 于 婕
插图绘制 于 博　责任校对 窦丽娜　责任印制 刘思涵

出版发行	高等教育出版社	网　　址	http://www.hep.edu.cn
社　　址	北京市西城区德外大街4号		http://www.hep.com.cn
邮政编码	100120	网上订购	http://www.hepmall.com.cn
印　　刷	三河市骏杰印刷有限公司		http://www.hepmall.com
开　　本	787 mm×1092 mm　1/16		http://www.hepmall.cn
印　　张	14		
字　　数	310千字	版　　次	2019年11月第1版
购书热线	010-58581118	印　　次	2025年2月第11次印刷
咨询电话	400-810-0598	定　　价	45.00元

本书如有缺页、倒页、脱页等质量问题，请到所购图书销售部门联系调换

物 料 号　53171-B0

“智慧职教”服务指南

“智慧职教”（www. icve. com. cn）是由高等教育出版社建设和运营的职业教育数字教学资源共建共享平台和在线课程教学服务平台，与教材配套课程相关的部分包括资源库平台、职教云平台和App等。用户通过平台注册，登录即可使用该平台。

● 资源库平台：为学习者提供本教材配套课程及资源的浏览服务。

登录“智慧职教”平台，在首页搜索框中搜索“人工智能导论”，找到对应作者主持的课程，加入课程参加学习，即可浏览课程资源。

● 职教云平台：帮助任课教师对本教材配套课程进行引用、修改，再发布为个性化课程（SPOC）。

1. 登录职教云平台，在首页单击“新增课程”按钮，根据提示设置要构建的个性化课程的基本信息。

2. 进入课程编辑页面设置教学班级后，在“教学管理”的“教学设计”中“导入”教材配套课程，可根据教学需要进行修改，再发布为个性化课程。

● App：帮助任课教师和学生基于新构建的个性化课程开展线上线下混合式、智能化教与学。

1. 在应用市场搜索“智慧职教 icve”App，下载安装。

2. 登录App，任课教师指导学生加入个性化课程，并利用App提供的各类功能，开展课前、课中、课后的教学互动，构建智慧课堂。

“智慧职教”使用帮助及常见问题解答请访问 help. icve. com. cn。

前 言

人工智能已经在各行各业得到了广泛的应用，人工智能的研究、开发和应用产生了大量的人才缺口。高职院校应该抓住这一就业形势，尽快普及人工智能教育，开设人工智能专业和课程，满足社会对人工智能技能型人才的需求。

人工智能有宽广深厚的理论基础。本书的定位是高职学生的人工智能入门教材，根据高职教学要求和高职学生特点组织各单元的内容。人工智能的各种理论不是本书的重点，仅仅在单元1对人工智能历史和主要理论进行了简单介绍。

本书介绍了人工智能的应用，包括智能制造、智能家居、智慧医疗、智能物流、智能城市、智能农业、智慧政务等。这些应用中的技术不仅仅是人工智能，而是包括物联网、云计算、大数据和人工智能在内的新一代信息技术。尽管有些应用目前的主要技术不是人工智能，例如智慧政务和智慧医疗，目前用到的主要技术是大数据和云计算，但不久的将来，这些应用必定导入人工智能，因此有必要让学生先熟悉这些应用，了解公务部门智能化的程度。新一代信息技术是一个整体，这些新技术结合在一起推动各个传统行业和新兴行业日益智能化。因此，本书介绍了物联网、云计算、大数据以及边际运算、智能芯片和人工智能平台等支撑技术和运作平台。

在短短六十多年的发展中，人工智能经历了两度兴衰。2016年AlphaGo战胜围棋世界冠军标志着人工智能第三次兴起。这一波人工智能兴起源于深度学习技术上的重大突破，随后深度学习在计算机视觉、自然语言处理和语音识别等领域迅速得到应用，使这些领域的识别精度飞速提高，机器在很多数据集上的识别精度已经超过了人类。本书单元4介绍了这一波人工智能兴起背后的主要技术，包括机器学习、深度学习、计算机视觉、自然语言处理等。鉴于高职教学的特点，涉及理论的部分均点到为止。

人工智能技术如何转化为产品和服务，无疑是高职教学的重点。单元5介绍了智能机器人、智能运载工具、智能终端设备和智能服务。人工智能是一把双刃剑，在创造智能化工作环境和美好生活的同时，也对个人隐私、社会秩序和伦理带来了挑战，单元6阐述了这些问题。

编者深感近年来人工智能技术的发展日新月异，因此于本书2019年出版后，基于最新研究成果以及广大院校师生的教学应用反馈，不断优化、更新教材内容，力求将最新的技术、标准等及时纳入教材内容。本次修订加印，为加快推进党的二十大精神进教材、进课堂、进头脑，增加了国内远程诊断系统和国产小米机器人的介绍，并补充了“数据集标注”和“机器学习工具介绍”两个拓展阅读模块，重点介绍了国产深度学习工具Paddle-Paddle的使用方法，展现我国高质量发展坚实的物质技术基础与创新驱动发展战略成果；在“单元4关键技术”中，针对“机器学习”和“计算机视觉”两部分重点内容，补充了相应的项目实操拓展阅读模块，体现人工智能实操应用特色，满足高素质技术技能人才培养需求，将实施科教兴国战略、人才强国战略落到实处。同时编者也花费大量时间更新录制了全部微课视频，将知识讲解与实操演练相结合，并不断完善相关教学资源和数字课程，以进一步推动现代信息技术与教育教学深度融合。

本书配有微课视频、授课用PPT、课程标准、授课计划、习题答案等丰富的数字化学习资源。与本书配套的数字课程“人工智能导论”在“智慧职教”平台（www. icve. com. cn）上线，学习者可以登录平台进行在线学习及资源下载，授课教师可以调用本课程构建符合自身教学特色的SPOC课程，详见“智慧职教”服务指南。教师也可发邮件至编辑邮箱1548103297@ qq. com获取相关资源。

本书的编写分工为：林聿中编写1.1、1.2、5.2节，韦俊丞编写1.3、3.4、4.7节，刘郁君编写1.4、1.5、5.4节，贺宁编写2.1、2.4、2.5、2.6、3.1、3.5、3.6节，翟文正编写2.2，3.3，5.3节，钱银中编写2.3、2.7、4.1、4.2、4.3、4.4、4.5节，周敏编写3.2节，黄薰慧编写4.6节，曾世邦编写4.8、5.1节，吴敏君编写6.1、6.2节。眭碧霞教授担任本书的主审。

本书内容经过多次讨论，得到了很多专家和兄弟院校教师的指导和建议，在此一并感谢。

编者

2023年6月

目 录

单元1　人工智能概述

微课 1-1
单元 1 内容介绍

亨利夫妇的儿子马丁身患绝症，在医院接受冷冻治疗。为了缓解可能到来的丧子之痛，亨利买回家一个机器人孩子大卫。大卫不仅具有人的外貌和动作，而且具有人类的心智和情感，像真实的孩子一样爱他的父母和亲人。大卫在亨利家学会了吃饭、穿衣、睡觉等人类的日常行为，还学会了阅读、捉迷藏以及保护个人隐私等高级行为。亨利太太最初有抵触和防备心理，但渐渐地与大卫建立了深厚的母子感情。后来马丁奇迹般地康复回家，大卫与亨利夫妇一家三口继续相处，并且与马丁成了好兄弟。大卫从马丁身上学会了更多的技能，也给这个家庭带来了很多危险。有一次大卫抱着马丁掉进游泳池里，差点把马丁淹死。最终，为了避免危险，亨利太太决心把机器人孩子大卫丢弃在他最喜爱的大森林里。这样，大卫成了一个无家可归的机器人，在人类与机器人混杂的世界中流浪，陪伴他的只有一个从亨利家带出来的智能玩具泰迪熊。然而，对亨利一家的深厚情感，最终驱使机器人孩子马丁踏上了寻找并回归亨利一家的路。

上述情节来自科幻电影《人工智能》（图 1-1）。相信很多读者对人工智能的认识都来自类似的科幻电影或小说。大家不免会问，电影《人工智能》描绘的那种具有人类心智和情感的机器人是否会真的出现，这些机器人能够以假乱真，且具备自我修复能力，将来人类如何与他们共处？

无法否认，人工智能（AI）已经来到我们身边，这是近年来讨论最火热的话题之一。事实上，很少有哪门科学像人工智能那样，每次技术上取得突破后，能够引发如此巨大的社会关注。这些关注除了来自人工智能的研究者和新闻界，还有作家、社会学家、哲学家以及各行各业的从业人员。之所以如此引人注目，是因为人工智能的发展和技术进步将根本性地改变我们每个人的生活方式和工作方式。

本书是人工智能的入门教材。首先，从什么是人工智能以及人工智能的历史开始介绍。

图 1-1 电影《人工智能》剧照

微课 1-2
什么是人工智能

1.1 什么是人工智能

2016 年 3 月发生了震惊全世界围棋界的一件大事。韩国围棋九段棋手李世石与人工智能程序 AlphaGo 之间的人机对弈，从 3 月 9 日到 15 日，经过了五局大战，结果是由 AlphaGo 先取得前三场胜利，随后李世石拿下第四场胜利，最后一局在经过 5 个小时的鏖战后，最终李世石弃子投降，在围棋的人机大战中最终以总比分 1∶4 负于 AlphaGo。经由这次全世界瞩目的人机大战，也让大家重新把焦点放到了人工智能的发展上。

什么是人工智能？从不同的观点来看人工智能，会有不同的看法。人工智能并不是新事物，在 1956 年的达特茅斯会议上，便已经有人提出了人工智能的概念，随着这一领域的进步，人工智能的定义也不断地更新。目前在各个不同场合中，人工智能被频繁地提出，但是不同背景的人士对于人工智能的定义也有不同的认知，例如人工智能基础研究者、人工智能产品设计者、商务人士、政府人士与广大的民众都有其对人工智能的看法与说明。在学术上，科学家对于人工智能的定义最早出现在 1956 年达特茅斯会议上，美国计算机科学家约翰·麦卡锡与同事提出的提案中提到：尝试找到如何让机器使用语言、形成抽象和概念、解决现在人类还不能解决的问题、提升自己等。对于当下的人工智能来说，首要问题是让机器像人类一样能够表现出智能。简单来说，让机器能做出与人类同样的行为就是最基本的定义。

从目前出版的各类人工智能书籍，以及网络上的各种人工智能解说文章中，可以归纳得出如下几个最多人提及的人工智能定义。

定义一：人工智能就是令人觉得不可思议的计算机程序。

定义二：人工智能就是与人类思考方式相似的计算机程序。

定义三：人工智能就是与人类行为相似的计算机程序。

定义四：人工智能就是会学习的计算机程序。

定义五：人工智能就是根据对环境的感知采取合理行动，获得最大效益的计算机程序。

上述列举的定义是常见的人工智能的定义，基本上涵盖了目前对于人工智能的认知。

人工智能这个词意味着人类长远以来的目标就是希望机器可以跟人一样聪明。在科幻小说里面，可以看到很多人类的幻想与期待。在计算机出现之后，人类就幻想着可以利用计算机强大快速的运算能力让机器可以像人类一样工作，因此就有人设计出一些计算机程序来仿真人类的思考。正如上述的定义，“人工智能就是机器可以完成人们认为机器能够胜任的事”。当新的人工智能产品出现时，如何判定此产品的价值？不具备高深技术背景的新闻媒体与社会大众，大多以自身的经验来判断，而不以技术为本位来判定其是否具有智能。早期由于计算机指令周期和存储空间的限制，计算机不能处理过于复杂的问题。在那个年代，计算机在大多数人的心目中，不过是一台指令周期非常快的机器而已，因此当有人写出了一个可以在计算机中执行的西洋跳棋程序，人们就认为这是一台智能机器。但是经过一段时间，稍微了解程序设计的人们渐渐了解其技术本质之后，就会发现基本上会下棋的计算机程序只是用优化的搜寻算法来解决下棋的问题，而程序只是按照事先编写的搜寻策略，一步一步找到最佳的棋步，并非真正像人一样思考下棋方式。于是下棋的计算机就渐渐褪去了神秘光环，人们也开始怀疑下西洋跳棋的计算机程序的智能程度。当我们回顾计算机下棋的历史，就会发现每当新的人工智能热点出现的时候，人们就会认为人工智能的时代来临。但是随着时间的推移，人们对技术有了更多的了解认识，又开始怀疑其智能程度。简单回顾一下计算机下棋的历史，1951 年英国曼彻斯特大学的克里斯托弗·斯特拉其编写出第一个会下西洋跳棋的计算机程序；到了 20 世纪 50 年代中期，IBM 公司的阿瑟·山缪尔（Arthur Samuel）开发出可以与业余选手对抗的西洋跳棋程序，到了 1962 年，山缪尔的程序持续改进之后，战胜了一位西洋跳棋高手，成为了一时间舆论广为讨论的话题，此时绝大部分的媒体与社会大众也都认为这种会下西洋跳棋的计算机程序就是人工智能。当会下西洋跳棋的计算机程序不再神秘之时，人们的目标也就转向较为复杂的国际象棋与中国象棋，1996 年，IBM 打造的超级计算机深蓝（Deep Blue）首次挑战国际象棋世界冠军卡斯帕罗夫（Garry Kimovich Kasparov），但最终以 2:4 落败。经过这次比赛，人们看见了计算机战胜人类的曙光。IBM 研究小组于赛后将深蓝加以改良，1997 年改良后的深蓝可搜寻及估计随后的 12 步棋，而一名人类国际象棋好手大约可估计随后的 10 步棋。1997 年 5 月深蓝再度挑战卡斯帕罗夫。比赛在 5 月 11 日结束，最终深蓝计算机以 3.5∶2.5 击败卡斯帕罗夫，成为首个在标准比赛时限内击败国际象棋世界冠军的计算机系统，深蓝也因此声名大噪，此时没有人怀疑深蓝就是人工智能的代表。随着算法的精进，计算机下国际象棋与中国象棋的棋力大增，现在连一部手机或平板电脑上的象棋程序都可以与人类高手不分轩轾，人们又开始质疑这类下棋程序是否称得上是人工智能，最终人类把目光放到了最复杂的围棋上。围棋的复杂程度已经不是象棋所能比拟的，传统的算法与计算机指令周期不能负担如此大量的数据存储与运算次数，大部分专家学者都预测短期内人工智能围棋程序无法跟人类的顶尖棋手抗衡。但是，很快用来维护人类智能尊严的最后阵地也被攻陷。2016 年 3 月，围棋世界冠军李世石与 AlphaGo 对阵，AlphaGo 以 4∶1 大胜。现今，没有人会怀疑 AlphaGo 的核心算法是人工智能，但是几年之后还是这样吗？因此，将人工智能想象为只是令人觉得不可思议的计算机程序的定义，会因为时代背景与每个人的经验不同，而缺乏一致性。

人自称是万物之灵，很多事物的观点都是从人出发的。人工智能也是如此，一般社会大众所认知的人工智能大部分都是从仿生学的角度或者从科幻电影中看到的机器人，像星舰迷航记系列电影中出现的机器人 Data 拥有与人一模一样的外貌，能像人一样思考，甚至还能模拟出人类的情绪等。因此，还有从类似仿生学的角度来定义人工智能，“人工智能就是与人类思考方式相似的计算机程序”“人工智能就是与人类行为相似的计算机程序”“人工智能就是会学习的计算机程序”“人工智能就是根据对环境的感知做出合理行动，获得最大效益的计算机程序”，或多或少都是从人的行为出发的定义。人类如何思考、如何解决问题？专家系统就是运用人类专家知识和逻辑推理规则，解决特定领域问题的例子，目前人工智能的发展是希望让机器像人类一样具备学习的能力，因此机器学习、深度学习成为人工智能发展的显学之一。

1.2 人工智能发展历史

微课 1-3
人工智能的历史

人工智能的概念在古代的神话传说中即已出现，希腊神话已经出现机器人与人造人，中世纪也有使用巫术或炼金术将意识赋予无生命物质的传说，近代的科幻小说也都出现了机器人、会思考的人造人之类的题材，至今人工智能还是科幻小说的重要题材，也有过几部卖座的电影。自从人类发明了第一部计算机，人工智能开始有了实质的发展，不再止于人类的幻想中，而发展至今已超过半个世纪，其间经历过三次热潮，每次都因为某些技术上的困难无法突破而跌入低谷。下面先来介绍一下人工智能发展的历史，以及每一次热潮兴起的原因与遭遇的困难。图 1-2 大致说明了人工智能的发展史。

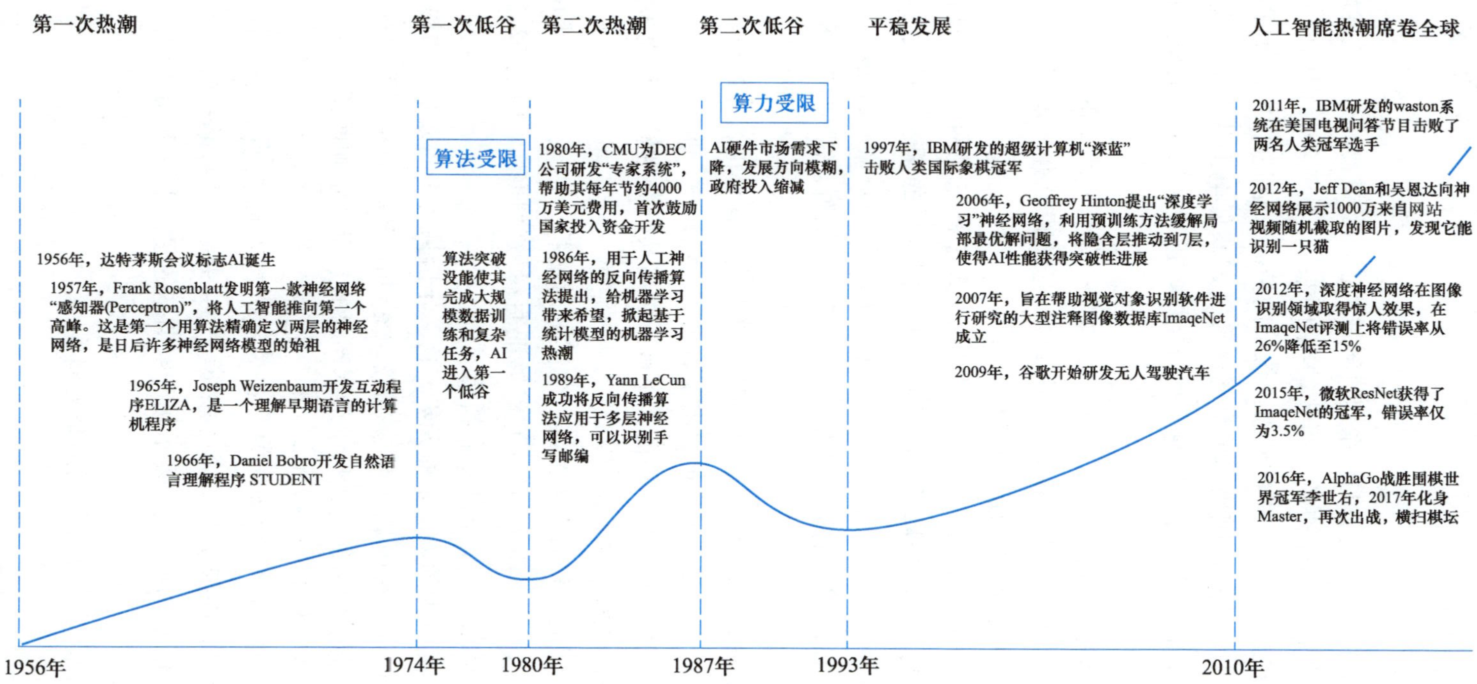

图1-2 人工智能发展历史

1.2.1 人工智能的诞生

20 世纪 30 年代末到 50 年代初的一系列科学进展造就了最初的人工智能研究。神经学的研究，发现大脑是由数以亿计神经元组成的电子网络，其神经元间的触发电位只存在“开”和“关”两种状态，不存在中间状态。维纳的控制论描述了电子网络的控制和稳定性。克劳德·香农提出的信息论则描述了数字信号（即高低电平代表的二进制信号）。图灵的计算理论证明数字信号足以描述任何形式的计算。这些密切相关的想法暗示了构建电子大脑的可能性。

这一阶段的工作包括一些机器人的研发，例如 W. Grey Walter 的“乌龟”（Turtles），还有“约翰·霍普金斯兽”（Johns Hopkins Beast）。这些机器并未使用计算机、数字电路和符号推理，控制它们的是纯粹的仿真电路。

Walter Pitts 和 Warren McCulloch 分析了理想化的人工神经元网络，并且指出了它们进行简单逻辑运算的机制。他们是最早描述所谓“神经网络”的学者，马文·明斯基是他们的学生，当时是一名 24 岁的研究生。1951 年他与 Dean Edmonds 一起建造了第一台神经网络机，称为 SNARC。在接下来的五十年中，明斯基是人工智能领域最重要的领导者和创新者之一。

1950 年，图灵发表了一篇论文，文中预言了创造出具有真正智能的机器的可能性。因为智能这一概念难以确切定义，于是他提出了著名的图灵测试。此测试是：如果一台机器能够通过传输设备与人类展开对话，而能够不被辨别出其机器身份，那么就称这台机器具有智能，代表这是一台会思考的机器。

1955 年，艾伦·纽厄尔和后来荣获诺贝尔奖的赫伯特·西蒙在 J. C. Shaw 的协助下开发了“逻辑理论家”（Logic Theorist），它能够证明《数学原理》中前 52 个定理中的 38 个，其中某些证明甚至比原著更加新颖和精巧。

1956 年是目前普遍认为的人工智能元年，这一年由马文·明斯基、约翰·麦卡锡、克劳德·香农以及来自 IBM 的内森·罗彻斯特（Nathan Rochester）发起达特茅斯会议，图 1-3 即会议地点。会议中给所有人留下最深印象的是纽厄尔和西蒙的报告，他们公布了一款程序——“逻辑理论家”（Logic Theorist）。这篇文章后来成为了人工智能历史最重要的文章之一。在会议中提出了一个观点是“学习或者智能的任何特性都应能被精确地加以描述，使得机器可以对其进行模拟。”总的来说，在 1956 年达特茅斯会议之前，人工智能一词并非广泛地被研究者们所接受。麦卡锡和明斯基的建议书里列出了他们计划研究的七个领域，分别是：

① 自动计算机，所谓“自动”指的是可编程；

② 程序语言；

③ 神经网络；

④ 计算规模的理论（Theory of Size of a Calculation），指的是计算复杂性；

⑤ 自我改进，即机器学习；

⑥ 抽象；

⑦ 随机性和创见性。

因此人工智能领域的研究项目通过此次会议得以确定，同时也出现了最初的人工智能研究成果与最早的一批研究者，因此这一事件被广泛认为是人工智能诞生的标志。

图 1-3 达特茅斯会议地点

1.2.2 黄金年代

达特茅斯会议之后，人工智能迎来了发展过程中的一次春天，接下来的数年是人工智能蓬勃发展的大发现时代。这一阶段开发出让计算机可以解决代数应用问题、证明几何定理、学习并使用英语的程序，这对许多人而言是一件非常神奇的事物；当时大部分人几乎无法相信机器可以做到这些事情，主要是因为计算机一直被认为是只能进行数值计算的机器，所以，它稍微做一点看起来有智能的事情，人们都惊讶不已。此时学术圈内的研究者们不管是在私下的交流还是在公开发表的论文中，均表达出相当乐观的情绪，认为具有完全智能的机器将在二十年内出现。在如此乐观的氛围之下，美国的 DARPA（国防高等研究计划署）等政府机构向这一新兴领域投入了大量的资金。

达特茅斯会议之后，1958 年麦卡锡从达特茅斯转到了 MIT 任教，同年，闵斯基也搬到了 MIT，他们共同创建了世界上第一座人工智能实验室——MIT AI Lab。在 MIT 的时间麦卡锡做出了 3 项重要的贡献，第一个是他定义了高级语言——Lisp 语言，从此 Lisp 语言成为长期以来人工智能应用领域所使用的语言，也是人们可以拿来用的得力工具，但是稀有而昂贵的计算机资源仍是一个大问题。因此，麦卡锡和其他 MIT 的同事发明了分时系统技术。然后，麦卡锡发表了《有常识的程序》的论文，文中描述了一个假设的程序系统，取名为意见接收者（Advice Taker），目的是使用知识来搜寻问题的解答，这个假设的程序系统被看成是第一个完整的人工智能系统。

这个时期出现了许多成功的人工智能程序和新的研究方向。搜索式推理是许多人工智能程序使用的基本算法，就像走迷宫一样，一步一步地前进，如果遇到死胡同就往回走，进行回溯；但是当迷宫里可能的路线非常多时，回溯的方式就会遇到困难，因此研究者使用启发式算法去掉那些不太可能导出正确答案的支路，从而缩小搜索范围。

艾伦·纽厄尔和赫伯特·西蒙试图通过其通用解题器（General Problem Solver）程序，将这一算法推广到一般情形。赫伯特·吉宁特（Herbert Gelernter）的几何定理证明机（1958 年）和马文·闵斯基的学生 James Slagle 开发的 SAINT（1961 年）是基于搜索算法证明几何与代数问题的程序。斯坦福大学为控制机器人 Shakey 而开发的 STRIPS 系统程序则通过搜索目标和子目标做出决策。

人工智能的另一个重要的研究目标是使计算机能够利用自然语言（例如英语）进行交流，ELIZA 是由 Joseph Weizenbaum 开发的第一个聊天机器人，是一个有趣且会说英语的程序。实际上 ELIZA 只是按固定套路作答，或者用符合语法的方式将问题复述一遍，并不是真正了解语法与语意，与 ELIZA“聊天”的用户有时会误以为自己在和人类聊天，而不是和一个程序交谈。

在人工智能技术突飞猛进的年代，第一代人工智能研究者们纷纷进行了预言。1958 年，艾伦·纽厄尔和赫伯特·西蒙认为十年之内，数字计算机将成为国际象棋世界冠军，且数字计算机将发现并证明一个重要的数学定理；1965 年，赫伯特·西蒙提出二十年内机器将能完成人能做到的一切工作；1967 年，马文·闵斯基认为一代之内创造人工智能的问题将得到实质上的解决；1970 年，马文·闵斯基提出在三到八年的时间里，人们将得到一台具有人类平均智能的机器。

这段时期，美国 DARPA 对于人工智能研究投入了大量经费，1963 年 6 月，MIT 获得了 220 万美元经费，此后每年提供 300 万美元，直到 20 世纪 70 年代为止。DARPA 还对艾伦·纽厄尔和赫伯特·西蒙在卡耐基-梅隆大学的工作组以及斯坦福大学人工智能项目进行了资助。另一个重要的人工智能实验室是英国爱丁堡大学的 Donald Michie 于 1965 年建立的。接下来的许多年，这四个研究机构一直是人工智能学术界的研究重镇，获得了许多研究经费。

1.2.3 第一次低谷

人们对早期的人工智能项目有着巨大的热情和期望，过于乐观使人们期望过高，但是人工智能研究者们对其课题的难度未能做出正确判断。由于方法的局限性，人工智能领域的研究遇到瓶颈和困难，再加上没有真正令人振奋的项目出来，导致对人工智能的资助缩减或取消了，人工智能陷入了一个低潮。

20 世纪 60 年代占领人工智能话语制高点的是逻辑理论，其实很多今天被认为是人工智能核心的技术方案，比如神经网络的构想，比如机器学习领域的很多基础算法在那时都已经被提出，但在当时，这些都是旁门左道。应用逻辑理论的人工智能程序在 20 年间不断获得举世瞩目的成就。比如在西洋跳棋比赛中战胜人类选手、自己解决代数问题等，当时带来的社会冲击持续了20年，但逻辑理论下的人工智能系统难以工程化。纸上谈兵的人工智能太多，耗费了巨额资金和漫长等待后，依然没有成为实物，没有带来具有实际价值的人工智能系统。同时，由于马文·闵斯基对感知器的激烈批评，神经网络销声匿迹了十年。20世纪70年代后期，尽管遭遇了公众的误解，人工智能在逻辑编程、常识推理等一些领域还是有所进展的。

20世纪70年代初，人工智能遭遇了瓶颈。所有的人工智能程序都被认为只是玩具，因为即使是最杰出的人工智能程序，也只解决了尝试解决的问题中最简单的一部分。人工智能研究者们遭遇了无法克服的基础性障碍。尽管某些局限后来被成功突破，但许多问题至今仍无法满意地解决。首先遇到的问题是计算机的运算能力不足，当时的计算机有限的内存和处理速度不足以解决任何实际的人工智能问题，例如在自然语言方面的研究，只能用一个含有20个单词的词汇表进行演示，因为内存只能容纳这么多。因为当时计算机硬件的效能问题，1976年，汉斯·莫拉维克指出，计算机离智能的要求还差上百万倍，因为人工智能需要强大的计算能力，随着能力的提升，问题会逐渐变得简单。第二个问题是计算复杂性和指数爆炸。1972年理察·卡普根据史提芬·古克于1971年提出的Cook-Levin理论，证明计算时间与输入规模的幂成正比，因此许多问题只可能在指数时间内获解。除了那些最简单的情况之外，想要解决这些问题，需要近乎无限长的时间，意味着人工智能中的许多程序恐怕永远也不会发展为实用的系统。第三个问题是常识与推理，许多重要的人工智能应用都需要大量对世界的认知信息，例如机器视觉和自然语言，程序需要了解它在看什么，或者在说什么。这要求程序对这个世界具有儿童水平的认识。研究者们很快发现这个要求太高了，1970年没人能够做出如此巨大的数据库，也没人知道一个程序怎样才能学到如此丰富的信息。

早在1966年ALPAC（Automatic Language Processing Advisory Committee，自动语言处理顾问委员会）的报告中就有批评机器翻译进展的意味，1973年詹姆斯·莱特希尔爵士针对英国人工智能的研究状况提出了报告，用详尽的数据和调查结果狠狠批判了人工智能产业的发展现状，并且断言“人工智能研究没有带来任何重要影响”。他批评人工智能在实现其宏伟目标上完全失败。该报告提到了指数爆炸问题，并以此作为人工智能失败的一个原因，这份报告导致了英国人工智能研究的低潮，也引发了西方各国政府大幅度削减人工智能研究经费，另外美国在1969年通过了Mansfield修正案，之后DARPA的资助对象必须是具有明确任务方向的研究，而不是无方向的基础研究。至此，20世纪60年代对自由探索的资助便一去不复返，此后资金只提供给目标明确的特定项目。

1.2.4 第二次荣景

进入20世纪80年代后，世界各地的公司开始采用一类名为“专家系统”的人工智能程序，此时知识处理成了人工智能主流的研究重点。这个年代正是日本经济起飞时代，日本政府积极投资人工智能以促进第五代计算机工程。另一个令人振奋的事件是20世纪

80 年代早期 John Hopfield 和 David Rumelhart 使神经网络重获新生，也促使人工智能再一次获得了成功。

专家系统的能力来自于存储的专业知识，除了知识本身，还包含专家们的推理。这是 20 世纪 70 年代以来人工智能研究的一个新方向，专家系统仅限于一个很小的知识领域，其简单的设计使它能够较为容易地编程实现或修改。专家系统最早的例子是 Edward Feigenbaum 和他的学生们开发的 Dendral，此系统能够根据分光计读数分辨混合物，1972 年设计的 MYCIN 能够诊断血液传染病。专家系统能够依据一组从专门知识中推演出的逻辑规则在某一特定领域回答或解决问题。

1980 年诞生了一个名为 XCON 的专家系统，是由卡耐基-梅隆大学为 DEC（Digital Equipment Corporation）公司设计的，这个系统发挥了巨大的功能，在 1986 年之前，它每年为 DEC 公司省下四千万美元。全世界的公司都看在眼里，因此，各大公司也都开始研发和应用专家系统，到了 1985 年已在人工智能上投入十亿美元以上的经费，大部分用于公司内设的人工智能部门。

专家系统是一种程序，能够依据一组从专门知识中推演出的逻辑规则在某一特定领域回答或解决问题，它的成功让知识库系统和知识工程成为了 20 世纪 80 年代人工智能研究的主要方向。专家系统专注于解决特定领域的问题，也有人想要将其应用到一般的常识中，Douglas Lenat 发起和领导了第一个试图解决常识问题的程序 Cyc，他认为让机器理解人类概念的唯一方法是一个一个地教会它们，因此其方法必须建立一个容纳一个普通人知道的所有常识的巨型数据库，但是因为知识量过于巨大，无法将所有常识纳入而失败。

1981 年，日本经济产业省宣布支持第五代计算机项目，目的是要建构执行 Prolog 的智能型计算机，共拨款八亿五千万美元，希望可以建造出一个能够与人对话、翻译语言、解释图像，并且像人一样推理的机器。其他国家生怕在人工智能领域落后，也纷纷做出响应。美国成立了一个企业协会组织——微电子与计算机技术公司（MCC），向人工智能和信息技术的大规模项目提供资助；另一个对高阶技术研究不遗余力投入资金的 DARPA，也组织了战略计算促进会（Strategic Computing Initiative），1988 年对人工智能技术发展的投资是 1984 年的三倍。在英国，之前因为 Alvey 的报告被削减的研究经费也在这一时期得以恢复，而开始了耗资三亿五千万英镑的 Alvey 工程。

1982 年，现称为“Hopfield 网络”的新型神经网络，由物理学家 John Hopfield 证明能够用一种全新的方式学习和处理信息；大约在同时，David Rumelhart 推广的一种神经网络训练方法反向传播算法也被众多研究者所接受。种种努力让 1970 年以来一直遭人遗弃的神经网络重获新生。另外，1986 年，Rumelhart 和心理学家 James McClelland 主编的论文集《分布式并行处理》问世，也进一步促进了这一新领域的发展。神经网络在 20 世纪 90 年代被应用于光字符识别和语音识别软件，获得了商业上的成功，也再次让世人见证了人工智能的应用发展。

1.2.5 第二次低谷

人工智能因为专家系统的成功再次出现热潮，但是有一些经历过前一次人工智能低谷的研究者们注意到了对专家系统的狂热追捧的现象，预估不久后历史将会重演，事实证明从20世纪80年代末到90年代初，人工智能再次遭遇了一系列财政问题。

早期为了人工智能发展而生产的设备非常昂贵，另一方面到1987年由Apple和IBM所生产的台式机的性能不断提升，已经超过了人工智能的Lisp机器，因此造成人工智能硬件市场需求的突然下跌，在一夕之间人工智能硬件产业土崩瓦解。这是人工智能发展变天的最早征兆。

专家系统在大获成功之后，也渐渐暴露出实用性局限的问题，另外，XCON等最初大获成功的专家系统，维护费用居高不下，而且升级困难，使用上相当不友善，当输入异常时会出现莫名其妙的错误，因此也让人开始怀疑专家系统所代表的人工智能是否真的已经具备实用性。

到了20世纪80年代末期，战略计算促进会与DARPA对人工智能技术的态度有了大幅的转变，也因此大幅削减对人工智能的资助。雪上加霜的是，到了1991年，日本支持的第五代计算机项目并没有实现，与其他人工智能项目一样，期望比真正可能实现的要高得多，比如“与人展开交谈”，直到2010年也没有实现。

1.2.6 现在的人工智能

微课1-4
现在的人工智能

2016年3月，AlphaGo击败李世石，成为第一个不让子而击败职业围棋棋手的计算机围棋程序，也让人工智能里的机器学习、深度学习等一时间成为家喻户晓的科技名词，在这看似大为成功的外表之下，仍有一段很长远的路要走。除了在下棋上的表现之外，发展至今已经超过半个世纪的人工智能也终于实现了一些最初的目标，已被成功地用在技术产业中，有些还成功地进入了人们的生活中。这些成就有的归功于计算机性能的提升，有的则是在高尚的科学责任感驱使下对特定的课题不断追求而获得的。

1993年以来随着计算机性能的大幅提升，以及新的算法的提出，人工智能的发展也有长足的进步，以下是几个重要的事件。1997年5月11日，深蓝战胜了国际象棋世界冠军卡斯帕罗夫；2005年，斯坦福大学开发的机器人在一条沙漠小径上成功地自动行驶了131英里，赢得了DARPA挑战大赛头奖；2009年，蓝脑计划声称已经成功地模拟了部分鼠脑；2011年，IBM的华生参加危险边缘节目打败了人类选手；2016年3月，AlphaGo击败了李世石；次年5月，AlphaGo在中国乌镇围棋峰会的三局比赛中击败了当时世界排名第一的中国棋手柯洁。

上述的成就对于人们的生活并没有任何影响与改变，但是在20世纪90年代，被称为

“智能代理”的新范式已被广泛接受，这对人们的生活可能会造成改变。智能代理是一个系统，可以感知周围环境，接着再采取相应的措施来最大化成功的概率。智能代理可以应用于智能家居的场景，并可导入目前的机器学习策略，来达到居家环境的优化。智能代理范式将人工智能研究定义为“对智能代理的学习”。这是对早期一些定义的推广：它超越了研究人类智能的范畴，涵盖了对所有种类智能的研究。

1988 年，Judea Pearl 将概率论和决策理论引入人工智能，现在人工智能的研究使用了新的工具，包括贝叶斯网络、隐马尔可夫模型、信息论、随机模型和经典优化理论等，另外针对神经网络和进化算法等计算智能范式，精确数学描述也已经被发展出来。

近来非常火红的机器学习（Machine Learning）属于人工智能的一部分，另外深度学习（Deep Learning）又属于机器学习的一种，如图 1-4 所示。

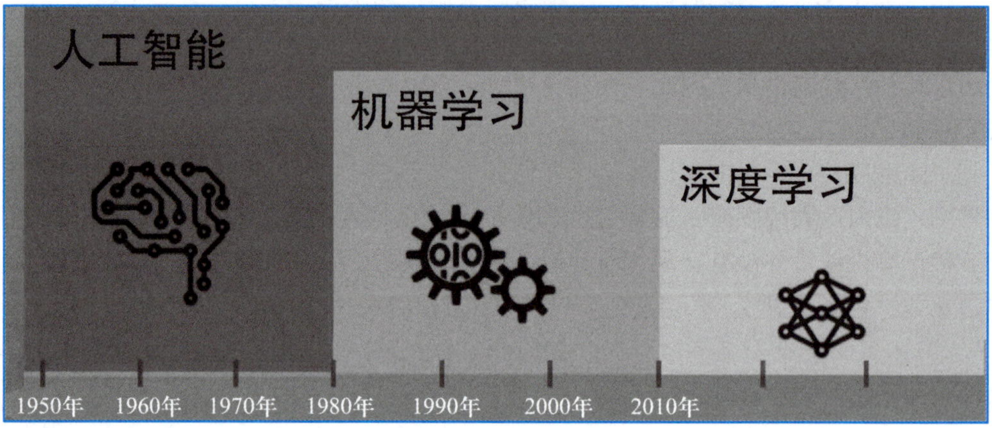

图 1-4　人工智能、机器学习、深度学习的关系

机器学习是人工智能的一个分支。人工智能的研究从以推理为重点，到以知识为重点，再到以学习为重点，机器学习就是要让计算机像人类一样具有学习的能力，以解决人工智能中的问题，是实现人工智能的一个途径。机器学习理论主要是设计和分析一些让计算机可以自动学习的算法。基本上要让计算机像人类一样具有学习与判断的能力，就要把人类大脑学习与判断的流程转移到计算机上，运用数据进行训练与预测，包括获取数据、分析数据、建立模型、预测未来四个步骤，所以说机器学习算法是一类从资料中自动分析获得规律，并利用规律对未知数据进行预测的算法。

机器学习目前已广泛应用于资料勘探、计算机视觉、自然语言处理、生物特征识别、搜索引擎、医学诊断、检测信用卡欺诈、证券市场分析、DNA 序列测序、语音和手写识别、战略游戏和机器人等领域。

深度学习是机器学习的一个分支，通过一个有着很多层处理单元的深层网络对数据中的高级抽象进行建模。理论上隐藏层愈多，自由度与精确度愈高，但是结果相反，因此深度学习还应用了其他的方式来提高精确度，比如同时使用自动编码器（Autoencoder）来进行非监督式学习（Un-supervised Learning）。然而深度学习并不是万能的，也有自身的缺点，例如循环神经网络一个最常见的问题是梯度消失问题，在反向传播的过程中，随着时间的推移，梯度逐渐减小到 0 附近，造成学习停滞，为了解决此类问题，也有很多模型被提出。

自深度学习出现以来，最先进的神经网络结构在某些领域已经能够达到甚至超过人类平均的准确率，在计算机视觉和语音识别中表现尤其出色。语音识别中的 TIMIT 和图像识别中的 ImageNet、Cifar10 上的实验证明，深度学习能够提高识别的精度；前文提到的人工智能程序 AlaphaGo，则在复杂度极高的围棋上已经“打遍天下无敌手”。

1.3 人工智能的基本技术

过去 60 多年来，对人工智能的研究未曾停止，如今人工智能即将带领人类走进划时代的科技盛世，那么该如何理解这门学问？可以先了解有哪些重要的基本技术支撑，这些技术包括知识推理、模糊逻辑、人工神经网络、自然语言处理、群集智能、专家系统、机器学习与深度学习，下面对这几种技术加以介绍。

1.3.1 知识推理

微课 1-5
知识推理

知识推理是指在计算机或智能系统中，仿真人类的智能推理方式，依据推理控制策略，利用形式化的知识进行机器思维和求解问题的过程。智能系统的知识推理过程是通过推理机来完成的，所谓推理机就是智能系统中用来实现推理的程序。推理机的基本任务就是在一定控制策略指导下，搜索知识库中可用的知识，与数据库匹配，产生或论证新的事实。搜索和匹配是推理机的两大基本任务。对于一个性能良好的推理机，应有如下基本要求：

① 高效率的搜索和匹配机制；

② 可控制性；

③ 可观测性；

④ 启发性。

智能系统的知识推理包括两个基本问题：一个是推理方法，另一个是推理的控制策略。推理方法研究的是前提与结论之间的种种逻辑关系及其信度传递规律等；而控制策略的采用是为了限制和缩小搜索的空间，使原来的指数型困难问题在多项式时间内求解。从问题求解角度来看，控制策略亦称求解策略，它包括推理策略和搜索策略两大类。

1. 知识推理的方法

推理方法主要解决在推理过程中前提与结论之间的逻辑关系，以及在非精确性推理中不确定性的传递问题。

按照分类标准的不同，推理方法主要有以下三种分类方式：

（1）从方式上分，可分为演绎推理和归纳推理；

（2）从确定性上分，可分为精确推理和不精确推理；

（3）从单调性上分，可分为单调推理和非单调推理。

2. 知识推理的控制策略

推理策略主要包括正向推理、反向推理和混合推理。正向推理又称事实驱动或数据驱动推理，其主要优点是比较直观，允许用户提供有用的事实信息，是产生式专家系统的主要推理方式之一。反向推理又称目标驱动或假设驱动推理，其主要优点是不必使用与总目标无关的规则，且有利于向用户提供解释。正反向混合推理可以克服正向推理和反向推理问题求解效率较低的缺点。基于神经网络的知识推理既可以实现正向推理，又可以实现反向推理。在研制结构选型智能设计系统时，应结合具体情况选择合适的推理策略。

搜索策略主要包括盲目搜索和启发式搜索，前者包括深度优先搜索和宽度优先搜索等搜索策略，后者包括局部择优搜索法（如瞎子爬山法）和最好优先搜索法（如有序搜索法）等搜索策略。

3. 结构选型的知识推理策略

对于不确定性信息，主要有两类不确定性推理方法：一类是数值方法，包括确定性推理、概率推理（含主观 Bayes 推理）、模糊推理、证据推理和合情推理等各种不精确推理方法；另一类是非数值方法，主要包括非单调推理和批注理论（Theory of Endorsements）等。前已述及，结构的选型决策包含大量不确定性信息。我们认为，对于大型复杂结构选型的不确定性推理，应重点研究以下内容。

（1）基于信息融合技术的多源不确定性信息融合推理方法。信息融合技术实际是一种多源信息的综合技术，它通过计算机对来自不同信息源（如传感器、遥感系统、互联网等）的数据信息进行自动分析和综合，以完成所需的评价和决策任务。目前研制的建筑结构选型专家系统，大多是针对模糊性信息采用模糊推理方法进行方案评价。但是在大型复杂结构选型中，尚有大量随机性信息和不确定性信息，因此，应该重点研究模糊推理方法与概率推理和证据推理（对于不确定性信息）的综合推理问题，即研究基于信息融合技术的多源不确定性信息融合推理方法。

（2）基于人工神经网络的知识处理。由于基于人工神经网络（包括模糊神经网络）的知识处理具有集约特征，即知识的获取、表示和推理合为一体，它们都是通过神经网络的学习训练实现的，从而可以充分利用样本性知识，而样本性知识相对来说是最容易获得的。

（3）基于实例的推理（Case-Based Reasoning，CBR）。CBR 的核心思想是在进行设计问题求解时，使用以前的求解类似设计问题的经验来进行设计推理，而不必从头做起。从设计活动的推理机制来看，CBR 基于以前的经验实例，实例中包含问题说明、解决方案等信息，使得它们能满足当前设计问题。因而 CBR 适合于求解一些频繁遇到的有相似性的设计问题。研究和开发基于实例推理的大型复杂结构选型智能设计系统，可以更好地利用设计专家丰富的设计经验和设计成果，有利于存储、检索、调整和重用实例（包括成功的选型实例和失败的选型实例），对于协同式设计（Cooperation Design）、分布式设计（Distributed Design）和基于 Internet 的远程设计（Remote Design）都有重要意义。

1.3.2 模糊逻辑

微课 1-6
模糊逻辑

在真实世界中，人类的思维概念、语意表达以及感觉判断等都存在着模糊（Fuzzy）的现象。什么是模糊现象呢？一般来说就是不精确、模棱两可、多重意义、不确定的意思。比如“今天天气很热”“那个人很年轻”等叙述。但是温度多高算热呢？年龄多少才算年轻呢？每个人对它们的定义都不同，也就是说这些语意或事物的状态，大都和人主观的感觉判断有密切的关系，人们无法清楚地理解他人的感受，只能从其语意进行大概的判断，甚至对于个人而言也会因某种身体或心理的变化而产生判断的差错。虽然只能从不明确的言语中猜测其意义，但是之间的差距并不大，能达到彼此沟通的目的。

以往的集合属于二值逻辑，可明确地分辨元素属于哪一个集合，称之为明确集合（Crisp Set）。所谓明确就是“是”与“否”之间可以做出清楚的判断，通常用 0（否）与 1（是）表示。明确的集合如同电子电路学中的数位信号，不是开就是关。

模糊集合，如同人们的思维模式，每一元素可以说将二值逻辑扩展成多值逻辑，除了以 0 和 1 来表示所属程度之外，并推广至介于 0 与 1 之间的数值来表示。以空调为例，现在市面已有利用模糊控制的空调，它的判断已不只是二值逻辑，而是以多值逻辑方式来判断，将每个温度给予某程度的值，形成某一模糊集合，温度 27℃在温度“高”集合的所属程度为 0，在“中”集合的程度为 0.66，在“低”集合的程度则为 0.33。模糊控制空调会随温度的高低程度控制风速、压缩机运转，改善了传统空调的不能维持温度平稳和浪费电等缺点。

另外，以“天气的舒适度”这个词来对明确集合与模糊集合的差异性进行更详细的说明。如果天气舒适度指数分级，“寒冷”定义在 19℃以下，“温暖”定义在 20~26℃，“闷热”则定义在 27℃以上。当温度在 18℃时，则以传统明确集合来判断，从图 1-5 可以看出明确集合会将其归类于“寒冷”，而不属于“温暖”。但人类对此温度只是感觉比舒适的程度稍冷一点，并非不舒适。相对地，若用模糊集合来区别，可以对每一温度给予一个对“温暖”而言的所属程度（也就是归属度），例如温度 16℃的“温暖”所属程度值为 0.1，温度 19℃的“温暖”所属程度值为 0.6 等，随着温度不同，其程度也慢慢变化，如此区分也比较符合人类的思维模式。

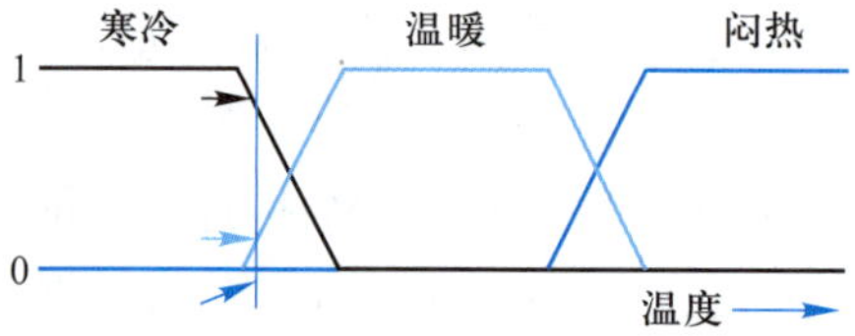

图 1-5 模糊逻辑下的温度表示

1.3.3 人工神经网络

对于人工智能，计算机科学家当然希望可以直接模仿生物的神经元运作，因此设计数学模型来仿真动物神经网络的结构与功能。所谓人工神经网络是一种仿造神经元运作的函数演算，能接收外界信息输入的刺激，且根据不同刺激影响的权重转换成输出，或用以改变内部函数的权重结构，以适应不同环境的数学模型。简单地说，人工神经网络以数学函数仿真生物神经元的运作，通过数学模型仿真生物的神经传导与反应，并接收外界信息输入的刺激，根据不同刺激影响权重来输出。

1951 年，科学家马文·闵斯基尝试建造了世界上第一个神经元仿真器 SNARC（Stochastic Neural Analog Reinforcement Calculator），它能够在 40 个代理和一个奖励系统的帮助下穿越迷宫。六年后，康乃尔航空工程实验室的法兰克·罗森布拉特（Frank Rosenblatt）设计、发表了神经网络的感知器（Perceptron）实作后，人工神经网络学者曾经一度振奋，认为这个突破终将带领人工智能迈向新的发展阶段。

但是，人工智能领域的研究在 20 世纪 70 年代因为缺乏大规模数据、计算复杂度无法提升，无法把小范围的问题成功拓展为大范围问题，导致计算机领域无法取得更多科学研究预算的投入而沉寂。到了 20 世纪 80 年代，科学家首先通过思考上的突破，设计出新的演算方法来模拟人类神经元，迎来神经网络发展的“文艺复兴”时期。物理学家约翰·霍普费尔德（John Hopfield）在 1982 年率先发表了 Hopfield 神经网络，开启了人工神经网络可以递归设计的思考。四年后，加州大学圣地亚哥分校教授戴维·鲁梅尔哈特（David Rumelhart）提出了反向传播法（Back Propagation），通过每次数据输入（刺激）的变化，计算出需要修正的权重回馈给原有函数，进一步刷新了机器学习的意义。科学家更进一步把神经元延伸成为神经网络，通过多层次的神经元缔结而成的人工神经网络，在函数表现上可以保有更多被刺激的记忆。

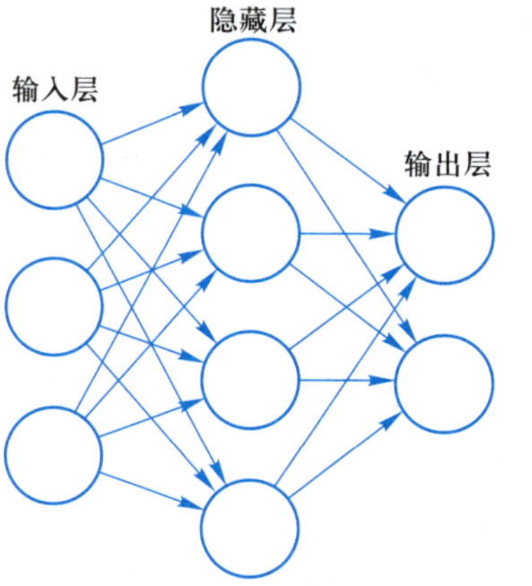

图 1-6 多层次的人工神经网络模型

目前多层次的人工神经网络模型，主要包含输入层（Input Layer）、隐藏层（Hidden Layer）与输出层（Output Layer），如图 1-6 所示。另外，根据资料输入的流动方向，又分为单向流动或可以往回更新前一层权值的反向传播法。由于神经网络模型非常依赖计算能力，为了增加高度抽象数据层次的弹性，计算机科学家将其复合为更复杂、多层结构的模型，并加以多重的非线性转换，将其称为深度学习。

1.3.4 自然语言处理

自然语言处理又可分为不同的阶段，包括语音或文字辨识、自动分词与词性标注、语句生成与文本朗读等。自然语言处理主要研究如何用计算机处理并运用自然语言，并让机器理解人类的语言，是人工智能领域一项重要分支。

英国雷丁大学的演化生物学家马克·佩葛（Mark Pagel）认为，最早的一种社会科技是人类的语言，语言的发明让早期人类部落通过新工具合作在演化上占有优势。自然语言处理可先简单分为进、出计算机两种：其一是从人类到计算机——让计算机把人类的语言转换成程序可以处理的形式，其二是从计算机回馈到人——把计算机所演算的成果转换成人类可以理解的语言表达出来。

无论是从人类到计算机，或从计算机到人类，语言处理通常都使用到我们一般学习外语所要具备的听、说、读、写等技能。其中听与说主要使用到听觉与发音，对计算机而言就是能够通过麦克风听到人类说话，把听到的声音转成文字（语音识别），或把计算机想要表达的意思转成人类可以理解的词句（自然语言生成），再用耳机或喇叭念给人类听（语音合成，功能通常称为文本朗读）。科学家与工程师们也致力于影像文字辨识，影像来源可以是扫描完成的图像文件，也可以是手机镜头的实时影像，目标的文字体则可以是一般铅字印刷品或打印的文件，也可以是手写文字。

当计算机通过听或读，将人类的话语或文章转成文字、语句，送入处理层，还需要能够自动分词（Word Segmentation），也就是计算机必须拆解人类的语句来理解语意，才可以进而给出相应的答案。例如一般人对手机说：“今天常州会不会下雨”，手机必须录下声音，滤掉杂音，将这句话的声音转化为文字，将这文字拆解成不同词句，并标注上不同词性（Speech Tagging）。

了解用户想要知道气象信息的命令后，手机必须对能提供天气信息的服务器发出相应的（告诉服务器是常州，并把今天转换为实际的日期时间）信息请求，包含未来数小时区间气温、气象（多云、雨或晴天等）、风速、降雨概率、湿度、气压、空气质量或紫外线指数等。

当服务器响应了前述的数据后，手机可以选择用屏幕画面来响应，但更贴心的做法是把这些信息翻译成语音，然后播放出来。这时的处理可以把“常州接下来八小时会是晴天，气温为25摄氏度，降雨概率是10%，空气质量良好”这个句子，通过合成语音并播放出来。但是，使用者问的其实是会不会下雨，所以必须进一步把降雨概率10%、晴天等信息转换成“会不会”的尺度，例如10%可以转化为“不太会”或“只有很小的概率”。

人类互动最重要的工具就是语言，无论是文字或语音，语音智能助理让人能和机器说话，是近年来最令人兴奋的进展之一。

1.3.5 群集智能

微课 1-7
群集智能

群集智能是一种研究分散型的自组织系统中的集体行为的人工智能技术。典型的群集智能系统由一群简单的主体构成，每个主体和其他主体以及它们的环境进行局部交互。尽管通常没有集中控制机制来指示这些主体如何协作，但这些简单的局部交互行为通常能涌现出复杂的全局行为。举例来说，个别的蚂蚁只能做单纯的作业，整体集合起来就能做出复杂的蚁巢，这就是蚂蚁群体所发挥的智慧。或者，磳鱼这样的小鱼集结成群就能对抗捕食者，也是生物界可见的群体智能。群体智能有时会表现出个体不会展现的智慧形式，是令人很感兴趣的议题。群体智能有各种阶段：

（1）多个个体集结而形成一个较大的群体来行动，属于原始阶段，如僧帽水母等；

（2）用费洛蒙或舞蹈等简单的传达能力，形成群体式规律行动的阶段，如蚂蚁或蜜蜂等；

（3）借助语言进行复杂的沟通，达到以群体的方式互助合作的阶段，这是人类特有的。

当前主要的几种群集智能方法包括蚁群算法（Ant Colony Optimisation，ACO）和粒子群算法（Particle Swarm Optimisation，PSO）。

1. 蚁群算法

蚁群算法是一种用来在图中寻找优化路径的概率型技术。在 1992 年 Dorigo 等人利用了蚂蚁群体合作寻找食物的行为，设计出一个用于处理优化问题的蚁群算法。1996 年 Dorigo 将 ACO 算法，GA、SA 等启发式算法与 TSPLIB 国际例题进行比较，其结果皆优于其他的算法，与最佳解的误差皆小于 3.5%。

那么蚁群算法是如何产生的？家里常常会有蚂蚁在墙壁或角落排成一排，笔直地从巢穴朝着食物而去。蚂蚁依赖的不是视力，更不可能是智慧，蚂蚁们所凭借的是它们身上独特的费洛蒙，靠着费洛蒙，让许多蚂蚁可以选择相对来说较好的路径来行走（图 1-7）。

现实生活中我们不可能预测蚂蚁的复杂行为，那该如何利用蚂蚁的特性去研究这种算法呢？可以制定几项规则，突显蚂蚁这些复杂行为中的规律，由这些规则，撰写出简单的程序代码，来控制蚂蚁的行为。毕竟，不需要模拟

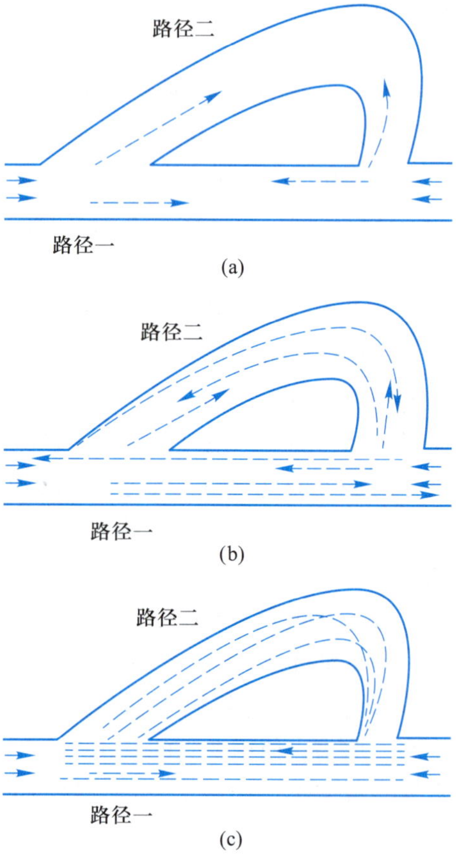

图 1-7 蚂蚁寻找路径

蚂蚁的所有行为，只需要模拟它们找出问题的最佳解。

基本上，我们制定的规则分为两大类。

一类是路径的选择规则。在 Dorigo 于 1997 年提出的蚁群算法寻路规则中，利用路径选择规则选择路径以缩短计算时间，而且只在最好的解上增加费洛蒙的痕迹。经实验证明，只在最好的解上增加费洛蒙的设计，确实有助于蚂蚁能最快搜寻到最佳解。

另一类是费洛蒙更新规则。蚁群算法中的费洛蒙更新规则也分为两大类。一类是费洛蒙及时更新，另一类则是费洛蒙脱机更新，前者用在每只人工蚂蚁走过该路径后，后者是在该回合结束后，针对费洛蒙值做一些适度的变更。当然，这个机制不仅仅影响了接下来蚂蚁做路径选择的决策，还与最后路径解的好坏有着紧密的相关。

在完成规则的制定之后，蚂蚁之间都没有什么直接的关联性，它们处在这个大环境下利用散发费洛蒙来沟通。如果有一只蚂蚁找到了食物，那它就利用走过的路径上残留的费洛蒙来告知它的亲朋好友："嘿！这有食物！"等到其他的蚂蚁经过附近，发现费洛蒙的存在后，自然就会聚集在一起，当然，费洛蒙的浓度也就会越来越高。

到目前为止，都是利用费洛蒙来判断该路径是否为最佳路径解，那有没有想过，第一个发现食物的蚂蚁，它是如何找到食物的呢？这只小蚂蚁从蚁穴出发时，所有路径费洛蒙的浓度都是一样的，也就是说，这只蚂蚁选择任何一条路经的概率都是相同的，既然没有外部因素的影响，那蚂蚁就基于自身本能移动了。小蚂蚁会朝着一个方向前进，但是并不是保持直线，可能会走得歪歪扭扭，有一定的随机性，使得蚂蚁运动起来具有了一定的目的性，尽量保持原来的方向，但是又有新的试探，尤其当碰到障碍物的时候它会立刻改变方向，这可以看成一种选择的过程，也就是环境的障碍物让蚂蚁的某个方向正确，而其他方向不对。这就解释了为什么这只小蚂蚁在复杂得像迷宫的现实世界中仍然能找到隐蔽的食物。

蚁群算法也可以用来解决网状网络跳点问题。当网络流量或基地站负载改变时，通过此规划模式背后的改良式蚁群演算机制搜寻优化路由组合，可预见其能力将会优于目前 WiMax 所使用的传统跳点规划方法。ACO 也被应用来解许多困难的寻优问题（NP-Hard Problems），如 Traveling Salesman Problem、Quadratic Assignment Problem 等在算法中时间复杂度较高的问题。

2. 粒子群优化算法

粒子群优化算法（Paticle Swarm Optimization，PSO）由 Eberhart 博士和 Kennedy 博士发明，是基于迭代的优化工具，通过系统初始化为一组随机解，迭代搜寻最优值。它与遗传算法的差异是它不必经由交叉（Crossover）以及变异（Mutation）过程，而是粒子在解空间追随最优的粒子进行搜索。它是一种以群体为基础（Population-based）的优化搜寻技术。此搜寻技术主要是模拟鸟群觅食的社会行为。一群鸟随机分布在一个区域中，在这个区域里只有一块食物。所有的鸟都不知道食物在哪里。但是它们知道当前的位置离食物还有多远。那么找到食物的最优策略是什么呢？最简单有效的方法就是追寻自己视野中目前离食物最近的鸟。如果把食物当作最优解，而把鸟离食物的距离当作函数的适应度，那么鸟寻觅食物的过程就可以当作一个函数寻优的过程，此概念称为粒子群算法。每只鸟（即粒子 Particle）在决定下一个搜寻的位置时，会依自己过去学习的经验，考虑朝向过去走过的路径中距离食物最近的位置前进，并且它也会借助群体（Swarm）同伴分享的信息，考虑朝向同伴中最有经验的位置前进。因此，粒子会综合学习经验与群体的信息，朝向下一个位置前进。通过每个粒子的学习并分享给其他粒子，PSO 得以寻找到相当不错的最优解。

以下举一个鸟群吃饭的范例，将粒子群算法相关参数带入来加以说明：假设有 20 只鸟（粒子个数）在一地区（变量个数及各变量范围）做觅食的动作（目标式），它们想在这个地区找到食物最多的区块（寻优解）。

（1）一开始它们只会漫无目的地乱飞（初始化粒子的位置与速度），去找食物。

（2）找了十分钟之后（经过一次迭代后），会开始犹豫，现在找的这个地方是不是正确的？至于十分钟后，它会往哪个方向觅食？取决于以下各因素。

① 在刚刚的十分钟里，它考虑自己的方向、速度、看到食物的多寡，犹豫要不要继续下去（解本身的权重 w）。

② 它曾看到食物最多的地方（粒子本身曾找过最佳解的权重 c_1）。

③ 在这 20 只鸟里，曾有一只鸟发信息告诉大家，目前它找到食物最多的地方在哪（所有粒子曾找过的最佳解的权重 c_2）。

（3）在刚刚犹豫的时间里，有三个提示，于是这只鸟根据上述的三个提示，去调整找食物的方向及速度（更新粒子位置、速度）。

（4）重复第（2）、（3）步，犹豫、改变方向及动作，过了一天后，这群鸟集中到了目前大家觉得食物最多的地方（重复第（2）、（3）步，直到收敛）。

知道了每个粒子的移动方式，接着让我们看一下粒子群算法的完整流程，如图 1-8 所示。

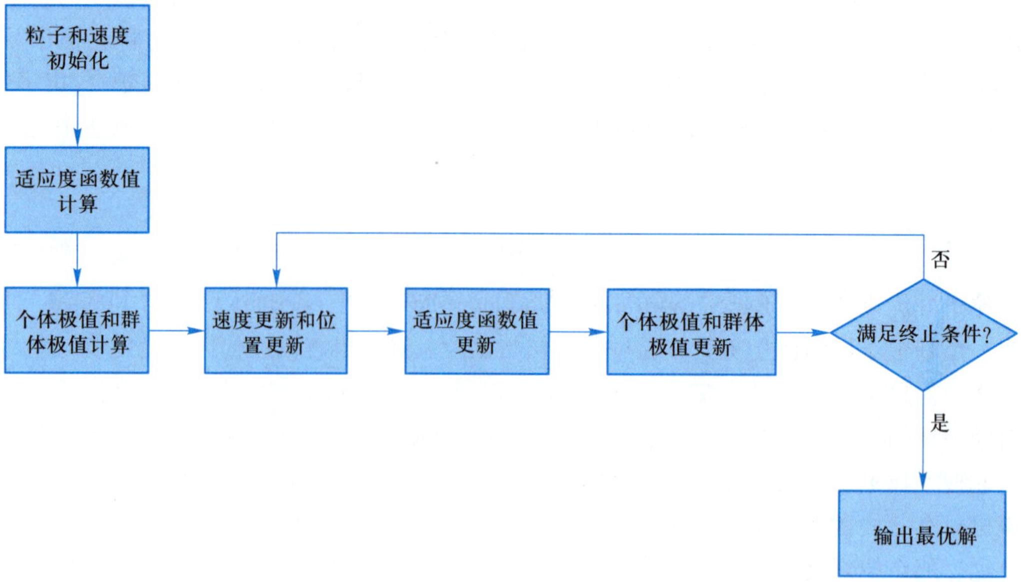

图 1-8 粒子群算法流程图

粒子群算法经过多次实验证明具有相当快的逼近最优解的速度，可以有效对系统的参数进行优化，最近已经有一些利用 PSO 代替反向传播算法来训练神经网络的论文，许多研究表明 PSO 是一种很有潜力的神经网络算法，速度比较快而且可以得到比较好的结果。

1.3.6 专家系统

微课 1-8
专家系统

专家系统是早期人工智能的一个重要分支，它可以看成一类具有专门知识和经验的计算机智能程序系统，一般采用人工智能中的知识表示和知识推理技术来仿真通常由领域专家才能解决的复杂问题。一般来说，专家系统＝知识库＋推理机，因此专家系统也被称为基于知识的系统。一个专家系统必须具备三要素：

（1）领域专家级知识；

（2）模拟专家思维；

（3）达到专家级的水平。

专家系统有时也称知识库系统（Knowledge Based System）、知识系统（Knowledge System）或智能系统（Intelligent System）。它是运用人工智能知识库技术，强化知识的一种计算机程序。它将某一特定范围的知识存储在知识库中，模仿人类专家解决问题的技巧及方法，以知识库里所存储的专门知识来解决问题。也就是说，当用户输入相关的信息后，专家系统即可针对其特定领域的问题做出合理的解释、可行的建议以及正确的推论。由此可看出专家系统具有以下特性：

（1）能处理现实生活中复杂的、须综合判断的知识；

（2）具有专家解决问题的能力，且有高度的效能；

（3）只能处理某一特定领域的问题；

（4）有一套合理的推论及解释功能。

虽然专家系统具有类似人类专家的推论能力，但却无法像人类专家一样具有一般知识。因此，专家系统只能说是具有某一方面专门知识的专家。一般而言，专家系统通常包含如下 6 部分。

（1）知识库：知识库包含所有解决问题的知识，如解决问题的策略及关于问题的事实、实体（Entities）。

（2）推论机（Inference Engine）：主要是提供软件将读者问题和数据库的事实、规则连接起来，进行逻辑推演的步骤。

（3）用户接口：便于系统与用户之间的沟通。其功用在于使输入、输出的相关数据能够沟通，并得以解决问题。如用户输入问题、专家系统提供问题的解答或建议等，都须通过用户接口转译成系统、用户能辨识的语言。

（4）工作区：内存的一部分，所有知识库中的数据都存储在工作区中，工作区也可存储遇到的问题及状况。

（5）解释系统：可显示出推理的过程，并答复用户的有关问题。

（6）知识获取系统：人类专家可随时通过此知识获取系统，输入或更新专家知识及推理方法，以增加专家系统的功能。

各方的努力都是希望将专家知识输入计算机中，计算机就能成为一个助手，并像专家一样协助用户解决问题，并且能够达到下列目标：

（1）计算机可以整合新的知识，并且用容易理解的方式表达出来；

（2）计算机能处理自然语言的简单句子，而非特殊的程序语言；

（3）计算机应该能解释如何得到结论；

（4）在有限的问题范围内，计算机有可能在一定程度上像专家一样执行任务；

（5）最普遍的专家系统是基于规则的系统，开发基于规则的系统，则可以利用专家系统框架，以便系统构造者可以将重心放在知识上，而非程序语言的学习。

1.3.7 机器学习

机器学习是可以寻找适合让计算机做预测或数学模型分类的一种演算方法。这种演算方法通过搜集大量原始数据与标准答案，选择相应的数学模型，通过验证数据对比计算分类结果，来判定模型是否适合用来预测或分类。

科学家发现，要让机器有智能，并不一定要真正赋予它思辨能力，可以大量阅读、存储资料并具有分辨的能力，就足以帮助人类工作。20 世纪 70 年代，人工智能学者从前一时期的研究发展中开始思考：在机器显现出人工智能时，是否一定要让机器真正具有思考能力？因此，人工智能有了另一种划分方法：弱人工智能（Weak AI）与强人工智能（Strong AI）。弱人工智能意指如果一台机器具有博闻、强记（可以快速扫描、存储大量数据）与分辨的能力，它就具有表现出人工智能的能力。强人工智能则是希望构建出的系统架构可媲美人类，可以思考并做出适当反应，真正具有人工智能。

机器学习可以视为弱人工智能的代表，只要定义出问题，搜集了适当的数据（数据中通常需要包含原始数据与标准答案，例如人像图片与对应人的性别、年龄），再将资料分为两堆——训练集与测试集，以训练集数据进行学习，通过特定的分类算法抽取特征值，构建出数据的数学模型，将该数学模型输入测试集数据，对比演算的分类结果是否与真实答案一样，如果该数学模型能够达到一定比例的正确率，则我们认为这个机器学习模型是有效的。这种具有标准答案，并以计算出的预期结果进行验证的机器学习，通常称为监督式学习。

相对于监督式学习，非监督式学习则强调不知道数据该如何分类的机器学习。换句话说，我们提供给计算机大量数据，但不告诉它（或许我们也真的不知道）这些数据该用什么方式进行分类，然后计算机通过算法将数据分类，人类只针对最终数据分类进行判别，在数据中寻找规律就是机器学习的基础。

机器学习的发展方向是设计、分析一些让计算机可以自动学习的算法，让机器得以从自动分析数据的过程中建立规则，并利用这些规则对还没有进行分析的未知数据进行预测。过程中，时常运用统计学技巧，并转化成计算机程序，进而计算出资料的分界条件来进行预测。

1.3.8 深度学习

深度学习是机器学习的一种方法，也是目前机器学习发展方向的主流。机器学习技术就是让机器可以自我学习的技术；而深度学习就是让机器模拟人脑的运作方式，进而和人类一样具备学习的能力。但实际上机器是如何学习的呢？就是让机器根据一些训练资料自动找出有用的函数。

一般机器学习方法要经过三个步骤：

（1）人类提供给机器一个由函数构成的集合（简称函数集）；

（2）人类根据训练数据定义函数的优劣；

（3）机器自动从函数集内找出最佳的函数。

深度学习也不例外。下面先介绍深度学习的基本架构，再分别就这三个步骤来介绍深度学习。

步骤一：人工神经网络就是函数集。

深度学习中，人类提供的函数集由人工神经网络（Artificial Neural Network）的结构所定义。人工神经网络和人脑确实有几分相似之处，我们都知道人脑由神经元（neuron）所构成，人工神经网络也由神经元连接而成。人类只需要决定人工神经网络的连接方式，机器可以自己根据训练资料找出每个神经元的参数。人工神经网络的结构目前还依赖人类事先的决定。如果结构设定不妥，由此结构所定义的函数集根本找不到好的函数，接下来再怎么努力都是徒劳。

不同任务适用的人工神经网络结构并不相同，例如卷积神经网络（Convolutional Neural Network，CNN）这种特殊结构，特别适合于图像处理。卷积神经网络也是AlphaGo的架构，但AlphaGo中的卷积神经网络和前者略有不同，没有最大池化（Max Pooling）这个图像处理的常用结构，这应该是考虑围棋特性而刻意设计的。目前，虽然有些技术已能让人工神经网络自动决定结构，但这些技术尚未有太多成功的应用。想要决定网络结构，通常必须依赖深度学习技术使用者的经验、直觉以及尝试错误。

步骤二：定义函数的优劣。

有了人工神经网络结构作为函数集后，接下来就要定义函数的优劣，以便在下一步骤让机器挑选出最佳函数，但什么是好的函数呢？让我们举个具体的例子来说明。假设任务是手写数字辨识，也就是让机器检视图片，每张图中有手写数字，机器必须辨认出这个数字。执行手写数字辨识的人工神经网络，其输出层有10个神经元，分别对应从0到9的数字，而每个神经元的输出值则分别表示对应数字的信心分数，机器会把信心分数最高的数字当作最终的输出。在手写数字辨识中，训练数据是一堆图片和每张图片中的数字（数字须由人工标注）。这些训练数据告诉机器，当训练数据中某张图片输入时，要辨识出是哪个数字。如果将训练数据中的图片一张一张地输入某些函数来辨识，越能够正确辨识结果（亦即在输出层中图片数字的信心分数最高）的函数，可能就越优秀。当然也可能发生某函数能准确辨识训练数据，可是输入新图片时却发生辨识错误的情况。因此函数优劣的定义本身是很大的学问，只考虑训练数据的正确率是不够的。

步骤三：找出最佳函数。

根据训练数据可以决定一个函数的优劣，接下来就要从人工神经网络所定义的函数集中找到最佳的函数，也就是最佳的参数组合。我们可以把找出最佳函数的过程，想象成机器在学习。如何找出最佳的人工神经网络参数呢？最直接、最没效率的方法就是暴力穷举人工神经网络中的所有可能参数值。然而，为了让机器完成复杂的任务，现在的人工神经网络往往非常庞大，其中可能包括数十个隐藏层，每个隐藏层有上千个神经元，因此参数数目可能达到千万以上。要穷举这上千万的参数组合，再根据训练数据计算每个参数组合（函数）的优劣来找出最佳函数，就算是计算机也办不到，因此暴力穷举法是不切实际的。目前最常采用的学习方法称为梯度下降法（Gradient Descent）。在此方法中，机器先随机指定第一组参数，再稍微调整第一组参数，找出比第一组参数略佳的第二组参数，接下来再稍微调整第二组参数，找出比第二组参数略佳的第三组参数。以此类推，让这个步骤反复进行，直到找不出更好的参数时就停止。参数的调整次数可能多达上万次，这就是深度学习需要耗用大量运算资源的原因。因为人工神经网络中有大量参数，所以还会使用反向传递法（Backpropagation）来提高参数调整的效率。虽然用梯度下降法可以训练出厉害的AlphaGo，但这个方法本身有一个缺点：它无法保证一定能从函数集中挑出最佳函数，而仅能从人工神经网络定义的函数集中找出局部最好的函数。更糟的是这个算法是随机的，每次找出来的函数可能都不一样，能找出多好的函数要靠运气。因此，在深度学习的领域里，充斥各种可以帮助梯度下降法找到较佳函数的妙招，但至今尚未有任何妙招可以保证找到最佳函数。如何让机器自动有效挑选出最佳函数，仍是个尚未克服的困难。

为什么需要“深”？为什么人工神经网络需要很多层神经元？简单的答案是深层人工神经网络比浅层的厉害。例如在实务上，较深的人工神经网络可得到较低的语音识别错误率。如果深层人工神经网络较浅层效能好的原因，来自于神经元数量的增加，而跟多层次的结构没有关系，那么把所有神经元放在同一层，会不会效果跟深层网络一样好？甚至已有理论保证，单一隐藏层的浅层人工神经网络，只要神经元够多，就可以描述任何函数。于是把神经元排成多层的理由似乎更少了，甚至有人怀疑把神经元排成多层的深度学习只是噱头。有趣的是，虽然浅层人工神经网络可以表示和深层人工神经网络一样的函数，但浅层人工神经网络却需要更多神经元才能描述一样的函数。很深的人工神经网络好比一条分工很多的生产线，可以比浅层人工神经网络更有效率。同样的函数，浅层人工神经网络需要较多神经元，也意味着需要较多的训练数据。这表示浅层人工神经网络想达到深层人工神经网络的效能，需要更多的训练数据。也就是说，如果固定训练数据量，深层人工神经网络将有浅层人工神经网络难以企及的效能。深层人工神经网络可以用比浅层人工神经网络少的训练数据，就达成同样的任务。一般人听到“深”这个字眼，往往联想到需要很多数据，但事实刚好相反。我们常听到“人工智能=大数据+深度学习”的说法，但这并不表示因为大数据，所以深度学习才比其他机器学习方法成功。事实是大数据可以让所有机器学习方法都获得提升。相反地，正是因为数据永远都嫌少，所以才需要深度学习。

1.4 人工智能的基本架构

微课 1-9
人工智能的基本架构

人工智能基本架构包括基础层、技术层、应用层三部分。基础层是计算能力和数据资源，位于人工智能架构的底层，支撑基本架构中的其他部分。技术层是算法、模型和技术开发，主要针对自然语言处理、人机交互、计算机视觉、生物特征识别和 VR/AR 等领域，为人工智能实际应用提供支撑。应用层聚焦于人工智能和各行业各领域的结合，位于人工智能架构的顶层，面向行业具体需求，利用人工智能技术开发智能化产品及新服务模式，推进各行业人工智能发展。人工智能基本架构图如图 1-9 和图 1-10 所示。

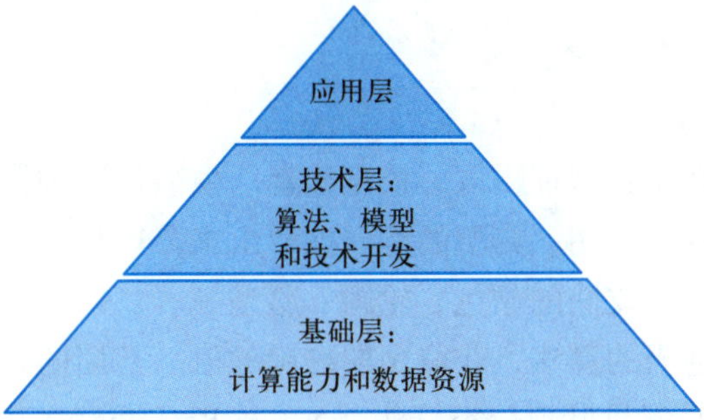

图 1-9　人工智能基本架构图（一）

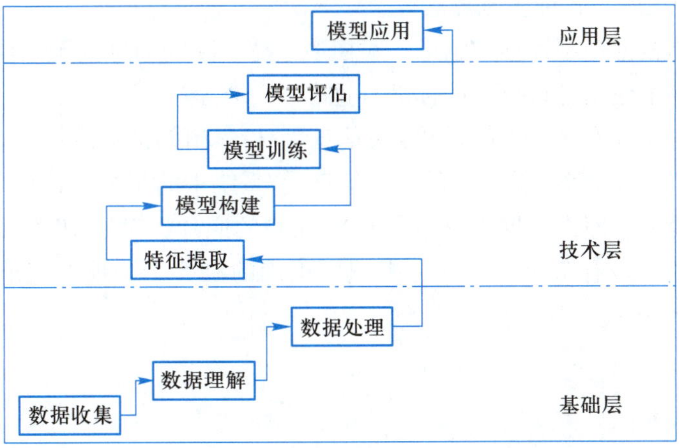

图 1-10　人工智能基本架构图（二）

1.4.1 基础层

从人工智能的结构可以看出来，人工智能的核心是基础层，即计算能力和持续的数据流。数据流包括数据收集、数据理解、数据预处理。

数据收集是指数据可以通过哪些途径获取以及获取什么类型的数据。常见的数据来源是采集、购买或用其他方式获取现有数据。比如城市地理学领域的数据采集渠道，可以同步获取一些社交 App，比如 Yahoo Flickr、Sina Webo 的 Checkin 数据，手机的信号数据，用户 GPS 的轨迹数据等。

数据理解是指获取到原始数据之后，分析数据里面有什么内容、数据准确性如何，为下一步的预处理做准备。比如我们拍摄的各种照片，需要从中识别出包含人脸的照片。

数据预处理是指原始数据可能会有环境影响或者干扰因素，格式化也不好，所以为了保证预测的准确性和有效性，需要进行数据的预处理。常见的比如调整照片亮度、对比度、锐化等。

1.4.2 技术层

技术层的核心主要在于：特征提取、模型构建、模型训练和模型评估。

特征提取是指将数据里有用、典型的特征抽取出来。比如，对几千张有效照片进行分类，特征包括性别、眼睛及皮肤的颜色、轮廓、脸型等。

模型构建是指使用适当的算法，获取预期准确的值。常用的分类算法包括：决策树分类法（Decision Tree），朴素贝叶斯分类算法（Native Bayesian Classifier）、基于支持向量机（SVM）的分类器、神经网络法（Neural Network）、k-最近邻法（k-Nearest Neighbor，kNN）语义树、知识库、各种视觉算法等。

模型训练是指根据模型评估的结果，对模型进行不断的训练甚至是调整，以达到更好的效果。通常对一个模型进行评估的标准有查准率、查全率。

查准率=检索出的相关信息量/检索出的信息总量

查全率=检索出的相关信息量/系统中的相关信息总量

以人脸识别为例，假设数据库中存有 10 个用户的照片，对这 10 个用户进行拍照，识别出来库中包含的人脸有 7 个，这 7 个中识别正确的有 5 个，那么查准率=5/10=50%，查全率就是 7/10=70%。

1.4.3 应用层

应用层是模型应用，将模型部署、应用到实际场景中，包括智能制造、智能城市、智能交通、智能医疗、智能物流、智能家居、智能金融等领域。

比如在智能制造领域主要结合人工智能技术在智能制造中的应用，重点开展个性化定制、SCADA 数据分析、智能在线监测、预测性维护、高级排产和工艺优化、智能机器人、基于 VR/AR 的维修保养等研究。在智能金融领域，基于机器学习技术构建金融知识图谱，从金融数据中自动发现模式，因此通过人工智能技术对信息进行预判、决策、行动，使得金融投资、分析变得更加精准，有利于打造标准化、模型化、智能化的风险控制系统，从而推动金融的发展。在智慧法庭领域，智慧法庭的建设和应用需要依托于智能大数据分析、语音识别、图像视频分析等多项人工智能技术的支撑，从而实现案情要素的分析、庭审语音识别自动转写、庭审行为视频分析、庭审视频流媒体转发与调度等功能。

1.5 现状与发展趋势

微课 1-10
人工智能的现状

人工智能的发展离不开各国战略和政策的高度支持，离不开机器学习算法的发展、计算能力的提高、数据开放和应用的不断深化。

而随着人工智能技术的成熟与深化，相关的领域，如金融、健康医疗、制造、零售、运输物流、自动驾驶等都可应用相关的技术，人们未来的生活也会逐渐得到改变。

从企业历史统计来看，美国人工智能企业的发展早于中国 5 年。美国最早从 1991 年开始，1998 年进入发展期，2005 年后开始高速成长，2013 年后发展趋于稳定。中国人工智能企业诞生于 1996 年，2003 年进入发展期，在 2015 年达到峰值后进入平稳期。

据统计，2012—2016 年人工智能领域吸引了全球数百亿美元投资，其中流入中美两国的金额最大。另外，从人工智能相关基础理论研究成果、科技研发投入、市场投融资金额等指标来看，中美两国在人工智能领域领先优势突出，已经逐步成为全球人工智能产业的引领者，遥遥领先其他国家和地区。

2016 年世界经济论坛（WEF）将人工智能视为第四次工业革命的核心，预言这个技术将对全球产生翻天覆地的影响；根据瑞士银行研究预测，2030 年人工智能在亚洲可创造最高 3 兆美元经济价值。各国也纷纷制定政策与计划迎接人工智能时代的到来。例如，我国于 2017 年提出新一代人工智能发展规划，计划 2030 年成为全球领先的人工智能创新中心；欧盟则于 2013 年启动 10 亿欧元“人类脑计划”；同年，美国宣布启动 45 亿美元的“脑计划”，2016 年 10 月更提出国家人工智能白皮书；日本也提出了“超智能社会”计划。

1.5.1 科技企业产业布局

众多科技企业在人工智能领域的发展迅速且布局大都比较全面，尤其在应用技术层有许多重合之处，常用的语音、图像、语义技术基本都会自主研发。

在国内，众多科技企业纷纷建立人工智能实验室，大力布局人工智能。例如，百度成立了深度学习研究院，阿里巴巴组建数据科学技术研究院（Institute of Data Science &

Technologies，IDST），腾讯打造智能计算与搜索实验室。接下来主要从产业链的三个层面梳理各巨头在人工智能领域的布局，并着重关注差异化。

在国外，苹果、微软、亚马逊等国际知名 IT 企业也无一例外都投入越来越多的资源抢占人工智能市场。例如，微软、IBM 分别以微软研究院（Microsoft Research Academy，MSRA）、华生研究中心（Watson Research Center）投入此研究领域超过十年以上。2016 年 9 月亚马逊、IBM、微软等宣布成立人工智能联盟（Partnershipon Artificial Intelligence to Benefit People and Society），旨在发展和共享人工智能的最佳实践，促进公众对人工智能的理解，以使人工智能造福社会。2017 年 1 月，苹果也作为“创始成员”加入。

1. 百度

百度是国内人工智能领域投入最大、布局最广且整体实力最强的公司。

2013 年 1 月百度成立深度学习研究院（Institute of Deep Learning，IDL）。2014 年 5 月百度硅谷人工智能实验室在美国硅谷成立。同时邀请世界顶级人工智能专家出任百度首席科学家，全面负责百度研究院。

2017 年，百度宣布整合包括 NLP、KG、IDL、Speech、BigData 等在内的百度核心技术，组成百度人工智能技术平台体系（AIG）。目前百度人工智能团队已经增长到近 1300 人。

在基础技术方面，百度在数据中心大规模采用了 FPGA 来加速计算。另外，百度还自主研发并开源了自己的深度学习框架 PaddlePaddle。

在应用技术方面，百度云平台提供了语音、人脸识别、文字识别、自然语言处理、黄反识别、智能视频分析等常用应用技术。

在产品服务方面，百度无人驾驶车项目于 2013 年起步。2015 年 12 月，百度无人驾驶车在国内首次实现城市、环路及高速道路混合路况下的全自动驾驶，测试时最高时速达到 100 公里/小时。2016 年 7 月，百度与乌镇旅游举行战略签约仪式，宣布双方在景区道路上实现 Level4 的无人驾驶。

2015 年 9 月，百度推出人工智能助理度秘（Duer），度秘可以在对话中清晰地理解用户的多种需求，为用户提供各种优质服务。

2017 年 1 月，百度推出首款对话式人工智能操作系统 DuerOS。DuerOS 支持第三方开发者的接入，目前已经具备 7 大类目 70 多项能力，能够支持手机、电视、音箱、汽车、机器人等多种硬件设备。

2. 腾讯

腾讯之前已经有微信模式识别中心、优图实验室、文智等多个团队在应用技术层开展了很多工作。腾讯 2016 年 4 月成立人工智能实验室（AI Lab），由前百度 IDL 首席科学家张潼领导，重金招揽优秀的人工智能领域研发人员，意图加速人工智能的进程。

在基础技术方面，腾讯云提供了大规模机器学习平台和深度学习平台，目前支持 TensorFlow、Caffe、Torch 三大深度学习框架。

在应用技术方面，腾讯的云平台也提供了图像、语音、自然语言处理等常用应用技术。

在产品服务方面，2015 年 9 月，腾讯的新闻写作机器人 Dreamwriter 撰写财经新闻并发布。2017 年 3 月，腾讯的围棋机器人“绝艺”斩获 UEC 杯计算机围棋大赛冠军。

3. 阿里巴巴

阿里巴巴主要围绕自身的电商业务和商业领域进行布局。2017 年 3 月，在阿里巴巴首届技术大会上，其启动了一项代号为“NASA”的计划，面向未来 20 年组建强大的独立研发部门，涉及面向机器学习、芯片、IoT、操作系统、生物识别等核心技术。

在基础技术方面，阿里云发布了分布式机器学习平台 PAI 2.0，全面兼容主流深度学习框架 TensorFlow、Caffe 和 MXNet。

在应用技术层，阿里云提供了语音和图像的接口，暂无自然语言处理的接口。

在产品服务层，阿里巴巴在 2015 年 7 月发布智能客服机器人“阿里小蜜”，能力堪比 3.3 万个客服人员。2016 年阿里巴巴与杭州联合推出城市大脑，初步实验表明：通过智能调节红绿灯，道路车辆通行速度最高提升了 11%。此外阿里巴巴还布局了工业大脑、电商大脑、医疗大脑。

4. 科大讯飞

科大讯飞是中国最大的智能语音技术提供商之一，在中文语音合成、语音识别、口语评测等多项技术上拥有国际领先的成果，两次荣获“国家科技进步奖”以及“信息产业重大技术发明奖”，被任命为中文语音交互技术标准工作组组长单位，牵头制定中文语音技术标准。

公司成立于 1999 年，是亚太地区知名的智能语音和人工智能上市企业。2010 年，公司在业界发布以智能语音和人机交互为核心的人工智能开放平台——讯飞开放平台，为开发者提供一站式人工智能解决方案。2016 年，公司发布讯飞翻译机，开创了智能消费的新品类，得到消费市场的广泛认可。2017 及 2019 年，科大讯飞连续两届上榜《麻省理工科技评论》评选出的全球 50 大“最聪明”公司榜单。2018 年，科大讯飞机器翻译系统参加 CATTI 全国翻译专业资格科研测试，首次达到专业译员水平。2019 年，科大讯飞新一代语音翻译关键技术及系统获得世界人工智能大会最高荣誉 SAIL 应用奖；同年 9 月，成为北京 2022 年冬奥会和冬残奥会官方自动语音转换与翻译独家供应商。

在平台建设的基础上，科大讯飞持续拓展行业赛道，已推出覆盖多个行业的智能产品及服务，推动在产品消费、智慧教育、智慧城市、智慧司法、智能服务、智能汽车、智慧医疗、等领域的深度应用。

5. Google

2016 年 4 月，Google 时任 CEO 明确提出将人工智能优先作为公司大战略。近年来，Google 的很多技术专家都将工作重心都投入在 Google 大脑项目。此外，Google 还吸引了很多深度学习、计算机视觉以及神经网络等领域的顶尖专家加盟。

在基础技术方面，Google 在 2011 年便推出了分布式深度学习框架 DistBelief，2015 年开源第二代深度学习框架 TensorFlow。TensorFlow 是目前最受关注的深度学习框架。Google 还为其研发了专用芯片 TPU，将性能提高了一个数量级。Google 云平台基于 TensorFlow 提供了云端机器学习引擎。

在应用技术方面，Google 云平台提供了自然语言、语音、翻译、视觉、视频智能等常用应用技术接口。

在产品服务方面，早在 2009 年，Google 便启动了无人驾驶汽车项目。目前 Google 无人驾驶汽车测试里程已经突破 200 万英里，但由于真实路况的复杂性以及法律风险，无人驾驶汽车距大规模上路还有很长一段时间。

2014 年 10 月，Google 推出 Gmail 的进化版——Inbox，邮件可以被自动归类到旅行、财务、新闻资讯等类别。

2015 年 5 月发布 Google Photos，可以对照片自动识别、分类，并支持自然语言搜索。

2016 年 5 月推出智能家居中控系统 Google Home，对标亚马逊的 Echo。Google Home 背后的智能助手引擎是 Google Assistant，对标亚马逊的 Alexa。

2016 年 Google 的 AlphaGo 在人机围棋大战上的胜利又一次引发了公众对人工智能的关注。

6. 微软

2016 年 9 月，微软整合微软研究院、必应（Bing）和小娜（Cortana）产品部门和机器人等团队，组建了“微软人工智能与研究事业部”，以此来加速人工智能研发的进程。

在基础技术方面，微软开源了深度学习工具包 CNTK，推出了基于云平台的人工智能超级云电脑。微软在其云平台 Azure 中加入 FPGA 达到了前所未有的网络性能，提高了所有工作负载的吞吐量。

在应用技术方面，微软认知服务目前已经集合了多种智能 API 以及知识 API 等 20 多款工具可供开发者调用。

在产品服务方面，微软 2014 年 5 月推出智能聊天机器人小冰，7 月发布智能助手小娜（Cortana）。现在小娜每天都在为 1.13 亿用户服务，已回答超过 120 亿个问题。在商用领域，微软还推出了 Cortana 智能套件（Cortana Intelligence Suite）。

微软 2016 年 4 月发布聊天机器人框架 Bot Framework，目前已经被超过 40000 名开发者使用。

7. IBM

人工智能是 IBM 在 2014 年后的重点关注领域，IBM 正在转型成为认知产品服务和云平台公司。IBM 未来十年战略核心是“智慧地球”计划，IBM 每年在其上的研发投资在 30 亿美元以上。

在基础技术方面，IBM 一直致力于研发类脑芯片 TrueNorth，并取得了不错的进展，但离量产尚有距离。IBM 还开源了大规模机器学习平台 SystemML。

在应用技术方面，IBM 的云平台 Bluemix 提供了覆盖语音、图像、语义等领域的十多种常用技术。

在产品服务方面，Watson 在《Jeopardy!》一战成名之后，IBM 围绕 Watson 继续发力，计划将其打造成商业领域的人工智能平台，医疗是其目前最重要的领域。2016 年 8 月 Watson 只用了 10 分钟便为一名患者确诊了一种很难判断的罕见白血病。此外，Watson 还被广泛应用于教育、保险、气象等领域。

8. 亚马逊

有别于其他知名 IT 企业，亚马逊很少宣传自己的人工智能布局，却不声不响地做出了人工智能明星产品 Echo。

在基础技术方面，亚马逊在 AWS 上提供了分布式机器学习平台。

在应用技术方面，2016 年年底，AWS 才正式推出自己的人工智能产品线：Amazon Lex、Amazon Polly 以及 Amazon Rekognition，分别用于聊天机器人、语音合成以及图像识别。

在产品服务方面，亚马逊 2014 年发布智能音箱 Echo，据估计截至 2016 年年底 Echo 系列产品的销量已经接近 1000 万台。借助 Echo 的成功，Echo 背后的智能语音助手 Alexa 也被众多第三方设备采用。Alexa 目前已拥有超过 1 万项技能，这个数字还在快速增长。

亚马逊还推出了新零售实体便利商 Amazon go。在 Amazon go 中，没有服务员、没有收银台，消费者进店不用排队结账。

9. 苹果

苹果于 2011 年最早推出语音助手 Siri，掀起语音助手的热潮。在近几年的人工智能大潮中，苹果除了收购一些人工智能创业公司，并无重量级的产品或技术问世，已经明显落后于其他巨头。

2016 年 10 月，苹果请来 CMU 的深度学习专家担任人工智能研究团队的负责人，表明苹果已经开始加紧步伐追赶。

1.5.2 人工智能技术发展趋势

微课 1-11
人工智能的发展趋势

随着深度学习在计算机视觉、语音识别、自然语言处理领域取得的成功，近几年来，无论在消费者端还是企业端，已有许多依赖人工智能技术的应用臻于成熟。可以预见未来的人工智能技术会加速深入各行各业，与传统的模式相结合，提升生产力。同时人工智能技术也将进一步融入人们的生活中，改变人们的日常生活方式。

1. 技术平台开源化

开源的学习框架在人工智能领域的研发成绩斐然，对深度学习领域影响巨大。开源的深度学习框架使得开发者可以直接使用已经研发成功的深度学习工具，减少二次开发，提高效率，促进业界紧密合作和交流。国内外产业巨头也纷纷意识到通过开源技术建立产业生态，是抢占产业制高点的重要手段。通过技术平台的开源化，可以扩大技术规模，整合技术和应用，有效布局人工智能全产业链。百度等众多国内外知名企业纷纷布局开源人工智能生态，未来将有更多的软硬件企业参与开源生态。

2. 专用智能向通用智能发展

目前的人工智能发展主要集中在专用智能方面，具有领域局限性。随着科技的发展，各领域之间相互融合、相互影响，需要一种范围广、集成度高、适应能力强的通用智能，提供从辅助性决策工具到专业性解决方案的升级。通用人工智能具备执行一般智慧行为的能力，可以将人工智能与感知、知识、意识和直觉等人类的特征互相连接，减少对领域知识的依赖性、提高处理任务的普适性，这将是人工智能未来的发展方向。未来的人工智能将广泛地涵盖各个领域，消除各领域之间的应用壁垒。

3. 感知智能向认知智能方向迈进

人工智能的主要发展阶段包括：运算智能、感知智能、认知智能，这一观点得到业界的广泛认可。早期阶段的人工智能是运算智能，机器具有快速计算和记忆存储能力。当前大数据时代的人工智能是感知智能，机器具有视觉、听觉、触觉等感知能力。随着类脑科技的发展，人工智能必然向认知智能时代迈进，即让机器能理解、会思考。

1.5.3 人工智能产业发展趋势

从人工智能产业进程来看，技术突破是推动产业升级的核心驱动力。数据资源、运算能力、核心算法共同发展，掀起人工智能第三次新浪潮。人工智能产业正处于从感知智能向认知智能的进阶阶段，前者涉及的智能语音、计算机视觉及自然语言处理等技术，已具有大规模应用基础，但后者要求的“机器要像人一样去思考及主动行动”仍尚待突破，诸如无人驾驶、全自动智能机器人等仍处于开发中，与大规模应用仍有一定距离。

1. 智能服务呈现线下和线上的无缝结合

分布式计算平台的广泛部署和应用，增大了线上服务的应用范围。同时人工智能技术的发展和产品不断涌现，如智能家居、智能机器人、自动驾驶汽车等，为智能服务带来新的渠道或新的传播模式，使得线上服务与线下服务的融合进程加快，促进多产业升级。

2. 智能化应用场景从单一向多元发展

目前人工智能的应用领域还多处于专用阶段，如人脸识别、视频监控、语音识别等都主要用于完成具体任务，覆盖范围有限，产业化程度有待提高。随着智能家居、智慧物流等产品的推出，人工智能的应用终将进入面向复杂场景，处理复杂问题，提高社会生产效率和人们生活质量的新阶段。

3. 人工智能和实体经济深度融合进程将进一步加快

党的十九大报告提出“推动互联网、大数据、人工智能和实体经济深度融合”，一方面，随着制造强国建设的加快将促进人工智能等新一代信息技术产品发展和应用，助推传统产业转型升级，推动战略性新兴产业实现整体性突破。另一方面，随着人工智能底层技术的开源化，传统行业将有望加快掌握人工智能基础技术，并依托其积累的行业数据资源实现人工智能与实体经济的深度融合创新。

微课 1-12 Python 和 PyCharm 的安装

微课 1-13 Anaconoda 和 VS Cade 的安装

习题

1. 什么是人工智能？
2. 人工智能第一次繁荣发生在什么时间段？出现了哪些技术？后来为什么衰落？
3. 人工智能第二次繁荣是因为什么技术的成功？为什么后来又跌入低谷？
4. 人工智能有哪些基本技术？以你最熟悉的技术为例，说明这种技术有什么用？能解决什么问题？
5. 什么是人工神经网络模型？多层次的人工神经网络模型包含哪些层次？
6. 简述人工智能、机器学习与深度学习三者之间的关系。
7. 简述人工智能的基本架构。
8. 人工智能应用包括智能制造、智能城市、智能交通、智能医疗、智能物流、智能家居、智能金融等领域，选择一个你感受最深的领域，谈谈人工智能如何改变了这一领域。
9. 人工智能科技巨头有哪些？这些巨头在做哪些方面的工作？
10. 简述人工智能技术发展趋势。
11. 简述人工智能产业发展趋势。

单元2 人工智能相关应用

2018 年汉诺威工业博览会开展首日，德国国家科学和工程院院长、工业 4.0 的提出者孔翰宁来到青岛海尔展区参观海尔研制的 COSMOPlat 智能制造平台（图 2-1）。一进展区，智能识别设备就捕捉到孔翰宁的脸，通过脸部分析得到了年龄、性别、性格等个性特征，展区大屏幕很快显示推荐的冰箱产品，得到同意后，智能制造系统开始备料、生产、装配。孔翰宁参观完展区，一台冰箱模型正好下线，送到他的手中。

微课 2-1
单元 2 内容介绍

图 2-1　海尔 COSMOPlat 智能制造平台

COSMOPlat 平台生动地展示了互联网、大数据、云计算等新技术背景下人工智能在工业产品制造过程中的应用。除了工业制造，人工智能还广泛应用在家居、医疗、物流、城市管理、农业生产、政务管理等领域。人工智能需要互联网、大数据、云计算等新技术的支撑。制造行业如此，其他行业也一样。这些新技术给各行各业带来了革命性的变化。

2.1 智能制造

微课 2-2
智能制造

智能制造是一种的新型生产方式，它在新一代互联网+技术与先进制造技术深度融合的基础上，贯穿了计划、设计、制造、管理、服务等生产活动的各个环节，具备自感知、自学习、自主认知、自主调节等功能。

随着全球新一轮科技革命和产业结构调整，我国制造业面临转型升级的历史性交汇点。智能制造也在全球范围内快速成长，已成为制造业主要趋势，对产业发展和分工格局带来深刻影响，形成新的生产方式、产业形态、商业模式。发达国家实施“再工业化”战略，不断推出发展智能制造的新举措，通过政府、行业组织、企业等协同推进，积极培育制造业未来竞争优势。

近年来，在国家的大力支持和企业的共同努力下，智能制造发展取得显著成果，以高级数控机床、工业机器人、智能设备为代表的关键技术装备获得迅速发展；先进工艺和智能制造设备在重点行业不断得到推广普及，离散型行业制造装备的智能化、数字化、网络化措施加速进行，流程型行业过程控制和制造执行系统完成了全面普及，关键工艺流程数控化率显著提高；在典型行业不断探索、逐步形成了一些可复制推广的智能制造新模式，为深入推进智能制造奠定了一定的基础。但目前我国制造业尚处于机械化、电气化、自动化、数字化并存的阶段，表现为不同地区、行业、企业差距突出，发展不平衡。发展智能制造面临诸多关键问题：缺乏自主创新的关键共性技术和核心装备，智能制造标准、软件、网络、信息安全基础薄弱，系统整体解决方案供给能力不足，智能制造新模式成熟度较低，缺乏人才。与发达的工业国家相比，我国制造业的智能转型面临着更为复杂的环境和更为严峻的形势，可以说，任务十分艰巨。

2.1.1 智能制造生态体系

鉴于工业 4.0 的深度整合，智能制造的生态体系非常重要，因为制造科学技术、ICT 和传感器技术将在未来高度集成。该通用体系将涵盖不同企业并大面积使用，可以指导和标准化智能制造的实施。高级传感器，无线通信标准，大数据处理模型、算法及应用等典型技术都将置于此框架内。因此，工业 4.0 的发展依赖于智能制造生态体系这一基础的制定。例如智能电网就是这样一个领域，它被设计成一个生态系统，在这个生态系统中，可以广泛地组合不同的元素，以便以高效的方式工作。

为了全面实施智能制造，应该关注平台技术，如互联网和物联网，虚拟化和服务技术以及智能对象和资产技术，因为客户越来越多的定制需求将增加制造成本。平台技术通过智能设计、生产、物流和供应链管理充分利用灵活和可重新配置的制造系统，从而降低成本。多路平台技术，特别是设计和开发，将提供一种新颖的解决方案，以解决产品高度定制的问题。需要一个更加开放的创新框架，将制造业的协作努力纳入其他下游和上游活动。因而，工业 4.0 的重要组成部分确定为面向服务的智能制造概念。

图 2-2 显示了智能制造工业 4.0 框架，其中研究主题分为智能设计（Design）、智能机器（Machine）、智能监控（Monitoring）、智能控制（Control）和智能调度（Scheduling）。

图 2-2 智能制造工业 4.0 框架

1. 智能设计

随着虚拟现实（VR）和增强现实（AR）等新技术的快速发展，传统设计将升级并进入智能时代。设计软件，如计算机辅助设计（CAD）和计算机辅助制造（CAM）能够通过 CPS 和 AR 集成的三维（3D）打印实时与物理智能原型系统进行交互。

2. 智能机器

在工业 4.0 中，智能机器可以借助于智能机器人和其他类型的智能对象来实现，这些智能对象能够实时感知并且彼此交互。例如，支持 CPS 的智能机床能够捕获实时数据并将其发送到基于云的中央系统，以便机床及其配对服务可以同步，以提供智能制造解决方案。

3. 智能监控

工业 4.0 的监控主要作用于其制造系统的运营、维护和最佳调度。各种类型传感器的广泛部署使得实现智能监控成为可能。例如，可以实时获得各种制造因素（诸如温度、电力消耗、振动和速度）的数据和信息。

4. 智能控制

在工业 4.0 中，可以通过开发网络物理生产控制系统来实现高分辨率、自适应生产控制（即智能控制）。智能控制主要通过云平台管理各种智能机器或工具。最终用户可以通过智能手机关闭机器或机器人。

5. 智能调度

智能调度主要通过先进的模型和算法来利用传感器所捕获的数据。数据驱动技术和高级决策架构可用于智能调度。例如，为了实现实时、可靠的调度和执行，可以使用分层交互架构的分布式智能模型。

2.1.2 工业互联网基础

智能制造离不开工业互联网。支持工业制造的实施企业利用光通信、工业无线网、工业以太网、SDN、OPC-UA、IPv6 等技术改造工业现场网络，在工厂内形成内部网络连通、数据互通、外部业务贯通的局面。利用 SDN、网络虚拟化、4G/5G、IPv6 等技术实现对现有公用电信网的升级改造，满足工业互联网网络覆盖和业务开展的需要。工业互联网、工业云计算、大数据服务平台建设的推进，对智能制造的发展有重要作用。

基于工业互联网的制造作为一种先进的原则，其中典型的生产资源被转换为智能制造对象（SMO），能够彼此感知，互相连接和相互作用，自动和自适应地执行制造逻辑。在基于工业互联网的制造环境中，人与人、人与机器以及机器与机器的连接实现了智能感知。因此，通过在制造中应用物联网技术，可以实现按需使用和资源的有效共享。物联网被认为是工业 4.0 下的现代制造概念，并采用了最新的技术和设施，例如尖端信息技术基础设施。制造系统的性能因数据的采集和共享被极大程度地影响。

基于工业互联网的制造具有实时数据收集功能和各种制造资源（如机器、工人、材料和工作）之间的共享能力。实时数据收集和共享基于射频识别（RFID）和无线通信标准等关键技术。通过使用RFID技术，可以无缝地整合材料运动和相关信息流的物理制造流程，实现各种制造业务的可见性和可追溯性。RFID标签和读取器被部署到典型的制造场所，例如车间、装配线和仓库，其中通过为制造对象配备RFID设备来创建智能对象。这样可以检测车间故障并实时反馈给制造系统，企业将在生产决策上具有更强的有效性，制造的效率也将随之得到提高。

例如，隆鑫汽车有限公司从原材料在制品（WIP）项目和员工中收集实时生产数据，以便加强可见性、可追溯性和可跟踪性。汽车零部件制造商怀集登云汽车零部件（控股）有限公司在整个运营过程中使用RFID车间制造解决方案，基于RFID实时数据，扩展了制造执行系统和企业资源规划系统。广东志高空调有限公司基于RFID进行实时车间物料管理，RFID技术提供了自动且准确的对象数据，以实现实时对象的可见性和可追溯性。可以看到，在工业互联网基础上，整个模具行业、汽车零件和配件制造联盟，对于产品生命周期管理和维护操作都努力实现了智能制造这一主题。

2.1.3 智能制造关键共性技术

关键共性技术研发的开展，须建立与智能制造业相关的创新部门，整合现有各类创新资源，引导企业加大研发投入，突破新型传感技术、嵌入式控制系统设计技术、先进控制与优化技术、系统协同技术、高可靠实时通信、功能安全技术、故障诊断与健康维护技术、特种工艺与精密制造技术、识别技术、建模与仿真技术、人工智能等关键共性技术。为推动创新资源向企业汇聚，要加大对用户、企业、科研院所和高校的引导力度，加快组建智能制造创新联盟。

加快研发智能制造支撑软件，利用无线传感技术、工业信息安全技术、云计算大数据技术、人工智能技术，突破计算机辅助类软件、基于数据驱动的三维设计与建模软件、数值分析与可视化仿真软件等设计、工艺仿真软件的单机操作，在分布式系统中部署高安全、高可信的嵌入式组态软件、嵌入式实时工业操作系统等工业控制软件，制造执行系统、供应链管理软件、企业资源管理软件等业务管理软件，以及嵌入式数据库系统与实时数据智能处理系统等数据管理软件。

智能制造流程主要包含：自动化、数字化以及智能化。自动化即设备层，包括智能化设备、操作系统、通信端口、可编程等功能模块；数字化即数据层，包括数字孪生体、实体工厂数字化等；智能化即决策层，包括数据应用、大数据、人工智能等。

智能制造中主要包含的概念有如下四类：透明工厂、智能工厂、云制造和人工智能。

透明工厂是一种基于互联网技术的概念，可实现工厂车间与业务系统之间的无缝通信。通过在源头公开信息，消除了专有障碍，允许业务系统从工厂车间和世界各地访问生产数据。通过从工厂底层设备到ERP系统的开放式通信，可以实现制造可视性，并在整个企业内快速准确地传输数据时做出更好的决策。

智能工厂使企业能够从原始制造数据中获得商业意识。关键绩效指标的仪表板在整个企业中提供从上到下"真实的一个版本"。工厂智能工具的企业分析和报告功能可以提高整体设备效率，并在需要时向正确的用户、主管、经理或任何需要的人提供正确的信息。通过智能加工的方式，可以创建智能工厂的自定义版本。

云制造是指在云计算、物联网、虚拟化和面向服务技术的支持下的先进制造模型，它将制造资源转化为可以全面共享和传播的服务。它涵盖了产品的整个生命周期，包括设计、模拟、制造、测试和维护。因此，可以从制造云为所有类型的最终用户提供按需使用的制造服务。

在云制造中，可以智能地感知各种生产资源和容量并将其连接到云中。通过 RFID 和条形码等物联网技术可自动管理和控制生产资源，以便将它们数字化而实现共享。针对服务的技术和云计算是这一概念的基础支持。因此，制造资源和容量可以虚拟化、封装并传播到可以访问、调用和实现的各种服务中。给定预定义的特定规则，可以对这些服务进行分类和聚合。不同类型的云制造可以处理各种制造服务。不同的用户能够通过虚拟制造环境或平台搜索、访问和调用不同的服务。

资源建模需求及其服务资源的匹配，与云部署模式一同成为了云制造中的关键问题。由于应该为服务共享建立虚拟制造环境或解决方案，因此需要公共云、私有云、社区云和混合云等云部署方法，以便可以向最终用户提供统一且无处不在的访问。例如，混合云是多个云的混合体，具有提供多种部署模式，以及灵活部署和轻松访问跨业务应用程序等优势。此外，机器和装配线等各种制造资源建模也应具有可以分发和共享的服务。德国电气和电子制造商协会（ZVEI）等已经开发出一种先进的方法，不仅在工业 4.0 产品和服务上创建了参考架构，还描述了多个设备的管理，允许使用数据和资源。然而，这种发展具有挑战性，因为各种类型和异构格式的制造对象可能会引入意想不到的复杂性。云制造中的制造要求和服务匹配很重要。这种匹配不仅包括服务提供商和客户的最佳解决方案，还包括服务规划、调度和执行。

人工智能在智能制造中的应用包括智能制造模型和人机协作。

1. 智能制造模型

随着在制造中携带 RFID 或智能传感器的数字设备的大量增加，将产生大量数据。这些数据带有丰富的信息或知识，可用于不同的决策情况。因此，数据的有效使用不仅提高了制造效率，而且提高了灵活性，并与物流和供应链管理实体等其他方面进行了更深层次的整合。例如，芯片制造商英特尔对来自制造设备的数据使用数据分析方法预测质量问题，大大减少了质量测试的数量，并提高了生产速度。

生产制造的质量和效率在很大程度上取决于生产系统动力学的显著影响。基于信息或知识集成、数据挖掘和数据分析，数据驱动模型能够充分利用历史或实时数据进行系统诊断或预测。例如，使用数据驱动方法的两阶段维护框架被用于半导体制造业的退化预测。很明显，未来基于数据或知识驱动的模型和服务将主要用于智能制造。一个关键的研究领域是将云服务与知识管理集成在一个平台中，该平台能够提供企业服务，如智能设计和制造、生产建模和模拟以及物流和供应链管理。该平台将积累大量的生产数据来配备智能传感器或数字设备的各种制造对象，以结合人、机器、材料、工作和制造逻辑。云上的智能车间运营中心可以使用自学模型为制造系统中的高级决策制定更先进或智能的模型和算法。

2. 人机协作

在工业 4.0 的大环境下，人类通过在工业环境中使用认知技术将实现和机器一同工作的局面。智能机器将能够帮助人类使用语音识别、计算机视觉、机器学习和高级同步模型完成大部分工作。因此，机器人等机器的高级学习模型非常重要，如此人类和机器就能发展出在任何工作条件下相互补充的技能。一个未来的研究方向是“人在环中”机器学习的方法，它使人们能够有效地与决策模型进行交互，例如置信分数低于某个值，它会把数据发送给人类，让人类做判断。人类做出的这个新判断既会被应用于处理过程中，也会被输入算法中，让算法更智能。因此，具有数据功能的机器学习机制可以通过使用人类领域的专业知识来更好地理解协作。又例如，基于传统的机器学习系统或算法可以插入人类知识这一前提，真实世界的传感系统便可改善人机交互和通信。

机器智能在支持人机协作方面发挥着重要作用，因为机器将为每个工作、每个角色以及制造场所中完成的任何事情提供帮助。安全问题是一个至关重要的研究课题，因为机器配备了智能控制系统，它们可以在车间等现实生产场所开始充当人类。这种机器可以通过自学和进化程序轻松地与工人沟通。因此，智能人机交互可以在复杂的制造环境中实现，以便最终实现制造智能。

随着工业 4.0 越来越受到关注，智能制造在现代工业和经济发展中变得越来越重要。智能制造被认为是工业 4.0 研究和应用在未来的关键前景，因为它通过将尖端技术应用于制造和服务中的传统产品，为各种产品和系统提供附加价值，产品服务系统将继续取代传统产品类型。

2.1.4 智能制造实干家

微课 2-3
智能制造领军企业

1. 海尔集团

在家电制造业积累了足够实践经验的海尔集团，因推出工业互联网平台 COSMOPlat，形成了以用户为中心的大规模定制化生产模式，实现了全程实时可视、需求实时响应和资源无缝对接。海尔 COSMOPlat 平台架构图如图 2-3 所示。

COSMOPlat 平台共分为四部分。资源层构成了平台的第一部分，开放整合全球资源，实现各类资源的分布式调度和匹配的最优化。第二部分是平台层，支持工业应用的快速开发、部署、运行、集成，实现工业技术软件化。第三部分是应用层，为企业提供具体互联

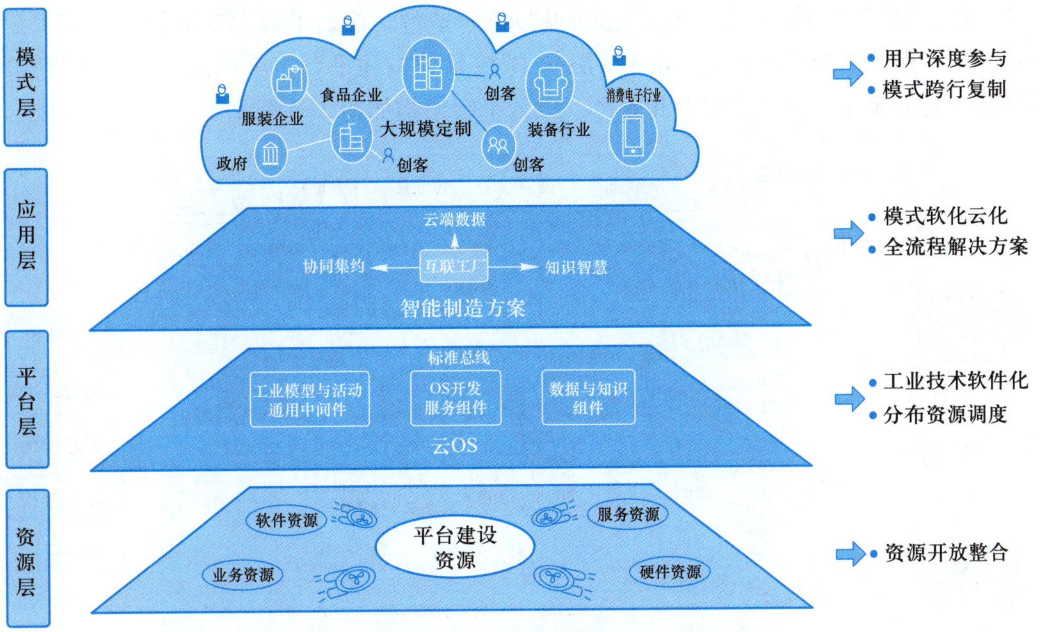

图 2-3　海尔 COSMOPlat 平台架构图

工厂应用服务，形成全流程的应用解决方案。第四部分是模式层，依托互联工厂应用服务实现模式创新和资源共享。

目前，COSMOPlat 平台已打通交互定制、开放研发、数字营销、模块采购、智能生产、智慧物流、智慧服务等业务环节。同时，为了满足用户个性化定制的需求，实现了用户持续、深度地参与产品设计研发、生产制造、物流配送、迭代升级等环节的目的，该平台有效地发挥了智能化系统的关键作用。

“基于海尔 COSMOPlat 平台的洗衣机个性化定制”是该平台的典型应用。

洗衣机用户面临着内桶清洗周期不足、难清洗等使用问题，不少用户期望能够获得一款具备更好的用户体验的新产品。

洗衣机用户的个性需求因 COSMOPlat 平台的存在得以在众创汇平台上实现了交流互动，其中有 990 万用户、57 个设计资源参与了新产品的创意设计；创意立项后，26 个外部专业团队通过开放平台被引入，多方配合一同攻克技术难题；在产品样机得到认证资格后，可利用 26 个网络营销资源和 558 个商圈进行预约销售；在 125 个模块商资源和 16 个制造商资源的合作下，用户通过开启模块采购和智能制造，便可下单购买；进而实现产品的按需定制、柔性生产；线下方面，产品通过涵盖 9 万辆“车小微”和 18 万“服务兵”的智慧物流网络被及时送到用户家里，并将被同步安装好。不仅如此，用户在使用产品的过程中，还可通过社群与其他用户持续交流互动，进一步催生净水洗、无水洗系列产品。

2. 树根互联技术有限公司

树根互联技术有限公司作为开放独立的工业互联网平台企业，由三一重工物联网团队创建。它于2017年年初发布了根云（RootCloud）平台。根云平台主要依靠三一重工在装备制造及远程运维领域的经验，由OT层向IT层延伸构建平台，重点面向设备健康管理，提供端到端工业互联网解决方案和服务。根云平台架构如图2-4所示。

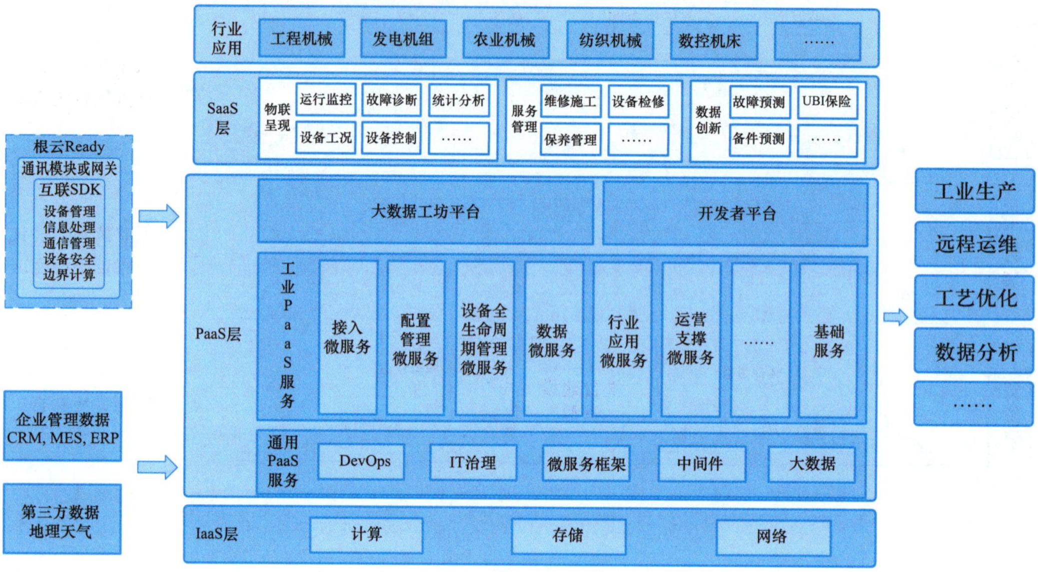

图2-4 根云平台架构

根云平台主要具备三方面功能。一是智能物联，各类设备数据的采集和编译，在传感器、控制器等感知设备和物联网的条件下完成。二是大数据和云计算，面向海量设备数据，云计算以其稳定可靠的能力提供了数据清洗、数据治理、隐私安全管理等服务，并依托经验知识图谱以完成工业大数据工作台的建构。三是SaaS应用和解决方案，为企业提供端到端的解决方案和即插即用的SaaS应用。为便于应用开发者加快构建工业互联网应用，SaaS致力于为其提供开发组件。

目前，根云平台能够为企业提供资产管理、智能服务、预测性维护等工业应用服务。同时为提升保险公司等金融机构的风险管控和金融服务能力，根云平台产业链不断进行金融创新，UBI保险、维保等产品应运而生。

“UBI挖机延保产品数据平台”是该平台的典型应用。

工业互联网平台汇集了大量数据，可以帮助保险公司了解车辆或特种设备的健康状态、车辆驾驶员行为习惯等，也可帮助银行对抵押物实施全面监控，及时掌握供应链上下游企业的经营状况，从而实现保险精准定价。树根互联与久隆保险、三湘银行合作，在动产融资、UBI保险等领域通过工业互联网与大数据分析应用的手段推出了相关服务。

基于平台，一是依据挖机数据和维修换件数据，完成数据的评估和分析，在设备使用情况与设备故障维修情况上，通过对大数据进行挖掘与建模，建立挖机设备质量评估指数。二是根据模型开发用于精算定价与风险选择的数据产品，在用户使用场景、风险管理上为保险公司精算和研发部门提供数据和技术上的支持，助力久隆保险完成延保产品 UBI 产品的定价。

在树根互联的帮助下，久隆保险根据保费规模、利润、承保机器数量，明确适合开展业务的机器类型。久隆保险通过对开展业务的设备在维修费用和利润比例上进行量化分析与排序，实现各档保险定价的精准化。

3. 和利时集团

和利时集团在 2017 年发布了 HiaCloud 平台，该平台主要面向企业生产制造和运营服务，实现全面的数据汇集、生产运营管理和 App 创新服务。和利时集团还致力于自主 PLC、DCS、SCADA 产品的研发、制造和服务，聚焦工业、轨道交通和医疗三大领域的业务。HiaCloud 平台架构图如图 2-5 所示。

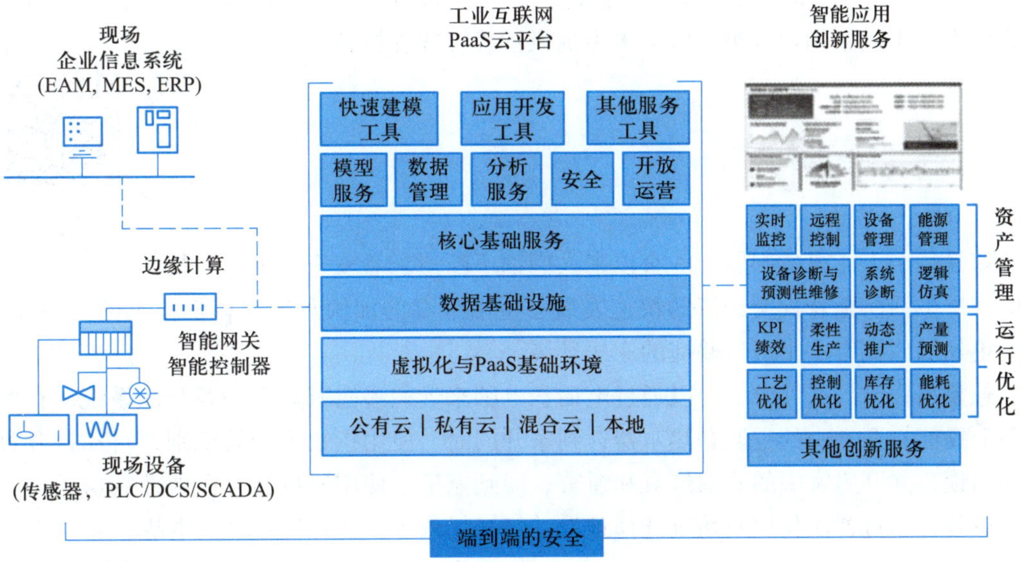

图 2-5 HiaCloud 平台架构图

HiaCloud 平台由工业 PaaS 平台层、工业 SaaS 智能应用层和工业现场层构成。工业 PaaS 平台层自上而下包括涵盖了应用服务子层、数据服务子层和云基础环境子层，建立工业对象模型的虚拟运行空间，提供 API 接口和一系列快捷开发工具。

工业 SaaS 智能应用层是指在工业 PaaS 层的基础上开发的各类工业 App 服务，主要进行资产管理服务和运营优化服务。HiaCloud 平台可在公有云、私有云及混合云上部署。基于提供边缘计算服务的 HiaCloud 平台的工业现场层，使企业现场各类数据的汇集与本地应用得以实现。此外，和利时集团还构建了工厂级综合数据集成与应用开发平台 HiaCube，用于过程工业、离散工业、工业园区、能源矿山、轨道交通和市政设施的本地化智能生产与智慧运营。

“基于 HiaCloud 平台的生产质量优化”是该平台的典型应用。

过去，某大型电子装备制造企业面临一系列生产和服务问题：多品种小批量生产模式导致换线时间长且出错率高；产品质量追溯体系尚不完备，有效性低；产品消缺与创新缺乏检验测试数据的支撑；设备异常与故障信息获取途径尚不明确，影响产品质量和产能；无法获知产品在用户现场的使用状况，售后服务被动。

通过运行 HiaCube 与 HiaCloud，该企业为所有生产材料、装备、产品、产线、工艺以及劳动者建立了对应的信息模型，在数字空间重构了企业的生产、质量、安全和维护运营等场景，用现场数据驱动数字模型运行，达到 OT 与 ICT 的深度融合，即工业信息物理系统（iCPS）。企业还为其用户提供全生命周期在线运行优化和预测性维护云服务，HiaCloud 为用户进行了电子装备的联网。

在平台运行后该企业产品一次合格率达到 99.5%，产品返修率低于 0.3%，生产效率提升 50%，产能达 158 万模块/年，定制产品交付周期缩短到 8 周以内，售后服务模式也逐步向事前主动给用户发出预警、事中提供远程在线支持转变。

2.2 智能家居

微课 2-4
智能家居

家是每个人心灵的归属，一直以来人们都不断追求着安全、方便、快捷的家居生活。随着社会经济的快速发展、生活节奏的加快和现代科学技术的突飞猛进，人们更加渴望拥有一个舒适便捷的家居环境。

想象当你出门在外时，可以通过电话、电脑来远程遥控家居中的各智能系统；在回家的路上提前打开家中的空调和热水器；到家开门时，使用指纹或人脸识别，自动打开过道灯和门锁，并开启家中的照明灯具和窗帘；回到家里，使用遥控器方便地控制房间内各种电器设备，通过智能化照明系统选择预设的灯光场景等，让你轻松享受生活。

2.2.1 智能家居简介

智能家居（Smart Home）是指在住宅中利用计算机技术、网络技术、自动控制技术将家居生活中的各种相关设备集成，实现集中管理和远程监控，以提升家居的智能、安全、便利和舒适，并实现环保节能的居住环境。

如图 2-6 所示的智能家居控制系统具有智能灯光控制、智能电器控制、安防监控等子系统的集中控制、场景控制和网络远程控制等功能。具有以下特点：

（1）系统构成灵活。智能家居控制系统是由各个子系统通过网络通信系统组合而成的。可根据需要减少或增加子系统，以满足需求。

（2）操作管理便捷。智能家居控制的所有设备可通过手机、平板电脑、触摸屏等人机

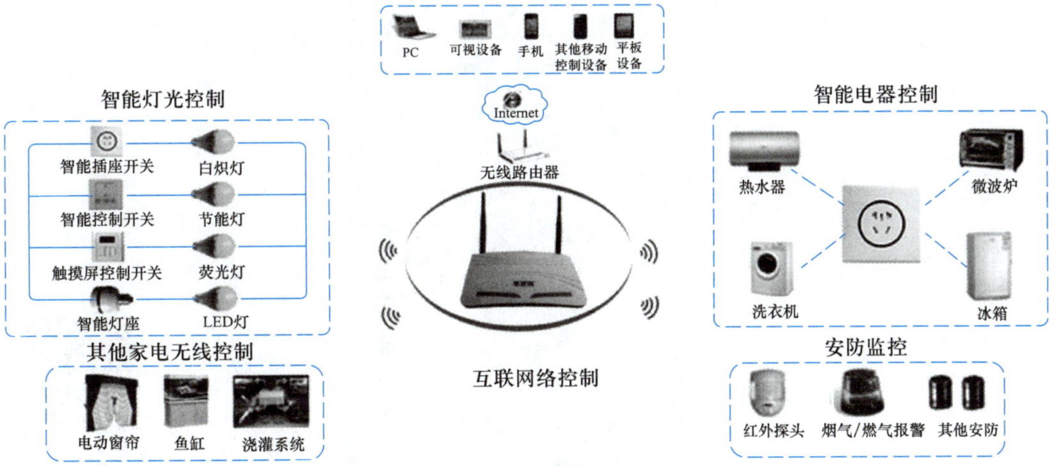

图 2-6 智能家居控制系统

接口进行操作，非常方便。

(3) 场景控制功能丰富。可以设置各种控制模式，如离家模式、回家模式、宴会模式、节能模式等，极大满足生活品质需求。

(4) 信息资源共享。可以将家里的温度、湿度、干燥度发布到网络，形成整个区域性的环境监测点，为环境的监测提供有效、有价值的信息。

(5) 安装、调试方便。无线网络控制加速了对家居系统的部署。

2.2.2 智能家居的组成

智能家居主要由智能家居主机、红外转发器、各种传感器或探测器、无线电遥控器、智能开关、智能插座等组成，其中智能家居主机是系统的核心设备。

1. 智能家居主机

智能家居主机也称智能网关，是智能家居系统的控制中枢，除了扮演传统路由器的功能外，还具备无线转发、接收的功能。智能家居主机把外部所有的通信信号转化成无线信号，同时也能接收家中遥控设备或无线开关的信号，从而控制其他终端设备，完成灯光控制、电器控制、安防监控等操作。

如图 2-7 所示的小米智能音箱（小爱同学），是小米公司于 2017 年 7 月发布的首款人工智能音箱。只要用户对着音箱说出“小爱同学”几个字便可唤醒音箱并和它进行语音交流，完成多种预设技能。同时可以通过人工智能训练计划，让它越来越懂你。

通过小米音箱和智能终端 App 可控制小米电视、扫地机器人、空气净化器等小米及生态链设备，也可通过小米插座、插线板来控制第三方产品，实现智能家居功能。

图 2-7 小米智能音箱

微课 2-5
智能家居领军企业

2. 传感器与探测器

如图 2-8 所示为智能家居中常见的传感器及探测器，主要有温湿度传感器、可燃气体传感器、烟雾传感器、漏水传感器、人体红外探测器、无线门磁探测器、玻璃破碎探测器等。当它们与智能家居主机配合使用时，可以消除安全隐患；并且在危机情况下，自动实现电话和短信报警，防止意外发生。

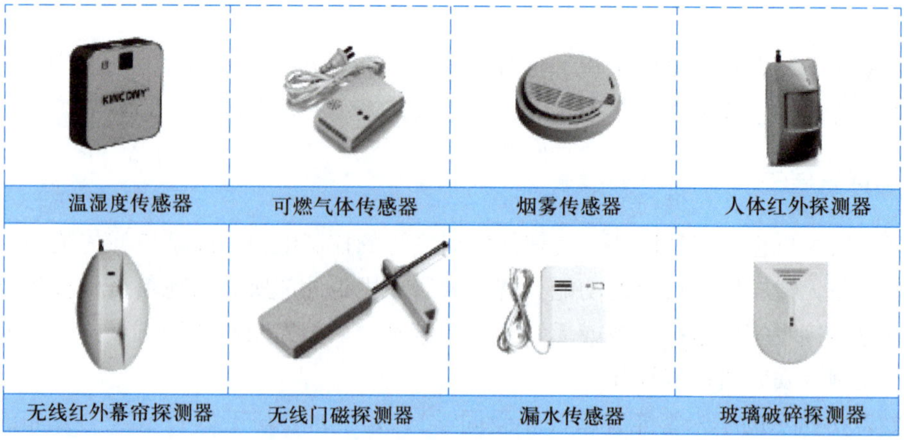

图 2-8 传感器与探测器

如果把智能家居主机比喻成一个人的大脑，那么传感器与探测器就像一个人的眼睛（人体传感器）、鼻子（燃气报警器、烟雾报警器）、耳朵（门磁、振动感应），它们把所看到、闻到、听到的信息转换为电信号送给智能家居主机。

3. 智能开关和智能插座

智能开关主要用于实现灯光、窗帘的开关智能控制和亮度调节。智能插座与智能家居主机配合，让用户可以通过手机、电脑远程控制饮水机、电热水器、电饭煲等电器的电源；同时还支持定时开关电器电源的功能，起到节能、防用电火灾的作用。

2.2.3 发展趋势

随着物联网、大数据、云计算等技术的进步，未来高度人工智能的智能家居将是家居的发展趋势。智能家居作为一个应用平台，将衍生出无数的商业需求，市场前景非常广阔。

2.3 智慧医疗

微课 2-6
智慧医疗

智慧医疗（Wise information technology of 120，WIT120）是新一代信息技术和人工智能技术在医疗上的应用。它把物联网技术、云计算技术、移动通信技术、人工智能技术以及对不同来源和种类的数据进行融合的技术应用在医疗上，从而对有限的医疗资源实现最大程度共享。智慧医疗的目的是以病人为中心利用这些新技术改善医疗服务流程。

2.3.1 什么是智慧医疗

智慧医疗是以医疗物联网为核心的信息共享和可移动访问的医疗信息化生态系统。通过建立协同工作的服务网络以及以个人电子健康档案为核心的数据中心，智慧医疗能够提供更好的医疗保健服务，并且能够有效预测和预防疾病。智慧医疗具有六个特点：互联性、协作性、预防性、普及性、可靠性和创新性。

互联性是指个人电子病历和电子健康档案存储在云服务器中，经授权的医生或医疗机构可以随时随地查询病人的病历、治疗历史和服务记录，并且可以与其他专家协同进行网上会诊，提供了更加方便快捷的医疗条件。

协作性是指医院内部、医院之间、医院与社区和行政管理机构之间实现了联网和资源整合，不同部门之间通过协同工作和信息交换，为民众提供诊疗、体检、保健和疾病预防等一体化服务。

预防性是指智慧医疗能够及时获悉重大传染疾病和医疗事件，调集各医院和各部门的资源实施预防救治，减轻特发事件对民众健康和生命安全的威胁。

普及性是指智慧医疗覆盖全社区，突破了城乡和医院之间的限制，社区居民人人参与，提供了覆盖全体民众的高质量医疗保健服务。

可靠性是指医生或医疗机构能够方便地检索和引用可靠的数据信息来支持他们的诊断，确保医疗过程准确无误。

创新性是指智慧医疗改变了传统的医疗服务模式，提升和扩大了医疗和健康服务的能力和范围，推动了临床医学的创新研究。

智慧医疗对医院、医护人员、社会和个人带来了深刻的变化。智慧医院集成了医院内部的信息化系统和业务流程，实现了不同应用系统的无缝对接，简化了医生的工作流程和患者就医流程。例如RFID射频识别标签能够准确识别和定位医药、医疗设备、医疗垃圾，改进设备管理。医生和病人佩戴腕式RFID后就能被准确定位和跟踪，确保许可人员才能进入关键区域。

智慧医疗为医生提供了方便快捷的诊疗环境，加速了诊疗服务速度，提高了服务质量。医生在工作站或通过手机上的移动App就能给病人查看病情、撰写病历和医嘱，并且可以把医疗记录实时传送到输液站、药房等科室。社区医生则可以通过医生工作站实现走访，了解居民的诊疗需求，还可以远程检测居民的血压、血糖、脉搏等数据，实时更新居民的健康档案。

智慧医疗的核心是为人服务。医院物联网和互联网为就医患者提供了方便舒适的环境。患者的就诊卡跟踪患者的就医流程，从门诊的排队叫号，通过检验设备接收医生开具的检验单，到药房窗口的取药，物联网确保就医过程准确无误、方便快捷。智能医疗的另一个重要功能是居民的健康保健服务，通过构建城市卫生基础设施、基础数据库、软件应用系统和数据交换中心，把分散在不同医院和机构的居民健康数据整合起来，为居民提供数据完备的软件应用系统，实现了预防保健和医疗救治相结合。

智能医疗为全社会的医疗卫生提供了支撑，实现了医院、社区、行政机构和保险公司等不同机构的软件系统和数据的互联互通，形成了疾病诊疗、体检康复、健康保健、保险支付等业务的整合，降低了看病成本，简化了办事手续。智慧医疗提升了公共卫生管理水平，能够有效预防和监控突发性传染病。

2.3.2 智慧医疗的技术支撑

智慧医疗具有广泛感知、互通互联、智能处理的特点，支撑这些特点的是新一代信息技术和人工智能新技术。可穿戴设备、医疗物联网、医疗云、电子病历、电子健康档案构成了智慧医疗的技术支撑。

移动通信的迅速发展为可穿戴设备（Wearable Devices）提供了广阔的应用空间。可穿戴设备能监测用户的体温、血压等生理数据，通过手机接入互联网实现数据的远程传送和共享，从而实现医学监护。

Google公司推出的谷歌眼镜（Google Project Glass）具有类似于智能手机的功能，能通过声音实现拍照、视频通话、辨别方向、上网冲浪、文字处理和收发电子邮件，如图2-9所示。谷歌眼镜能应用于医疗，例如在征得病人同意的情况下，可用来记录医生的会诊结果或手术情况，其中产生并保存的视频、照片和文档资料都可存储到病人的电子病历或云存储中，供病人需要时查阅。

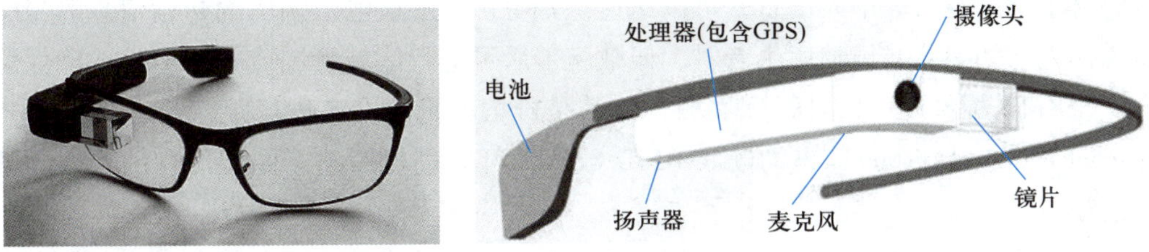

图 2-9 谷歌眼镜

苹果公司发布的智能手表 Apple Watch 除了具有电话、电子邮件、地图导航等功能，还内建了各种感测器。例如，Apple Watch 引入了一个带有内置心电图的频段，用于检测不规则的心脏活动，可以用来发现心房颤动和中风的前兆。苹果公司还在开发无创伤的血糖读取器，将来这一技术用在 Apple Watch 上可用于连续监测病人的血糖。

从目前可穿戴设备的发展来看，主要是器械设备厂商在推出产品，大量可穿戴设备功能单一、作用简单，能真正用于医学临床的比较少。这些设备的主要功能还集中在统计运动参数以及辅助健身等方面，部分设备具备了血压检测、血脂检测、血糖检测等功能，但是由于数据不精确、检测程序不科学，医学应用价值不高。这些都决定了可穿戴设备在医疗上的广泛应用还有很长的路要走。

医疗物联网是智慧医疗的核心，如图 2-10 所示。近年来，随着 RFID 和中间件在医疗行业的应用，已经形成了很多完整的医疗物联网产品和解决方案。

图 2-10 医疗物联网

RFID（Radio Frequency Identification）也叫射频识别，识别器与目标之间无须接触就可以实现目标的识别。这几年RFID标签的价格不断下降，已经大量应用于物联网。RFID腕带整合了病人姓名等个人信息，可以迅速识别身份，形成电子病历的初始信息。当患者是特殊病人，如婴儿或精神病患者时，佩戴腕带后可进行区域管制或行踪监控，确保患者的安全。RFID标签还可以对医疗器械，尤其是价格昂贵的设备进行跟踪管理。通过PDA（Personal Digital Assistant）自动读取RFID数据，可以进行医嘱、体检信息的录入，整合诊疗流程。

中间件为快速部署医疗物联网应用提供了基础性的技术平台。为了实现人与物以及物与物之间的有效交互，中间件为每个联网对象保存一个相关对象表，不仅简化了交互过程和接口设计，而且便于对象之间的沟通。例如，医生通过客户端与手术室交互前，先把手术室添加到自己的相关对象表中，然后单击该对象，就可以实现交互了。

医疗物联网的应用管理层包括统一管理平台以及婴儿护理系统、输液监护感应系统、医疗垃圾跟踪系统等应用平台。婴儿护理系统的主要目的是防止婴儿被抱错。新生儿需要洗澡、喂奶、打针等日常护理，婴儿佩戴的RFID标签一直发送射频信号，楼层读卡器接收正常信号，出口监视器接收被盗信号，物联网系统对这些信号进行实时监控并在产生危险时发送报警，确保婴儿的安全。

输液安全一直是困扰医院的一大难题。住院或门诊病人输液过程中可能出现输液并发症或输液反应，输液过程中还需要换瓶。由于输液病人分散，不便于管理，容易引发医疗事故和医患纠纷。输液监护感应系统包括病人RFID腕带、可穿戴设备、护士站监视器、智能控制器等设备，实时监控医院输液情况。根据RFID标签发送的可穿戴设备检测的人体参数以及病人发出的信息，可以构建科学、安全、规范的输液流程，同时还可以统计病人输液数据，便于医院的管理和决策。

云计算是基于Internet的计算和服务模式。根据服务类型，有为用户提供直接操作底层硬件资源的设施云，为开发人员提供应用程序托管的平台云，还有为用户提供业务应用的应用云。随着云计算在各行业的应用，医疗行业也开始建设医疗云，在不影响数据安全的前提下，充分享受云计算带来的低成本与敏捷服务的优势。

有了医疗云平台，患者的就诊记录、影像资料、血型、过敏史等数据可在全球范围自由流动，医生获得授权并通过安全鉴定以后就能访问这些数据。

移动设备在医疗行业的兴起，使得在云端安全地分享医疗数据成为可能，这将为个人医疗带来重大影响。个人医疗数据的使用并不局限于医生或医院，紧急情况下，任何有需求的机构或个人，例如急救中心、医护人员或其他专家都可以调用这些数据，医疗云如图2-11所示。医生在开处方时可以参考患者的过敏史，参与交通事故救援的专业人员能够及时获知伤者的血型和病史。通过云平台还可以与世界各地的顶级医疗专家实时分享医疗影像，在最短时间内给出诊断和医疗建议。由于治疗过程和疗效可以全球监控，患者即使在国外生病，也可授权当地医生调用自己的健康记录，得到及时、准确的治疗。

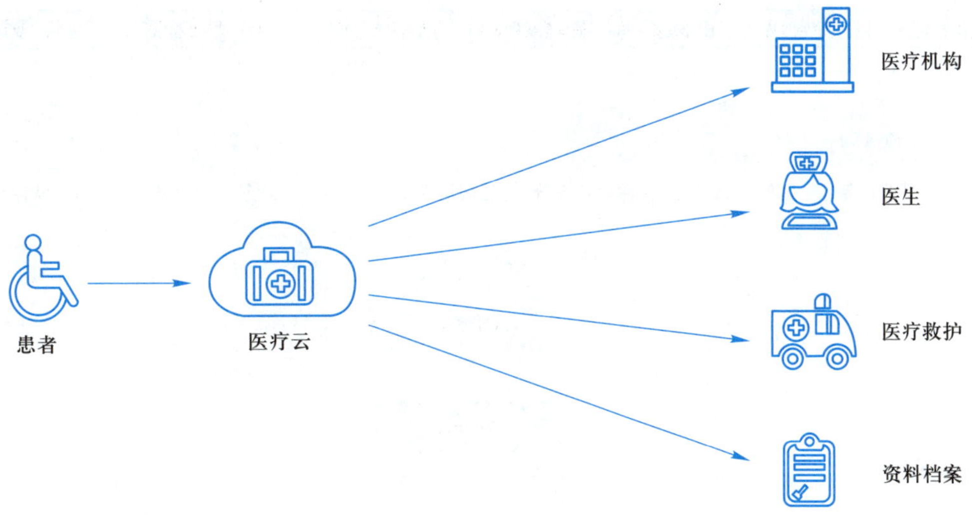

图 2-11 医疗云

在患者家中安装远程移动诊断设备，把这些设备接入云端后，医生就可以通过云端的应用软件，对患者进行持续监护。这样，慢性病人可以在家里接受诊疗，医生可以随时跟踪治疗进度，提前预测患者的健康情况，并在必要时进行干预。患者在家中通过云端与医生沟通血液、血压和其他检查结果，而医生则可对这些结果进行远程监控。

电子健康档案（Electronic Health Records，EHR），是人们在健康相关活动中直接形成的具有保存、备查价值的电子化历史记录。EHR 信息包括个人基本信息、主要疾病、健康问题摘要、主要卫生服务记录等内容，这些信息主要来源于医疗卫生服务、健康体检和疾病调查。随着智慧医疗的发展，今后还可能增加健康评估、健康指导等功能，而且可以动态跟踪个人的健康状况。

电子病历（Electronic Medical Record，EMR）是通过计算机输入并保存的病人医疗记录，用电子文档取代了传统手写病历。

2.3.3 智慧医疗的组成

智慧医疗由智慧医院、区域医疗和互联网医疗三部分组成。

智慧医院以病人为中心，发挥物联网、云计算、人工智能和新一代信息技术的优势，通过对医院设施和资源的互联共享，形成环境舒适、管理高效、医疗服务水平提升的医院模式，如图 2-12 所示。

智慧医院由数字医院和医疗服务水平提升两部分组成。数字医院全面整合了智慧诊疗系统、智慧病房系统、智慧信息系统、智慧监控系统、智慧能源系统和一站式就诊系统，实现病人诊疗信息、监控信息和管理信息的输入、存储、处理、检索及数据交换，实现医疗临床信息的深层次利用，促进医院内部信息流的通畅，从而提高医疗服务质量、医疗管

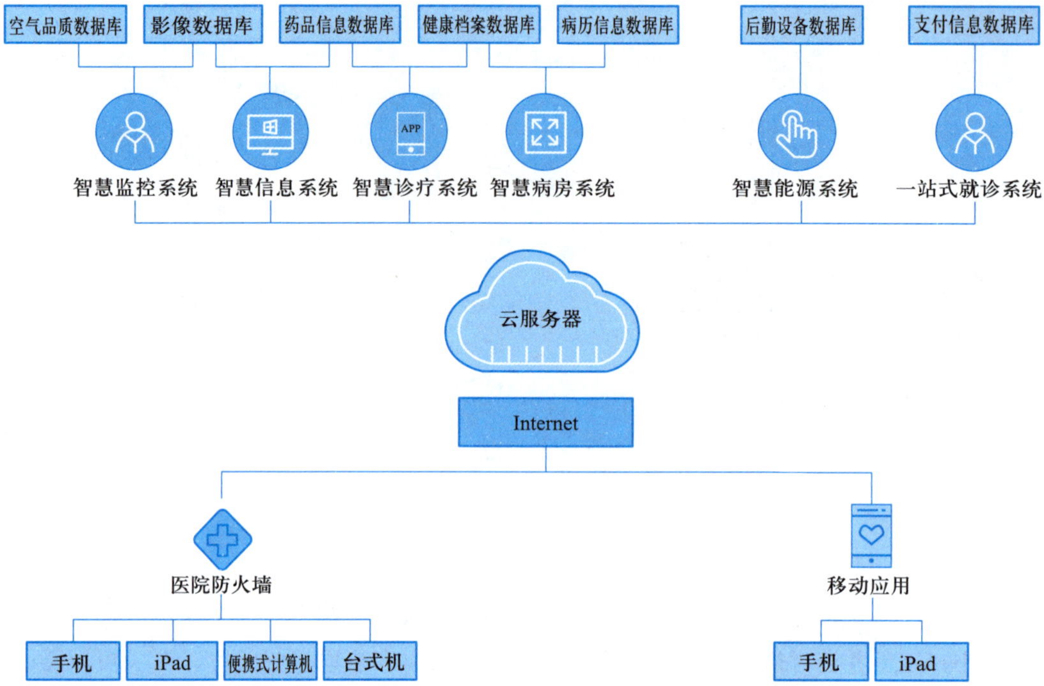

图 2-12 智慧医院

理质量和医疗科研水平。

医疗服务质量提升包括身份识别和定位、远程会诊、远程探视、自动报警、智慧处方等技术。身份识别和定位使用RFID标签实现对医院各类人员的身份进行识别和定位，也包括对医疗设备和药品的识别和定位，这样就可以实现对重要人员和设备的实时追踪。远程会诊实现了优质医疗资源的共享和跨地域优化配置。远程探访避免了探访者与病患的直接接触，可以避免疾病蔓延传播。自动报警实现对病患的生命体征数据进行实时监控，降低重症护理成本。智慧处方可以分析患者过敏和用药史，查询药品产地和批次等信息，通过有效记录和分析处方变更，为慢性病的治疗和保健提供依据。

此外，智慧医院还包括舒适的就医环境。随着生活水平的提高，人们对医疗的要求越来越高，希望就医环境更加人性化。病人入院时压力大，心情差，医院病房设计要考虑病人差别，符合不同病人的要求。为了创造安静舒适的环境，除了合理的整体布局，病房还要有防噪音设计以及良好的光线设计。除了病房，其他环境也要求安全、方便、舒适。例如，手术室除了满足无菌，为医务人员创造最有利的工作环境外，还要为患者家属提供良好的等候场所，手术室在医院的位置应该便于与中心供应、外科病房、ICU、检验等部门的协作。

区域医疗是以区域卫生信息化平台为载体，在医疗行业信息系统架构的基础上，实现医院、社区和行政管理机构信息资源的整合和共享，实现以居民为中心的医疗体系，如图2-13所示。

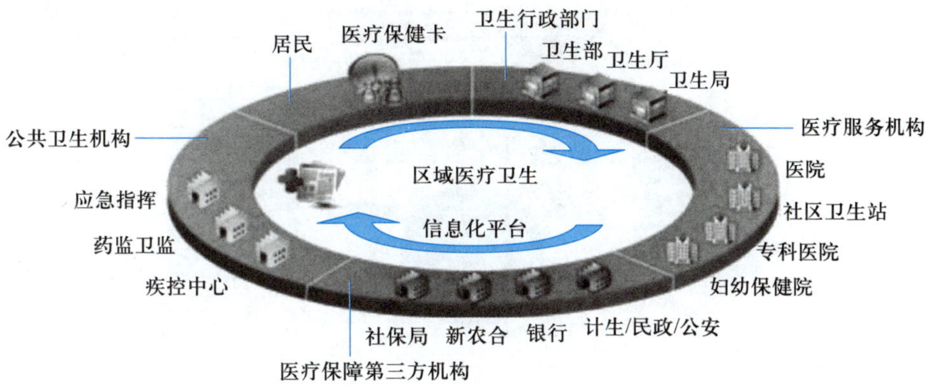

图 2-13 区域医疗

智慧区域医疗建设就是在信息技术条件下，实现区域优质医疗资源的整合利用，实现医院之间双向转诊、检查和检验信息共享、处方共享、网络会诊，为居民、医生和行政管理机构提供更好的协作和互动途径。在智慧医疗条件下，居民实现了“小病进社区，大病进医院，康复回社区”的医疗模式，提高医疗工作的效率和服务质量。另一方面，居民通过个人参与和自我管理实现医疗和健康并重的局面。对于医务人员来说，工作重点集中到提高医疗水平和有效利用信息化系统开展业务，除了为病人提供良好的就医环境和就医体验，还要对病人进行诊前和诊后的跟踪检查。行政管理机构的职责是加强卫生防控，协调资源利用和优化决策管理，提高各方面资源的利用率。

智慧区域医疗的另一个优势是智慧的公共卫生管理。区域内各个医疗机构之间信息互联互通，便于建立一套覆盖全区域的公共卫生应急指挥系统，对突发重大传染疾病等公共卫生事件可以进行有效的采集、分析、组织，及时调集各机构的资源实施医疗救治，减轻特发事件对居民健康和生命安全的危害。

互联网与医疗的结合形成了互联网医疗。互联网医疗就是通过可穿戴医疗设备和互联网实现传统医疗的诊治、信息采集、监测和咨询。互联网医疗提供的服务包括健康教育、电子健康档案管理、医疗信息查询、在线疾病咨询、电子处方、远程治疗、远程会诊，服务模式包括移动医疗、远程医疗、智慧健康等。

移动医疗是通过使用移动通信设备，例如智能手机、PDA或卫星通信设备提供医疗服务。移动医疗有两种方式：一种供医生使用，用来看病和交流，查询医学知识库以及使用医学工具；另一种供患者使用，用于预约挂号、远程治疗、信息查询和随访服务。

全球移动医疗行业的应用有查房、护理、药品管理、条形码病人识别、语音识别、网络呼叫、视频会议和视频监控。病人在医院的所有流程都可以在移动设备上实现并予以优化。

目前移动医疗在我国还有很大的局限，一方面是因为医院设备不适合开展移动医疗，另一方面是医生数量少而患者数量多，造成医生工作繁忙，没有时间提供移动医疗服务。图 2-14 列举了某医院目前移动医疗 App 具备的功能。

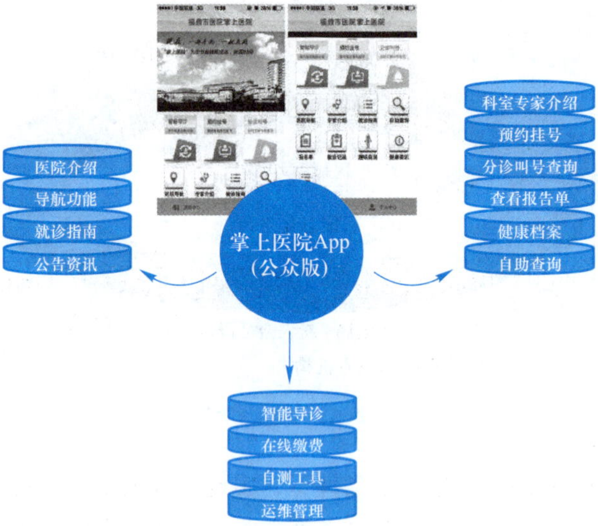

图 2-14 移动医疗 App

远程医疗是使用计算机技术、远程通信技术、全息影像技术和多媒体技术，发挥大型医院和医学中心的医疗资源和设备优势，对医疗条件较差的地区及特殊环境提供的远距离医疗服务，包括远程诊断、远程会诊、远程护理、远程医疗信息服务等医学活动。在一些发达国家，远程医疗已经被广泛应用于脑外科、胸外科、眼科、心脏科等专科的诊断和治疗，远程诊断如图 2-15 所示。

图 2-15 远程诊断

智慧健康通过建立居民自我健康跟踪和医生健康跟踪相结合的管理体系，为居民提供自身可以参与其中的医疗健康卫生应用系统，从而实现了预防保健和医疗救治相结合。智能健康应用系统的功能包括：个人健康档案管理、健康咨询、预约挂号、预约检查、预约体检、自我健康监督及各类医疗信息查询。例如，人社通网站提供医保查询、医保缴费、医保政策法规、医保问题指南等多种服务，如图 2-16 所示。

图 2-16　人社通网站

2.3.4 智慧医疗的现状

微课 2-7
智能医疗的现状

智慧医疗为人们就医和卫生健康展现了宏伟的蓝图，但是目前还处于探索阶段，在实施中也出现了很多问题。

美国的智慧医疗目前已部分实现了电子病历、电子处方、医患沟通和连续医疗，建成了电子健康档案库和智慧医疗知识库，能够为一万多种症状、六千多种临床过程提供智能诊断。智慧医疗改变了传统的医疗流程，医生需要适应新的服务流程，还要学习信息技术，熟练操作软件系统，软件系统使用过程中还会出现漏洞，因此，推进过程中难免遭遇抵触。为了推行智慧医疗，官方最初为开电子处方和电子病历的医生支付奖金，免费发放数字手持设备。医生使用电脑或手持设备开处方，通过加密网络传送到后台，保存在医院、药店和卫生管理机构联网共享的数据库中。电子病历为任意一位医生诊治患者提供了既往病史和诊断资料，包括影像资料、化验结果、用药记录，避免了转诊后的重复检查，减少了救治时间。在电子处方和电子病历基础上，把两者整合为标准的电子健康档案，再联网拓展到社区、城市以及更大范围内实现信息共享，形成了医疗协作平台。通过这个平台，患者可以针对病情查找到距离最近、成本最低的医院，甚至在家接受社区医生的上门服务。医院则可以根据患者的电子健康档案确定诊疗措施，并跟踪患者的健康。但是，信息化的推广使用也为病人的信息安全带来了隐患。医生能够轻易获取病人数据，这些数据泄露以后，会暴露病人的隐私。

智慧医疗在英国也得到了很大发展。英国国家医院保健服务启动了国家卫生信息网，建设了电子病历系统，把全国超过6000万患者的电子病历、处方和病史保存在电子病历系统中，而且提供了集成的医疗影像交换服务，医院之间可以共享这些资料，例如X光片、CT图像。经过十多年的努力，国家卫生信息网取得了明显成效。

长期以来，德国一直致力于医院信息化建设，智慧医院达到了很高的水平。德国的方式是使用某一医院的信息系统为主干，通过标准接口集成不同专科的子系统，实现资源共享。远程医疗是德国智慧医疗的亮点。例如，心脏病患者可以通过互联网、手机定期把血压、体重等数据传送到医院的诊疗中心，无须去医院就能持续监控病情，及时得到医生的建议。

近年来，我国医疗信息化和智慧医疗发展迅猛。目前县级以上医院都建立了自己的信息管理系统，门诊收费管理系统、医生办公自动化系统、药方管理系统、病区管理系统、药房管理系统运行良好，成为医院管理不可缺少的基础设施。近年来，随着智能手机的广泛使用，很多大医院推出了移动医疗App，已经能够实现手机挂号、在线医生咨询、院内专科医生介绍、疾病查询、药物介绍等功能。安防视频监控也得到了广泛使用。对于重症监护室等特殊场合，由于病人抵抗力差、容易感染，家属不能直接进入，远程网络视频探视能满足病人的陪伴需求。视频监控还用来进行远程医疗会诊，通过网络，把大医院的优质医疗资源分享给边远地区的病人。

尽管智慧医疗取得了一定成效，但现阶段的发展仍然存在很多制约因素。首先是缺少相关法律法规和宏观指导。个人病历和医疗历史属于隐私信息，必须有健全的法律保障，才能确保广大民众既能最大限度享受智慧医疗的服务，又能确保个人信息的安全。其次缺乏智慧医疗的国家标准。各个医院分散管理，接口不一，造成相互之间无法共享，数据利用率低。另一个原因是软件系统的产品化问题。现有智能医疗产品成熟度差，功能设计混乱，使用过程复杂，难以形成有竞争力的软件产品。最后还有技术创新难度较大的因素，智慧医疗涉及大数据技术、云计算技术、数据融合技术以及专家系统，这些新技术在医疗行业的成功应用需要一个探索和循序渐进的过程。

2.4 智能物流

微课2-8
智能物流概论

新时代的智能物流结合了人工智能、机器人和物联网。预计至2025年智能物流的市场规模将超万亿元，行业的发展不再展现自由化、无人化的特点，而是走向数据化、智能化。

智能物流倡导整合一站服务（Total One Stop Service），一个由智能大脑调度的新的配送中心将实现更高效率、更少劳动力和自动化的物流业务。为更早抓住机遇，行业内领先的企业积极布局智能物流。以京东、阿里巴巴等为代表的互联网科技企业，注重通过科技手段提升物流效率，依托自身互联网科技基因，在智慧物流各领域积极布局。以顺丰等为代表的领先快递物流企业，组建研发团队，设立研发机构，加强与第三方合作，在无人机、仓内 AGV 机器人这些应用前景明确、与自身需求紧密相关的智慧物流技术上，均进行积极布局。以汇通天下为代表的智慧物流物联网企业则独立于物流公司和电商平台，专注物联网、大数据和人工智能平台的开发和服务，具有很强的技术实力和商业模式优势。

2.4.1 智能物流的主要技术

智能物流的主要技术已经逐步开始商用，如无人机、机器人、智能快递柜、可穿戴设备、3D 打印、大数据分析等；无人车、人工智能正处于研发测试阶段，未来前景巨大。本节通过介绍各主要技术的基本情况，在结合国内外电商平台、领先物流企业技术上的开发历程、应用场景及未来规划的基础上，全方位展示智慧物流在行业内的现状和未来。智慧物流技术全景图如图 2-17 所示。

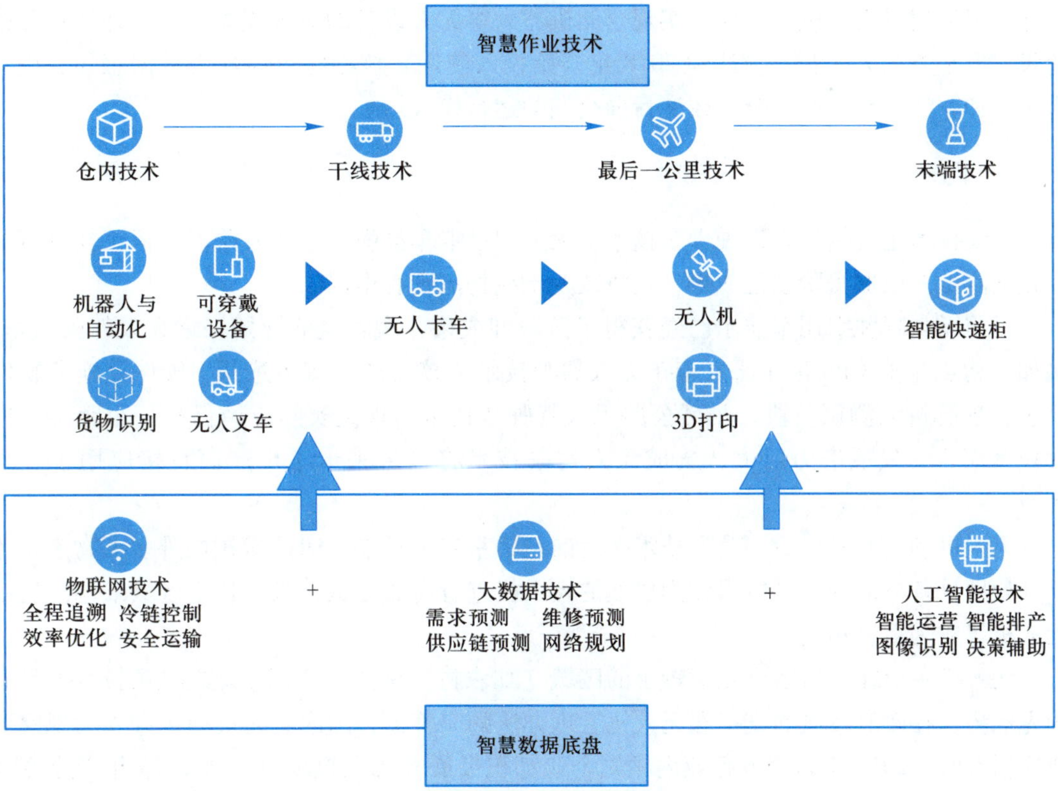

图 2-17 智慧物流技术全景图

1. 仓内技术

仓内技术主要有机器人的自动化分拣、货物识别、可穿戴设备、无人驾驶叉车四类技术，时下机器人的自动化分拣技术得到了广泛应用，已相对成熟；可穿戴设备目前大部分处于研发阶段，只有智能眼镜技术进展较快。

仓内机器人包括 AGV（自动导引运输车）、无人叉车、货架穿梭车、分拣机器人等，主要用在搬运、上架、分拣等环节。国外领先企业早已将仓内机器人投入商业化运作，各企业将在机器人的应用场景上深入推进。国外企业如亚马逊、DHL，国内企业如京东、菜鸟、申通已经开始布局。

2017 年，京东的昆山无人分拣中心正式面世，它部署了大量 AGV，是国内首次实现前后端无人 AGV 自动装、卸车作业的企业。同时，在商品上架、商品分拣各环节，京东还部署了其研发的 SHUTTLE 货架穿梭车等各型号机器人，基本实现了仓储全流程自动化。仓内机器人的应用也是京东向无人仓这一战略目标迈进的关键举措，通过部署自动机器人，京东“无人仓”的存储效率达到传统人工横梁货架存储效率的 10 倍以上。

将来京东将加速机器人及自动化技术研发（已有十余款机器人在研发计划中），在北京亦庄附近建设无人设备工厂，实现仓储机器人等无人设备的更大规模量产，并计划开始建设三万平方米无人仓，预计到 2018 年开始投入使用，核心特色体现为数据感知、机器人融入和算法指导生产，全面改变目前仓储的运行模式。

2. 干线技术与最后一公里技术

干线技术主要指无人驾驶卡车技术。无人驾驶卡车虽尚处于研发阶段，但正在进行商用化前测试并已取得阶段性成果，它将改变干线物流现有格局。

目前无人驾驶乘用车技术已经获得了阶段性成果，多家企业开始探索无人驾驶卡车。例如，初创企业 Otto 正在研发卡车无人驾驶技术，核心产品有传感器、硬件设施和软件系统，现已进入测试阶段，虽然公路无人驾驶从技术实现到实际应用仍有一定距离，但就技术而言，发展潜力巨大，集成无人驾驶技术将被未来卡车生产商直接应用于生产环节。

无人机利用的是最后一公里技术。目前包括京东、顺丰、DHL 等国内外多家物流企业已开始用具备灵活特性且技术较为成熟的无人机进行商业测试，未来特定区域末端配送中无人机将成为重要角色。

无人机主要在人口密度相对较小的区域（如农村）配送，中国企业在该项技术上具有领先优势，在政府政策的支持和无人机管理办法的完善下，国内无人机即将进入大规模商业应用阶段。2013 年以来各行业内领先企业都积极展开无人机项目，自 2013 年至今亚马逊的无人机技术已完成数次升级。无人机在国内基本可进行大规模商用的标志是京东于 2017 年成立无人机运营调度中心。将来无人机若要拥有更加广泛的应用范围，则需要在载重和航时上不断突破，进一步提升感知、规避和防撞能力，持续提高软件系统的数据收集、分析、处理能力。

2016 年我国成功利用自主研发的无人机在宿迁完成物流首单配送，2017 年京东无人机常态化运营逐步开展，无人机项目在实际应用方面稳步前进，其标志性事件是京东在宿迁建立全球首个无人机运营调度中心。2017 年 618 期间完成 1000 余单配送，实现了多省市无人机配送常态化运营。

未来，行业将持续加大物流无人机的研发与应用，将尝试开发大型载重无人机，拓展配送品类，建成后将实现 24 小时内送达中国的任何城市。期望在不久的将来每天都能用无人机为数万个村庄送货。

3. 末端技术

末端新技术主要应用于智能快递柜，因此它成为各方布局焦点，现今已实现商用（主要覆盖一二线城市），但因存在成本与消费者使用习惯等问题，未来发展比较受限，存在不确定性。

智能快递柜技术较为成熟。蜂巢、速递易等一批快递柜企业已经在一二线城市开始推广该技术，然而这一技术仍然面临着使用成本高、便利性差、智能化程度低、使用率低、无法当面验货、盈利模式单一等诸多问题。

4. 智慧数据底盘技术

物联网、大数据及人工智能是数据底盘涉及的三大主要领域。前两者目前已相对成熟，在电商运营中得到了一定应用。人工智能尚处于研发阶段，是未来各家研发的重点。大数据分析技术与物联网技术互为支撑，前者将后者数据进行业务化，后者为前者提供部分分析数据来源，而人工智能则是大数据分析的升级。三者都是未来智慧物流发展的重要方向，也是智慧物流能否进一步升级换代的关键。

5. 物联网技术

物联网的概念早已普及，但在物流领域的应用才刚开始。受终端传感器高成本的影响，现阶段溯源的主要载体是二维码，要实现物联网不断向前发展，必定要在技术上取得阶段性突破。长期来看，低成本的传感器技术将实现突破，RFID 和其他低成本无线通信技术将是未来的方向。预计未来物流行业将广泛利用物联网技术。以汇通天下为代表的专注智慧物流物联网领域的领先企业已在国内出现。

物联网技术在物流应用上主要有以下四个场景。

（1）产品溯源。产品从生产、运输到交付环节的所有信息，包括配件使用、生产条件、运输温度、产品品质等信息都是从传感器中追溯而来的，同时通过区块链记录货物从发出到接收过程中的所有步骤，确保了信息的可追溯性，降低丢包、错误认领事件发生的可能性。

（2）冷链控制。通过车辆内部安装的温度控制装置，对车内的温湿度情况进行实时监控，确保全程冷链。

（3）安全运输。通过信息采集设备对司机、车辆状态数据进行收集，针对司机疲劳驾驶、车辆超载超速等问题采取早发现、早解决的方式，提早报警，预防事故。

（4）路由优化。车辆的调度优化将通过信息中心分析运输车辆情况、路况、天气等信息后完成，而这些信息来源于安装在车辆上的信息采集设备。

6. 大数据技术

大数据这一新兴技术已成为众多企业重点发展的对象，多家企业已成立相应的大数据分析部门或团队，进行大数据的分析、研究和应用布局，各企业未来将进一步加强对物流及商流数据的收集、分析与业务应用。

大数据技术主要有以下四个物流应用场景。

（1）需求预测。在搜集用户消费特征、商家历史销售等大数据的基础上，利用算法提前预测需求，将仓储与运输环节前置。现今的一些应用在预测精度上仍有很大提升空间，需要扩充数据量，优化算法。

（2）设备维护预测。随着机器人在物流环节中的使用，设备维护预测将是未来应用非常广的一个方向。通过物联网的应用，在设备上安装芯片实时监控设备运行数据，再通过大数据分析做到预先维护，增加设备使用寿命。如沃尔沃通过对设备上安装的芯片中的数据进行分析，完成物流车辆的提前保养工作。

（3）供应链风险预测。通过对异常数据的收集，对不可抗因素（如贸易风险造成的货物损坏等）进行预测。

（4）网络及路由规划。为实现提前备货，缩短运货时间的目的，需要仓储、运输、配送网络方面的优化布局，从而通过对消费者数据的分析，选出离消费者最近的仓库。这些都以历史数据、时效、覆盖范围等分析模型的构建为前提，甚至可实现实时路由优化，指导车辆采用最佳路由线路进行跨城运输与同城配送。

2.4.2 人工智能在智能物流中的主要应用

微课 2-9
智能物流应用

2016 年我国物流从业人员为 5012 万人，占全国就业人员的 6.5%，每年新增物流就业岗位需求 130 多万，未来可能面临劳动力供给不足的问题。总体来看，我国传统物流行业存在不少行业痛点，如劳动性质简单且重复、劳动力密集、管理落后、成本高且效率低下。而大部分物流行业公司小且分散，数字化、信息化程度低，管理落后，效率有待提升。而人工智能有望帮助解决上述痛点，降本增效（图 2-18）。

人工智能可以代替简单重复劳动、辅助人工或对人工赋能，如运输环节的无人车、无人机，仓储环节的无人仓、自动化分拣，配送环节的智能快递柜以及管理支持环节的智能客服等。人工智能与相应的设备、业务流程的结合，可以显著降低成本，优化业务流程和管理。人工智能在物流行业的应用主要由电商平台推动，尚处于研发阶段，除图像识别

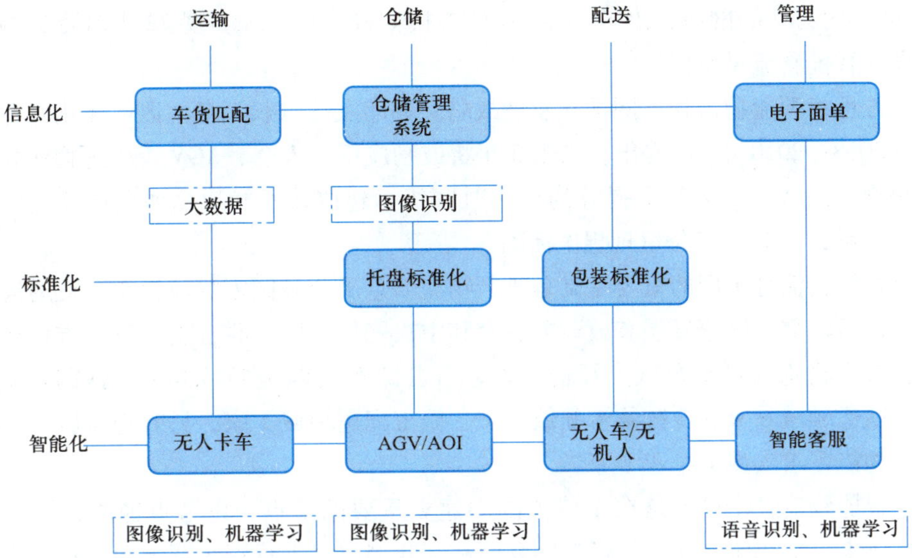

图 2-18 人工智能在物流环节中的应用

外，其他人工智能技术距离大规模应用仍需时日。

人工智能技术主要有以下五个物流应用场景。

(1) 智能运营规则管理。未来将会通过机器学习，使运营规则引擎具备自学习、自适应的能力，能够在感知业务条件后进行自主决策。如未来人工智能将依据商品品类等条件自主设置订单生产方式、交付时效、运费、异常订单处理等运营规则，在应对与常态不同的订单时，例如电商高峰期（双十一），实现人工智能处理。

(2) 仓库选址。人工智能技术能够给出接近最优解决方案的选址模式，它将通过对现实环境的种种约束条件（顾客、供应商和生产商的地理位置、运输经济性、劳动力可获得性、建筑成本、税收制度等）进行充分的优化与学习，从而得出仓库选址的结果。

(3) 决策辅助。机器学习等技术会自动识别场院内外的人、物、设备、车的状态，学习优秀的管理和操作人员的指挥调度经验和决策等，从而逐步实现辅助、自动决策。

(4) 图像识别。利用计算机图像识别，地址库通过卷积神经网提卂手写运单机器识别的有效率和准确率，大幅度地减少人工输单的工作量，降低差错率。

(5) 智能调度。系统可在完成对商品数量、体积等基础数据的分析后，对包装、运输车辆等在内的各环节进行智能调度，还可以通过对百万 SKU 商品的体积数据和包装箱尺寸的测算，在深度学习算法技术后，智能地计算并推荐耗材和打包排序，最后得到安排箱型和商品摆放的合理方案。

2.4.3 智能物流骨干网

智能物流骨干网这个概念在 2018 全球智慧物流峰会上备受瞩目，阿里巴巴宣布集团旗下菜鸟网络将投入上千亿元，甚至更多。在国家智能物流骨干网的构建上，全力以赴构建国内 24 小时必达的网络；沿“一带一路”、按 eWPT 在全球实现 72 小时货运必达，共同组成国家智能物流骨干网。

各地方也将智能物流骨干网纳入发展战略。如印发的《长三角地区一体化发展三年行动计划（2018—2020 年）》提出，未来 3 年将鼓励应用无人仓、AGV 等先进物流技术，使得长三角物流网络从“天”级提升到“小时”级，建成技术和通达率全球领先的长三角智慧物流体系，打造“三公里理想生活圈”。

国家智能物流骨干网的重要基础是骨干物流信息平台和国家物流枢纽。交通运输部网站称，交通运输部、国家发展和改革委员会和中央网信办已经联合委托第三方机构组织开展了首批骨干物流信息平台试点评选工作，有公路车货匹配领域 8 家、铁路运输领域 2 家、多式联运领域 6 家、冷链物流领域 1 家、城市配送领域 1 家，另有物流服务保障类企业 8 家，物流需求支撑类企业 2 家。

国家智能物流骨干网就是在全球范围内建立重要的节点，以节点铺网，提高物流效率、降低成本、加快响应速度。通过物联网和互联网技术进行资源调配和优化，在实现智慧物流的同时，利用信息流、资金流和实物流三者合一拉动消费、调整生产布局。

智能物流已成为物流发展的必选项，谁能把握先机，谁就能占据主动。数据化是物流真正实现向下一代升级的关键，即使当前物流企业在数据获取方面存在天然劣势，也应该加快尝试与第三方企业的合作，及早在物联网、大数据、人工智能等方面进行积累，以开放的心态拥抱科技，拥抱智慧物流，实现转型升级。

2.5 智能城市

微课 2-10
智能城市

随着人类社会的不断发展，未来的城市必将承载更为庞大的人口量。基于当前我国发展现状，城镇化正在加速，部分地区的“城市病”问题突出、日益严峻，图 2-19 是联合国人居署《2016 世界城市状况报告》中列举的问题。城市发展的难题亟待

图 2-19　联合国人居署《2016 世界城市状况报告》中列举的问题

解决，为实现城市可持续发展，建设智能城市已成为当今世界城市发展不可逆转的潮流。智能城市以打造开放、弹性、灵活安全的城市为主题，通过云计算、大数据、人工智能等创新技术，致力于构建开放、合作、共赢的智能城市生态系统。

2.5.1 智能城市生态战略

政务信息数字化阶段、城市数据孤岛打通阶段、城市权码数字化阶段是智能城市发展要经历的三大阶段。解决了信息基础设施方面重视硬件建设、忽视市场需求、面向应用开发程度不够、城市感知与数据采集系统建设滞后以及数据共享困难等问题以后，智能城市将形成自己特有的标准体系、产业生态和商业模式。

标准体系方面，即使是在小城市，也会涉及对政务、公共管理、生产生活各方面数据的采集、传输、分析以及复合场景的融合，目前需要将不同领域在端到云连接协议、通信组网、数据模型属性、端到端安全、测试等各个环节上的标准统一起来。

产业生态方面，物联网涉及面广，单个主体无法提供整体解决方案，基于物联网的智能城市比互联网和移动互联网更加强调产业生态，解决物联网和智能城市落地过程中信息不对称问题成为了当务之急，目的是完成产业链供求渠道双方高效对接。

商业模式方面，国内外已实践过多种智能城市的商业模式，但偏重于投资和运营中如何分工。智能城市的建设和运营需要具备一定的盈利能力，让参与各方获得持续的回报，这方面需要探索丰富的服务和个性化体验，以及从智能城市中的各类数据中形成收益和增长点，释放价值观。智能城市生态结构如图 2-20 所示。

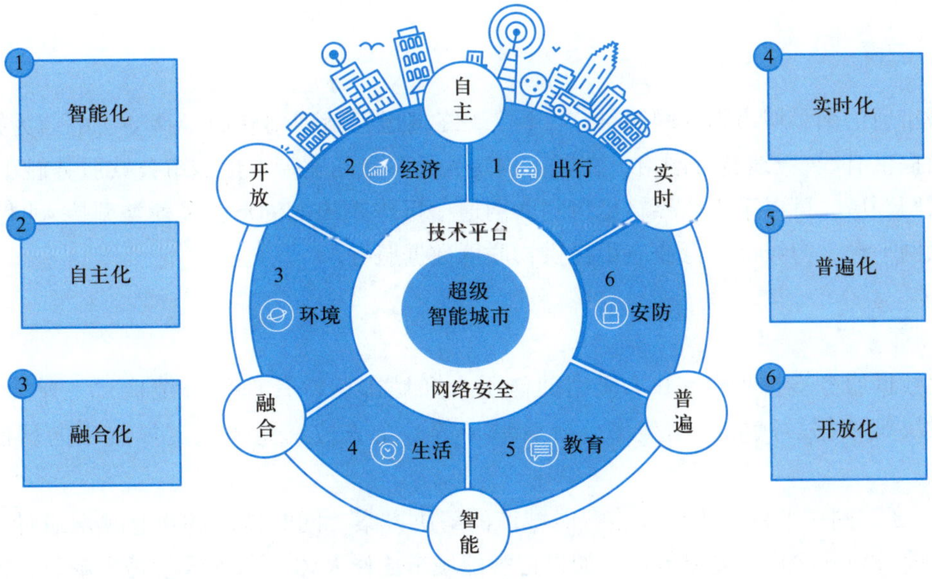

图 2-20 智能城市生态结构

2.5.2 智能城市整体架构

智能城市的整体架构通常包括一云、二网和三平台（图2-21）。

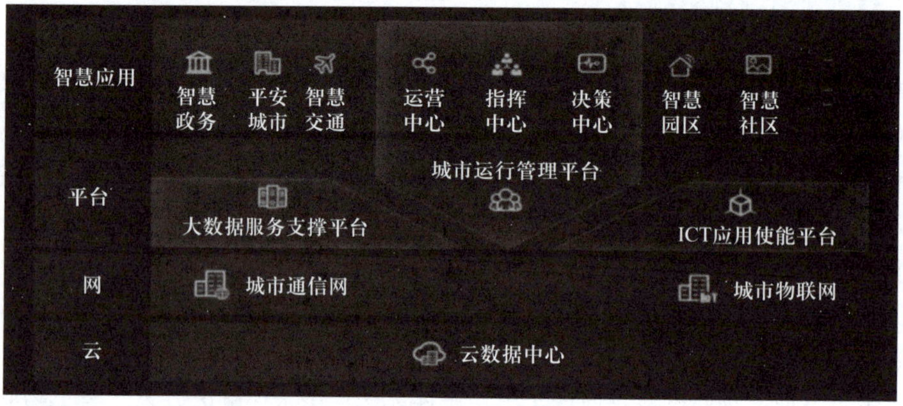

图2-21 智能城市整体架构

1. 一云

“一云”是指城市云数据中心。为建设融合、开放、安全的城市云数据中心，须在开放架构的基础上，利用各类城市信息资源，通过资源的整合和共享，使政府的服务、决策效率和合理性得到提升。

2. 二网

城市通信网和城市物联网简称“二网”。终端运营商利用联通、移动、电信为智能城市建设提供有线+无线宽带网络，在城市构建无处不在的宽带，让城市公共服务触手可及；在物联网领域，可以采用业界轻量级物联网通信操作系统 LiteOS、多种类型接入网关，以及物联网平台，为城市各行业应用提供物联网数据服务。

3. 三平台

大数据服务支撑平台、ICT应用使能平台和城市运行管理平台统称“三平台”。通过提供决策依据、赋能应用生态、统管城市等，全方位、立体化支撑城市向智能城市迈进。

“一云二网三平台”不仅仅是智能城市的解决方案，同时体现的也是顶层设计，智能城市建设必须有这几个关键节点。如果把智能城市比作人体，那一云就是大脑、二网是全身的血管，三平台是重要的器官，要想做到“真智能”，缺一不可。至此，智能城市的治理模式由原来的管理型向服务型转变，从单向管理、线下以及政府监管向双向互动、线上线下融合、社会协同治理转化。

2.5.3 关键技术

智能城市涉及的关键技术主要包含传感网络技术、ICT 技术和认知技术、智能仪表技术等。

1. 传感网络技术

（1）通过传感系统和监控数据进行实时分析，进而提升公共安全保障；

（2）垃圾收集装置中的传感器能够提升垃圾收集效率；

（3）借助传感器和医疗机器人，更有可能提高病患寿命。

2. ICT 技术和认知技术

（1）通过优化公共交通基础设施，降低城市拥堵和大气污染水平；

（2）通过人工智能和应用大数据分析，更好地为城市诊断问题并提出个性化解决措施。

3. 智能仪表技术

（1）通过实时监控能源使用情况以减少能源浪费；

（2）通过对交通基础设施（道路、停车位）的最优利用降低拥堵水平和污染程度；

（3）利用数据分析手段，及时检测水供给网络的漏洞，提升水资源利用率；

2.5.4 智能城市实干家

微课 2-11
智能城市案例

截至 2016 年，全国 95% 的副省级以上城市、76% 的地级以上城市，总计 500 多个城市提出或在建智能城市，超过了全球其他国家的城市总和。强有力的经济基础，过硬的技术、创新实力，有效保障了智慧城市的便民效果。在这方面，杭州、深圳做出了很好的示范。

2016 年的云栖大会上，杭州市政府宣布和阿里巴巴联合打造杭州城市数据大脑（图 2-22），目的是利用城市每时每刻产生的数据进行决策，以管理和调整这座城市的运行。当然这一切的实现都离不开人工智能。目前，杭州城市居民通过支付宝平台可以享受 50 多项政务和生活服务，基本覆盖了医院挂号、社保查询、水电煤气费缴纳、交通违章缴费、小客车摇号等方面，移动互联网、大数据和云计算等创新技术，让人们真正享受到智慧城市带来的便利。

图 2-22 杭州城市数据大脑

在智能城区建设上处于全国领先地位的深圳市产业、人口大区龙岗，成立了全市首个数据统筹机构，信息资源基础平台已建设运营。全面推进政务服务信息化平台优化升级，打通信息孤岛，进一步提高政府工作效率，提高政府服务市民和服务企业的能力和水平，构建阳光高效的责任政府。2017 年 8 月 22 日下午，时任深圳市相关领导在记者会上谈到未来工作时介绍，深圳市委强调突出抓好市政府正在推进落实的两项工作，一是加大营商环境改革力度，二是打通信息孤岛，全面推进政务服务信息化平台优化升级。

目前，龙岗区在智能城区建设上取得了显著成效，表现为：一个已实现从区到 11 个街道再到 111 个社区的全覆盖三级政务网络；一个全区共享的含一类高清监控点 6988 个、人脸识别设备 3028 套、车牌识别设备 162 套的视频专网；一张多维的政务电子地图，建立全区统一的时空信息共享平台，为全区智能化应用提供实时更新的地图服务；一个超前的存储平台，存储容量超过 3000 TB，满足未来 5~10 年的发展需求；一套实时的信息获取交换系统，获取市数据资源 2027 项、数据记录超过 4.2 亿条，全区沉淀出基础数据 1 亿多条，已有 25 个区属部门通过系统订阅数据超过 2.5 亿条，实现数据共享。

2.6 智能农业

微课 2-12
智能农业

通过物联网技术赋能农业生产，感知万物生长，让人工智能在云端耕种，数据增值农业。智能农业解决方案包含构建农业物联网基础设施平台，赋能农业合作伙伴，提供丰富多样的农业场景化应用。通过物联网感知技术，将动植物、环境、空间等所有信息进行全面的感知和互联，在智慧种植、智慧水产、智慧畜牧、智慧养殖、智慧植物工厂等农业场景中，用大数据精耕农业，实现“从生产到销售，从农田到餐桌”的一站式解决方案，提升农业效益，助力农业生产标准化、数字化和智能化发展进程。智能农业概念图如图 2-23 所示。

图 2-23 智能农业概念图

2.6.1 智能农业整体架构

智能农业整体架构如图 2-24 所示。

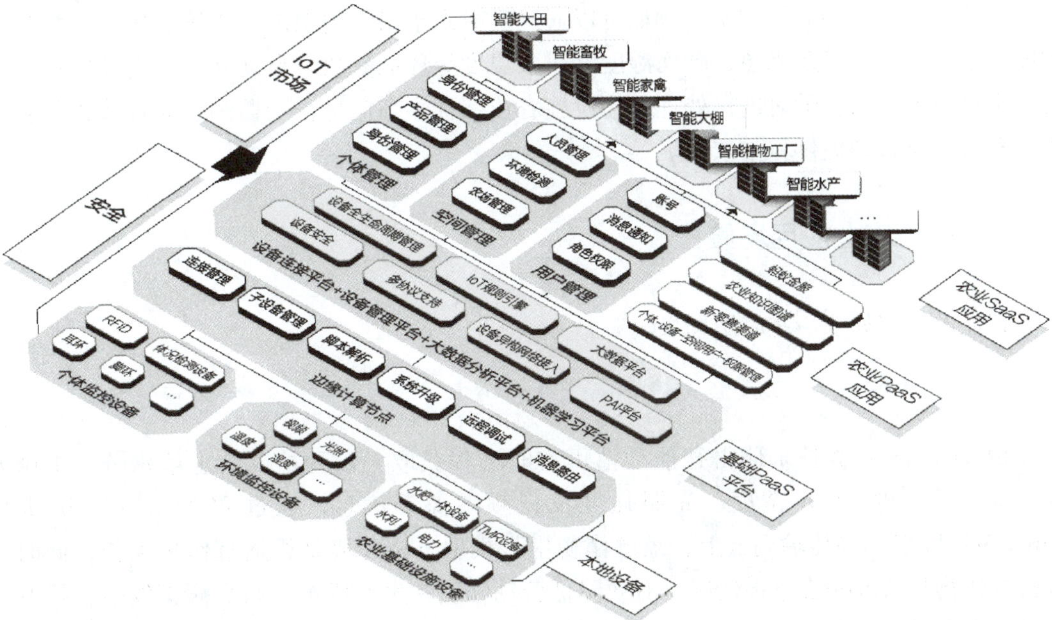

图 2-24 智能农业整体架构

智能农业是发展集互联网、移动互联网、云计算和物联网技术为一体的全新农业生产方式，它与科学的管理制度相结合，可让多种信息技术在农业中实现综合、全面的应用，从而助推农业加速腾飞。

智能农业解决方案从生产领域、经营领域和信息服务领域助推农业产业链的升级改造。智能农业围绕着人工智能技术在农业生产、经营、管理、服务各环节和农村经济社会各领域的深度应用，坚持信息技术、生物技术、工程技术有机结合，坚持研究开发、集成示范、推广应用相结合，着力突破智慧农业关键核心技术，在种植、养殖生产作业环节，摆脱人力依赖，构建集环境生理监控、作物模型分析和精准调节为一体的农业生产自动化系统和平台，根据自然生态条件改进农业生产工艺，进行农产品差异化生产。物联网、云计算等技术的应用，打破了农业市场的时空地理限制，农资采购和农产品流通等数据将会得到实时监测和传递，有效解决了信息不对称的问题。同时，云计算、大数据等技术可为农业经营者传播先进的农业科学技术知识、生产管理信息，提供农业科技咨询服务，引导龙头企业、农业专业合作社和农户经营好自己的农业生产系统与营销活动，提高农业生产管理决策水平，增强市场抗风险能力，节本增效、提高收益。

智能农业整体架构一般可分为三层：感知层、传输层和应用层。感知层采用各种传感器，如温湿度传感器、光照传感器、二氧化碳传感器、风向传感器、风速传感器、雨量传感器、土壤温湿度传感器等来获取植物的各类信息。传输层由互联网、广电网、网络管理系统和云计算平台等组成，负责传递和处理感知层获取的信息。应用层是物联网和用户的接口，它与行业需求结合，实现农业物联网的各种不同的智能应用，可以是一些控制界面、趋势图、报表，也可以是各类信息的动态显示。用户则根据各类信息进行自动灌溉、施肥、喷药、降温补光等控制。例如可以通过实时采集温室内温度、土壤温度、二氧化碳浓度、湿度信号，以及光照、叶面湿度、露点温度等环境参数，自动开启或者关闭指定设备。可以根据需求，随时进行处理，为设施农业综合生态信息自动监测、对环境进行自动控制和智能化管理提供科学依据。

2.6.2 智能农业应用场景

智能农业有如下一些应用场景。

1. 智能大田

物联网和云计算技术使得智能种植可实时远程获取大田种植园的土壤水分、土壤温度、空气温湿度、CO_2 浓度、光照强度及视频图像等信息，通过 2G/3G/4G/Nb-IoT/LoRA/Wi-Fi 等网络传输到云上，经过作物生长模型分析环境是否适宜作物生长，同时可以根据作物长势或病虫草害情况，有效降低劳动强度和生产成本，减少病害发生，提升农产品品质和经济效益。

2. 智能植物工厂

智能植物工厂的特点是高产量、增产增收、安全无污染。植物工厂作为高效、省力的农业生产系统，是利用设施内高精度环境控制来实现农作物周年连续生产的，通过 IoT 物联网等农业设施对植物生育的湿度、温度、光照、营养液及 CO_2 浓度等环境条件进行自动控制，使自然条件对设施内植物生育的制约消失或很小。智能植物工厂的面积为 200~3000 m^2。智能植物工厂包括自动化栽种设备、营养液循环自动控制系统、自动化种植设备、智能环境控制系统、物流系统、无土栽培营养液配方、高品质植物种源、植物工厂专家服务等。

3. 智能灌溉

农业消耗了70%的淡水资源，因此通过部署可持续的高效灌溉系统以保护水资源的这种方式越来越受到重视。基于物联网的智能灌溉解决方案对空气湿度、土壤湿度、温度、光照度等参数进行测量，由此精确计算出灌溉用水量。经验证，该机制可有效提高灌溉效率。

4. 智能水产

智能水产需要基于智能传感、无线传感通信、智能处理与智能控制等物联网技术，集水质环境参数在线采集、智能组网、无线传输、智能处理、预警信息发布、决策支持、自动远程控制等多项功能于一体。通过对水质参数的准确检测、数据的可靠传输、云端智能处理以及控制机构的智能控制，实现水产的科学养殖与管理，最终达到节能降耗、绿色环保、增产增收的目的，水产养殖环境监测系统已广泛应用于我国工厂化养殖，其不仅能预防养殖疾病的发生，而且能保证水产养殖环境的高效生产。

5. 智能野生动物保护

对野生动物进行保护，可以防止偷盗猎，进行种群分析、生物多样性研究。智能农业系统将动物监测、视频监控、生理指标预警和应急指挥系统方便地集成起来，系统间的有序协作和智能联动可提高反应速度，大大增加了对保护区内突发事件的响应和处理速度，同时有效降低了工作人员的劳动强度。

2.6.3 智能农业技术

微课 2-13
智能农业的现状和趋势

人工智能在农业领域的研发及应用早在21世纪初就已经开始，这其中涵盖了耕作、播种和采摘等智能机器人，探测病虫害、探测土壤、气候灾难预警等智能识别系统，以及给家畜养殖业中的禽畜使用的智能穿戴产品。这些应用有利于提高产出、提高效率，同时降低农药和化肥的使用量。

1. 智能图像识别

如今我们可以通过各种识图软件对着花草拍照，扫描一下就可获得花草的名称，这就是智能图像识别，如图2-25所示。如今借助机器学习和深度学习，智能图像识别准确率越来越高，应用也远远不止于此了，出现了更为先进的智能植物识别App，例如PlantVillage和Plantix，它们能做的不仅仅是识别农作物，还能帮农户智能识别农作物的各种病虫害。农户把患有病虫害的农作物的照片上传，App就会识别出农作物受到了哪种病虫害，同时人工智能会给出相应的处理方案。此外，App上还有用户和专家交流的社区，也可针对相应的病虫害进行讨论交流。

图 2-25 智能图像识别

2. 智能机器人

农业智能机器人可以智能除草、灌溉、施肥和喷药。智能机器人利用智能图像识别来获取农作物的生长状况。通过机器学习，能够分析和判断出需要清除的杂草，需要灌溉、施肥或打药的地方，并且能够立即执行。智能机器人施肥和打药的精准率高，农药和化肥的使用量大幅减少，比传统种植方式减少了90%的农药化肥使用量。

美国爱荷华州的发明家研发了一种叫 Prospero 的农业智能播种机器人，它可以通过探测装置获取土壤信息，接着通过算法得出最优化的播种密度并且自动播种，除了播种和田间管理，它还拥有采摘成熟蔬果的技能。

3. 卫星云图学习

通过对卫星拍摄的照片、航拍照片以及农田间其他设备拍摄的照片进行智能识别和分析，人工智能可以精确地预报天气、气候灾害，识别土壤肥力、农作物的健康状况等，图 2-26（a）为利用卫星云图识别田间的杂草，图 2-26（b）给出了农田的营养建议。

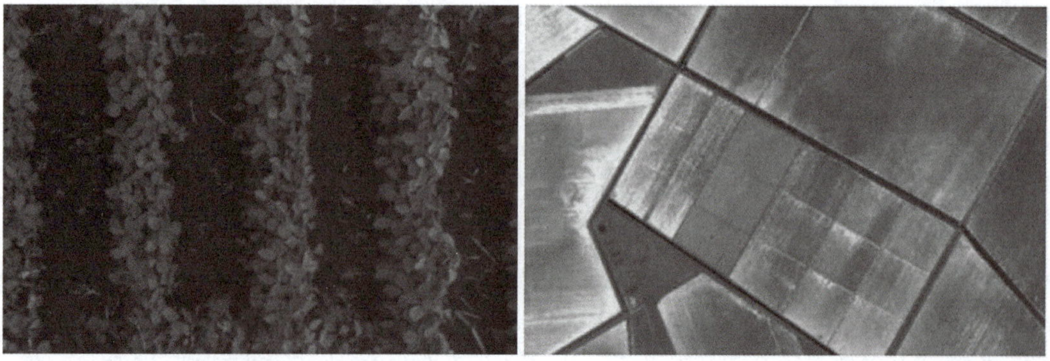

(a) (b)

图 2-26 卫星云图学习

比如美国某农业科技公司收集了海量农业相关的卫星图像数据，他们对天气的预测比美国农业部更加精准。通过深度学习，分析这些图像信息，寻找其跟农作物生长之间的关系，从而对农作物的产量做出精准预测，预测的玉米产量比以往的预测准确率高出 99%。人工智能不仅能预测天气和产量，还能通过对农作物各种图像的学习分别判断出农田中杂草入侵、地块农作物养分不足、农作物正在发生病虫害的部分。

Gamaya 是从瑞士联邦理工学院衍生出来的农业科技公司，它使用独特的超光谱（高光谱）感应装置探测肉眼无法观察的光谱，为农户提供了包括智能施肥管理、灌溉管理和虫害管理在内的更全面的数据。将 Gamaya 的技术应用在玉米、大豆和甘蔗的种植上，不仅帮助农户大大降低了成本，也提高了产出。

4. 智能设备

人工智能通过深度学习在农场摄像装置上获取的牛脸及其身体状况的照片，进而对牛的情绪和健康状况进行分析，帮助农场主判断出牛是否生病、吃饱和发情，并分别准确地找出哪些牛有上述症状。来自加拿大的机器视觉公司正在做上述这些事情。

可穿戴的智能设备也可以和摄像装置一样对牛进行“牛脸”识别，这都帮助了农场主更好地管理农场。荷兰有一家动物智能穿戴技术公司，用牧场上的固定探测器结合戴在奶牛脖子上的智能传感器共同收集数据，利用自己开发的算法，通过机器学习，让上传到云服务器上的海量原始数据变成直观的图表和信息发送到客户手里。

这些信息包括奶牛的喂养状况、位置服务、健康分析、发情期探测和预测等，大大节省了奶农的工作时间，提高了工作效率，有机农场更是受益良多，因为很容易就能了解到放养和吃草的时间、位置。

诸多农业物联网设施，比如田间摄像头、温湿度监控、土壤监控、无人机航拍等也发挥了智能穿戴类似的作用。这些设施能够为农业管理提供海量的实时数据，人工智能的任务就是把这些海量的数据及时变成有价值的信息。这些数据被实时传送到云服务器上，不同类型的农业服务公司会根据不同的农业状况设置自己的算法，然后通过机器学习和深度学习把这些数据变成对农户有意义的信息，比如哪里虫害超标，哪里需要灌溉等。

利用算法给出各种最优化的方案也是人工智能的强项之一，比如根据土壤环境状况，结合市场行情预测，从而告诉农户今年该地适合种玉米还是大豆。

现阶段人工智能大都是在特定的地理环境或者采用了特定的种植、养殖模式的情况下被成功应用。当外界环境变化后，如何选择算法和模型是这些人工智能公司面临的挑战，这需要行业专家与农学家之间更多的协作。

2.7 智慧政务

智慧政务就是充分利用物联网、云计算、大数据分析和人工智能等新一代信息技术，推进政府机构组织改革，整合优化政务流程，提升服务水平，对传统政务进行智能化处理，实现政府管理与公共服务的精细化、智能化和社会化。

智慧政务是在电子政务的基础上发展起来的，也可以说智慧政务是电子政务的高级阶段和发展方向。

2.7.1 智慧政务是电子政务的发展方向

微课 2–14
电子政务

电子政务是政府部门利用计算机技术和网络技术，将政府管理和服务的各项业务通过互联网进行集成，实现组织结构和工作流程的优化、重组和精简，突破部门之间的限制，最终达到管理和服务规范、透明、高效。

随着计算机技术、网络技术的普及使用和升级换代，电子政务经历了四个阶段。

第一阶段是信息发布阶段。各级政府部门通过静态网页发布各种公共服务信息，例如政策法规、机构设置介绍、机构成员名单、联系方式、办事指南等。

第二阶段是单向沟通阶段。政府机关增加了在线业务处理平台，提供面向个人的单向服务，例如，个人可以从网站下载表格、票据等。

第三阶段是双向互动阶段。这一阶段各个政府部门建立了具有交互功能的软件系统，政府和个人可以通过互联网实现互动，个人除了可以阅读政府发布的消息，下载各种文档，还可以在线提交个人信息，填写反馈意见等。

第四阶段实现了全方位网上事务处理。政府与社会、企业、公众实现了横向资源整合，这些实体之间可以双向互动。这一阶段彻底改变了传统政务的运作方式，实现了政府管理模式和服务模式的流程再造。图 2–27 显示了某政府机关的电子政务网站。

图 2–27 某政府机关的电子政务网站

我国电子政务经过多年建设，提高了政府的办事效率，促进了政府职能转变，为个人和企业提供了便捷的服务，促进了国家的信息化建设。但是，电子政务还存在很多问题。

首先，信息孤岛化问题仍较普遍。政府部门之间网络互联，但是没有实现软件系统的整合和数据共享。在业务流程处理上，仅仅实现了部门内部的处理流程，部门之间流程的流转没有整体规划，造成了软件系统的条块化分隔，部门之间无法实现信息共享，形成了信息孤岛。

其次，缺少电子政务有关的法律法规和国家标准。行政机关对互联网管理出台了一些限制性的行政法规，但是对于如何进行电子交易、使用电子签名和电子支付还没有相关的法律法规，制约了电子政务的发展。

第三，信息安全技术落后，安全意识淡薄。政府网站最容易成为网络攻击目标，黑客入侵、网页篡改和垃圾邮件等安全事件正在大幅攀升，信息安全缺陷是我国电子政务信息网络最大的缺陷。

第四，不同地区电子政务建设不平衡。由于资金投入不足、技术条件落后、教育水平和经济能力的限制，一些落后地区在建立电子政务的过程中会遇到比其他地区更多、更复杂的困难。边远地区的很多基层政府机关甚至还没有网站，有些地方即使有网站，这些网站不仅功能少，而且实用性、互动性不强。

物联网、云计算、大数据分析和人工智能等新一代信息技术的兴起，为电子政务建设带来了新的发展方向，电子政务正在逐渐转变为智慧政务。与电子政务相比，智慧政务有如下优势。

(1) 智慧政务服务对象更加多元化。电子政务的服务模式有政府对公民（G2C）、政府对企业（G2B）、政府对政府（G2G），即政府的服务对象为民众、企业和上下级政府机构。智慧政务丰富了政府服务类别，在不同程度上整合了教育、医疗、交通、就业、社保、住宅、企业服务等各个领域的相关政策、指南信息、业务查询、常见问题等资源，方便民众和企业使用。

(2) 云计算和大数据技术实现了数据融合，使得获取和处理的数据更加可靠和清晰。智慧政务建设了基于云计算的数据中心和政府信息平台，推进业务应用软件系统的互联互通，促进信息共享和业务协同。因此，智慧政务在获取数据方面不仅快捷高效，而且来源广、针对性强。

(3) 智慧政务能进一步提高政府的服务水平。电子政务的目的是提高政府办公效率和服务水平。智能政务在此基础上，通过整合资源、拓展传播对象和应用大数据技术，实现了智慧办公、智慧决策、智慧监管和智慧服务，进一步提高了政府的服务能力。

2.7.2 大数据与智慧政务

微课 2-15
智慧政务

数据正在成为一种战略资源。政府是数据管理的主体，大数据分析又可以为政府管理和决策提供科学可靠的依据。利用大数据推进政务管理的工作水平和服务质量，是智慧政务的重要内容。

大数据是海量数据集合，数据量之大，以至于无法用常规软件工具进行获取、管理和检索。大数据是一种信息资产，具有海量、高增长率和多样化的属性，对大数据的充分利用可以增强决策力、洞察力和流程优化能力。

大数据技术有助于提升公共安全管理的快速反应能力。恐怖袭击、暴力犯罪和食品安全是政府一直努力提升管理能力的公共安全领域。一旦发生公共安全事故，如果不及时处理，会造成巨大的生命和财产损失。大数据技术有助于预测危机、精准打击犯罪。例如，苏州市建立了覆盖城乡的信息化防控体系，城乡各处安置30万个监控摄像头。一旦发生警情，监控员可以协助警察调阅所有视频。海量的数据采集和分析成为警方破案的主要手段，一旦发生重大刑事案件，就可以迅速定位到案件发生地点，缩小嫌疑人范围。大数据技术还有助于改善民众和政府信息的不对称，让民众参与安全环境的构建。例如，为了便于消费者监督食品和药品安全，解决问题商品召回中的信息孤岛问题，美国内务部把分散在农业部、食品药品监督管理局等六个部门的投诉网站进行整合，新建了一个专门的商品召回查询网站，消费者可以随时通过智能手机追踪商品，查询商品的召回记录和历史，对问题商品可以实时在线举报。通过数据开放，构建了一个全民参与的食品药品安全监督网络。

大数据技术有助于治理交通拥堵。交通拥堵已经是大城市上下班高峰时段的常态，通过大数据分析可以改善这种困境。通过建立立体交通智能系统（ITS），对所有车辆行驶状况数据进行汇总和共享，驾驶员就能获得实时路况信息，避开拥堵。ITS利用计算机和通信系统全面地监控城市交通网络，提供及时的交通信息，引导疏通拥堵路段的交通流量。通过ITS，交通管理部门可以及时发现路况和交通事故，提前通知后续车辆。大数据可以帮助个人避开拥堵路段和事故，寻求最佳出行路线。大数据还可以用来减少道路交通事故。例如，美国交通安全管理局建立了一个交通事故在线分析系统，任何人可以上网查询交通事故及原因，实时查询交通状况和预警，避开危险路段。

大数据技术有助于推动环境保护。空气污染已经成为影响居民健康的主要因素。借助大数据技术，对监测到的各项环境指标数据进行分析，可以作为制定环境治理方案的依据以及用来评判环境监测的效果。除了实时监测，还可以用可视化方法对环境数据的分析结果和治理模型进行立体化展示，通过虚拟数据模拟真实环境来测试环境保护方案是否有效。例如，纽约哈德逊河曾经受到过严重污染。为了恢复哈德逊河的生态环境，纽约政府在河流全程安装了水下和水面传感器，采集不同深度水的污染物参数和水面环境参数，并实时传送到后台的数据中心。数据中心对不同数据进行清洗和标准化以后，汇合为一条虚拟的河流，河水污染程度和各项污染指标都能实时查看。数据科学家还可以利用这个模型演示治理方案，评价不同治理模型对环境的影响。经过多年实践，哈德逊河已经恢复了清澈的水质和优美的环境。

大数据技术可以提升政府决策工作的科学性。传统的政府决策通常依据的是个人经验和主观判断。对于一个国家或者地区而言，由于政务工作涉及多个部门的利益，影响深远，个人无法全面考虑、综合权衡。决策实施过程中任何没考虑到的地方都可能带来损害，进而导致连锁反应。可见，传统决策方法容易导致决策失误和资源浪费，重大决策甚至会对社会发展造成严重的不利影响。大数据技术通过对海量数据进行分析，找出其中的问题，挖掘有价值的线索，可以为科学决策提供依据，还可以为决策实施过程提供保障。通过对数据收集和处理，政府部门可以在决策过程中用数据说话，使得决策过程科学透明。在大数据时代，政府决策过程应该更多地基于科学的数据以及从数据中分析出的规律。大数据技术还能跟踪决策实施，改进政务管理和政府服务能力。例如，大数据能根据需要建立信息反馈机制和决策调控纠偏机制，使得公共管理和服务全程受监督、全员参与监督。

2.7.3 智慧政务的体系建设

智慧政务需要有政务大数据平台，解决电子政务建设中的重复建设和信息孤岛问题，建立共享的大数据资源平台，对政府各部门必需的信息系统基础设施进行集约建设、统一管理、按需使用，还要确保信息安全。本节分别介绍智慧政务体系建设中的政务云平台建设、信息资源共享系统建设和门户网站建设。

政务云平台实现了政府多部门、多业务软件系统的资源共享和按需服务，通过对云平台资源池的统一运营和维护，能实现跨区域、跨政府部门的信息共享，满足政务不断发展和随时变化的需要。

政务云平台的建设是一个复杂的多部门协同工程，必须有较高的起点，长远的眼光。政务云规划设计既要考虑目前各级政府部门业务系统的内部整合，兼顾资源灵活调配和统一管理，还要满足不断更新换代的软件系统建设的需要。图 2-28 显示了政务云平台的整体架构，主要由基础设施层、资源管理层和云运营运维管理层组成，此外，还要为每一层提供数据的容灾备份。

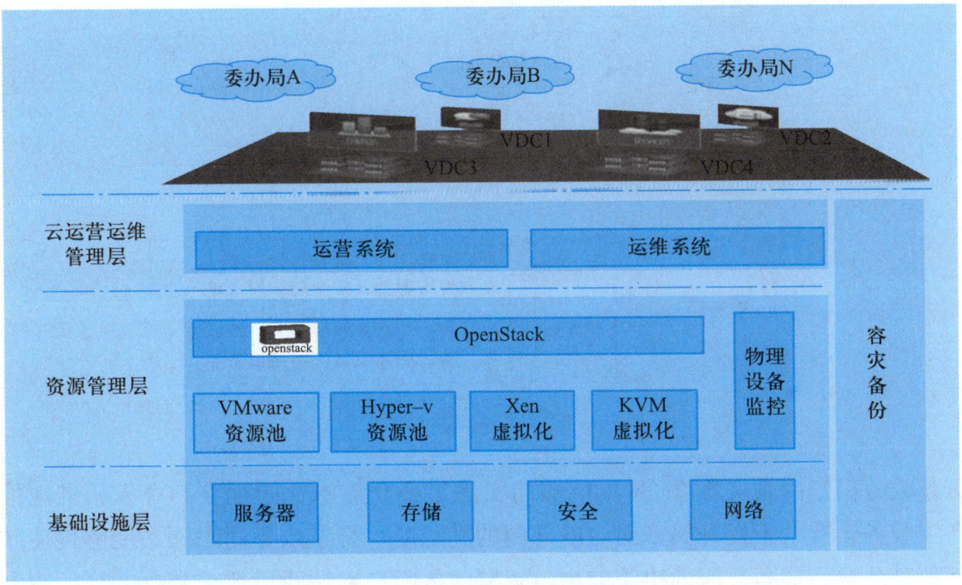

图 2-28　政务云平台的整体架构

基础设施层包括服务器、存储、网络等物理设施，构成融合资源池的基础架构。资源管理层可以由 OpenStack 统一管理主流虚拟软件，对计算、存储、网络等物理资源进行虚拟化，提供统一的资源池和基础运维能力。云运营运维管理层包括运营系统和运维系统。运营系统提供数据中心服务管理以及云主机服务、云磁盘服务及应用系统部署。运维系统对多数据中心统一管理，包括资源管理、拓扑管理、性能管理以及统计报表等。

政务云管理着大量的政务应用系统，存储了海量的政务信息，一旦遇到地震、水灾或火灾等灾害，可能造成无法挽回的损失。为了保证系统的可靠性，可以通过建设异地容灾备份，确保在单个政务云节点出现故障的情况下，业务可以切换至容灾节点。

信息资源共享是把政府的大量关于社会管理和服务的信息资源进行一定程度的开放，允许普通民众、企业、社会组织获取和利用。政府信息资源共享的实质就是打破政府对社会信息资源的垄断，推动政府在社会治理中的转型，构建服务型政府，实现社会治理的现代化。

智慧政务信息资源共享系统可分为资源层、中间层和应用层，如图 2-29 所示。资源层指资源池层和物理感知层，它是进行数据分析的软件和硬件基础。中间层包括系统管理和安全管理等，负责信息资源的整合和管理，以及维护整个系统高效安全运行。应用层是智慧政务信息资源共享系统的实现层，实现政务信息的共享利用。

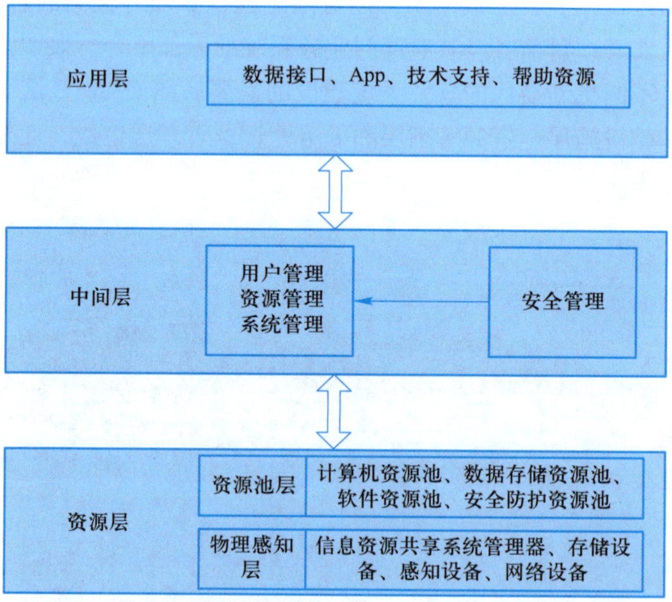

图 2-29 信息资源共享系统理论模型

智慧政务门户网站（图 2-30）能够切实满足公众需求，向社会和个人精准地推送政府的各项服务，有助于提升民众对政府部门的满意度。智慧政务门户网站能够促使政府部门之间信息公开，提高政府的决策能力。智慧政务门户网站建设要求数据共享，有利于打破各部门之间的条块分割造成的信息孤岛。智慧政务门户网站部分开放政务大数据，企业通过对大数据进行分析和挖掘形成有价值的资源，从而激发社会的群体创新能力。

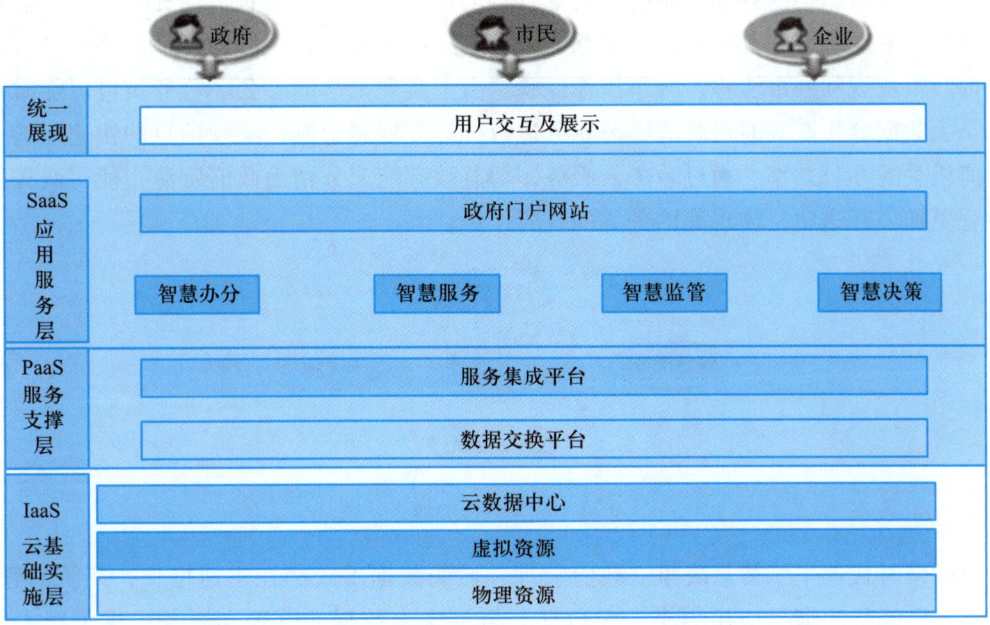

图 2-30 智慧政务门户网站

智慧政务门户网站不仅是政府机关办公的平台，也是政府服务市民和企业，提高政务服务水平的重要途径。智能政务门户网站应该提供一站式服务，服务模式为“统一受理、内部流转、限时办结、集中回复”。一站式服务为民众提供服务的流程分为登录政府门户网站、申请服务、网站提供服务阶段。

智慧政务门户网站服务内容包括信息公开、网上办事、参政咨询等。信息公开服务除了供企业和个人按需查询，还要根据用户的个性化要求主动推送环保、交通、食品安全等信息。网上办事服务要求集各种公共政务服务，对复杂的在线服务进行梳理引导，确保服务事项的便捷性、有效性和易用性。参政咨询服务是网站汇集和反馈公众意见，帮助政府部门科学决策的主要渠道。

2.7.4 智慧政务的领域

智慧政务依托大数据和云计算技术，以实现政府工作廉洁高效、公共治理集约精准、公共服务便捷惠民、社会效益显著提高为目标，优化政务服务的理念、手段和内容，体现了政府服务模式从全能型向智能型转变。智慧政务的领域主要有智慧办公、智慧决策、智慧监管和智慧服务，如图 2-31 所示。

智慧办公通过云计算技术对办公业务所需的软硬件设备进行智能化管理，实现应用软件统一部署。传统的办公自动化软件系统升级为智能办公系统，全面感知用户的多样化需求并做出快速响应。智能办公对公务员的行为有记忆功能，能够根据公务员的职责、爱好、使用习惯对用户的界面和系统功能进行自动优化。还可以设置自动提醒，系统会及时通知开会、发送邮件和其他事项。智慧办公系统集成了云平台中的知识库，公务员可以随时查询政策法规和办事流程，分享工作经验。由于实现了移动办公，公务员可以随时随地工作。大数据分析能实时对政府办公业务进行统筹规划和协调，实现信息的快速流转，提高政府机关的办公效率。通过政务云服务，智慧政务能充分精简政府资源，使得政务服务全流程更加公开透明，体现廉洁务实的政府作风。

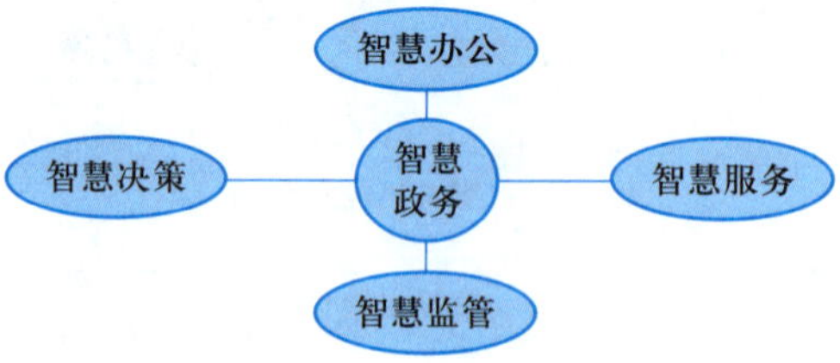

图 2-31 智慧政务的四大领域

互联网时代催生了智慧决策。政府管理领域的数据每天都在迅速增长，传统的管理、应对手段已经无法满足应用需求，大数据分析为这类数据的管理和服务提供了有力的工具。政务工作的各种重大决策越来越依赖大数据分析提供的全面、可靠的依据和结论。

智能决策模型分为业务层和大数据层，如图 2-32 所示，两者相互配合，通过大数据技术实现智慧决策。业务层有业务运行、网民表达、绩效判识、需求识别、特征洞察、供需失衡、优化再造七个流程，分别从业务角度分析问题，提出业务解决方案。大数据层包括数据归集、大数据分析挖掘、辅助分析三个步骤，为业务分析提供技术支撑。大数据层的数据归集为业务层的业务运行和网民表达服务，提供相关数据的集中采集，大数据分析挖掘则为绩效判识、需求识别和特征洞察提供分析和挖掘服务，辅助分析则为业务与网民之间的供需失衡提供技术支持。

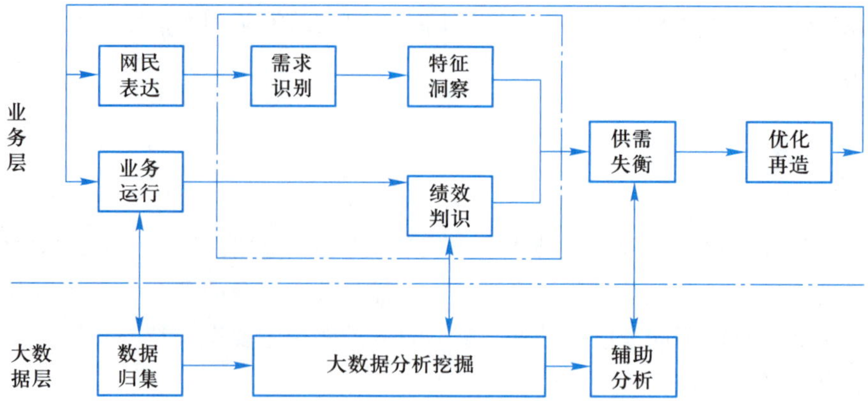

图 2-32 智慧决策

智慧监管是政务工作适应新形势、解决新问题的重要途径。随着互联网普及和新媒体的增长，公众参与意识不断增强，社会治理模式正在从单纯的政府监管向注重社会协同治理转变。智慧监管的源泉是大数据，利用大数据技术支撑政府决策，提升公众参与程度，便捷地实现系统整合和数据共享，形成有效的监督体系。

智慧监管可以提高监管的预见性。通过数据自动采集、自动汇集、自动清洗和自动计算，自动生成预警信息，防患于未然。例如，利用物联网技术对山体形变和降水进行监测，可以对山体滑坡进行预警；利用安装在建筑物内的传感器探测到火情，系统自动切断电源；智能化的交通执法系统根据监控到的车辆违章记录自动生成罚单，辅助执法人员执行公务。

智慧服务是指政务平台软件系统能够自动感知、预测民众的需求，提供个性化的服务。例如，查找到要去的目的地以后，智能交通系统能够根据道路交通情况快速选择一条最优线路，并提供实时导航。在公路斑马线附近安装传感器，智能交通系统就能感知到老人、残障人员或小孩过马路，然后自动延长红灯时间，保证顺利通过。

习题

1. 智能制造的研究主题有哪些？

2. 选择一个你最熟悉的智能制造实干家，说说这个企业在这一领域做了哪些开创性工作。

3. 智能家居的组成有哪些？

4. 什么是智慧医疗？智慧医疗有哪些特点？

5. 智慧医疗由哪些技术支撑？

6. 你知道哪些可穿戴设备？哪些设备能用于智慧医疗？

7. 智慧医疗有哪三个组成部分？

8. 智能物流主要的应用技术有哪些？

9. 智能城市将会给人们的生活带来怎样的变化？

10. 智能农业主要的应用技术有哪些？

11. 什么是智慧政务？

12. 电子政务经历了哪些阶段？

13. 智慧政务与电子政务相比有哪些优势？

14. 大数据对智慧政务起了哪些作用？

15. 智慧政务有哪四个领域？

单元3 运作平台与支撑

"小爱同学，狗是怎么叫的？"

"汪汪汪，汪汪汪。"

"小爱同学，明天天气怎么样？"

"明天，多云，22℃，西北风3级。"

"小爱同学，播放贝多芬的第九交响曲。"

一会儿，音乐响起了。

微课3-1
单元3内容介绍

上述人和智能音箱（图3-1）之间的对话很多人都体验过了。智能音箱除了回答这些问题，还能控制空调、台灯、电视机、洗衣机、电饭煲等电器的开关，具备网上购物、预订火车票及酒店、查看物流等功能。

图3-1 智能音箱

智能音箱具备如此强大的智能，离不开支撑平台和运行环境。理解人类语言，需要根据海量的语言数据训练语音识别模型，需要有大数据技术处理这些语音数据。回答的各种问题，需要访问各种不同的云端服务器，需要有云计算环境。对家用电器的控制需要有物联网和智能识别技术实现对家电设备的联网和控制。各种智能模型的训练以及智能操作的实现需要有智能芯片的支持。本单元将介绍这些人工智能的运作平台和支撑环境。

3.1 大数据

微课 3-2

大数据

人类的数字世界包括上载到手机中的图像和视频、用于高清电视的数字电影、ATM 机中的银行数据、机场和重要活动的安全录像、中科院物理研究所中大型强子对撞机的亚原子碰撞记录、高德导航、支付宝用户与商家账单、滴滴专车的拼车路线记录、通过移动网络传输的微信语音通话、用于日常沟通使用的短信文本等。

IDC《数字世界》研究项目的统计表明：2010 年全球数字世界的规模首次达到了 ZB（1ZB=1 万亿 GB）级别（1.227ZB）；此前 2005 年这个数字只有 130EB，基本上等同于 5 年增长了 10 倍。这种爆炸式的增长，意味着到 2020 年数字世界的规模将达到 40ZB，即 15 年增长 300 倍。若单就数量而言，40ZB 相当于地球上所有海滩上的沙粒数量的 57 倍。全球数据爆炸式增长，人类社会进入了一个以“以太”字节为单位的大数时代。每天无数的数据被收集、交换、分析和整合，数据犹如一股“洪流”融入人们的世界。这一数据潮流不仅仅表明了量的爆炸，更体现了数据形态革命性的变化，以及数据处理方式的延伸。

3.1.1 大数据的特征

所谓“大数据”，是指无法用现有的一般技术轻易管理的大量数据的集合，即所涉及的资料量规模巨大到目前的主流软件工具无法在合理时间内达到获取、管理、处理并整理成为帮助企业经营决策的信息。如今，“大数据”这一通俗直白、简单朴实的名词，已经成为最火爆的 IT 行业词汇，随之，数据仓库、数据分析、数据挖掘、数据安全等围绕大数据商业价值的利用手段正逐渐成为行业人士竞相追捧的利润焦点，即将引领又一轮全球数据技术革新的浪潮。

从字面看，“大数据”这个词可能会让人误以为它只是容量非常大的数据集合而已。但容量仅是大数据特征的一个方面而已，如果只拘泥于数据量，就无法深入理解当前围绕大数据所进行的讨论。现有的一般技术难以处理这样的状况，并不仅仅是数据量增大这一个因素。

著名信息技术研究公司 Gartner 对大数据的定义为：大数据需要新处理模式才能具有更强的决策力、洞察发现力和流程优化能力来适应海量、高增长率和多样化的信息资产。大数据有四个特征：数量（Volume）、种类（Variety）、速度（Velocity）、价值（Value）。

1. 数量

从现状来看，现有技术无法管理的数据量级，基本上是指几十 TB 到几 PB。随着技术的进步，这个数据量也不会一直不变。

如今，存储的数据量正在急剧增长，例如存储所有事物的记录、日志、数据表和文件等。有关数据量的对话已从TB级别转向PB级别，且不可避免地会转向ZB级别。然而在可供企业使用的数据量不断增长的情况下，可处理、理解和分析的数据的比例却在持续下降。

2. 种类

随着智能设备、传感器以及社交协作技术的激增，企业中的数据也更加复杂化，原因在于它不仅包含传统的关系型数据，还包含来自网页、互联网日志文件、搜索索引、社交媒体论坛、电子邮件、文档，以及主动和被动系统的传感器数据等原始、半结构化和非结构化数据。

这里的种类表示的是所有的数据类型。其中，爆发式增长的一些数据，很难通过企业中主流的关系型数据库进行存储，如互联网上的文本数据、位置信息、传感器数据、视频等，因为它们都属于非结构化数据。

和过去不同的是，不仅需要对这些大数据进行存储，还要对其进行分析，并从中获得有用的信息。例如监控摄像机中的视频数据，近年来，超市、便利店等零售企业几乎都配备了监控摄像机，最初目的是为了防范盗窃，但现在也出现了利用各类高频数据来分析顾客购买行为的案例。

3. 速度

衡量大数据的重要特征还有数据产生和更新的频率。人们收集和存储的数据量和种类一直在发生变化，同样生成和需要处理数据的速度也处于变化之中。大数据的处理速度不仅仅涉及批处理，还涉及实时、多进程和数据流等。有效处理大数据不仅需要它静止后执行分析，更需要在数据变化的过程中对它的数量和种类执行分析。

电商网站中由用户访问所产生的网站点击流数据在高峰时可达到每秒近万条，全国公路上安装的交通堵塞探测传感器和路面状况传感器等，无时无刻不在产生着庞大的数据。

4. 价值

众所周知，统计学能提供数据的市场或使用价值，而隐藏在数据背后的事件性、相关性、假设性、创造性，伴随着存储、传感器和数据采集技术的快速发展，正在通过云和虚拟化存储设施增加的信息链路以及创新软件和分析工具驱动着大数据。大数据不是一个事物，而是一个跨多个信息技术领域的创造性活动。大数据技术描述了新一代的技术和架构，它被设计用于通过使用高速的采集、发现和分析手段，从超大容量的多样数据中经济地提取价值。由于大数据可信、真实、来源有效，可以提取出更加有用的信息、更加准确的信息、更加快速响应的信息。

可以看到大数据是一种规模大到在获取、存取、挖掘、分析方面都大大超出了传统数据库软件工具能力范围的数据集合，它是具有海量数据的超规模快速流转、多样的数据类型和价值密度低多种特征的集合体。

企业为了应用大数据实现其商业价值，迫切需要能够建立、操作和管理这些超大规模的数据集与保存数据的环境。这就要求有新的工具、流程和方法支撑起新的技术架构来对大数据进行存储和管理。而机器学习、数据挖掘、语义检索、统计分析等重要技术可以从大数据中高效地发现有用的信息。

大数据运用的真正价值，是将具有 4 V 特征的数据整合到日常业务中。尤其是对过去没有运用过的数据，或者是过去无法获得的新型数据的运用，能够带来巨大的商机。

3.1.2 Hadoop 生态圈核心技术

Hadoop 是一个由 Apache 基金会所开发的分布式系统基础架构，在大数据处理中广泛应用。

1. Hadoop HA 高可用环境部署

双机集群系统指高可用性集群，即 High Available，缩写成 HA，作为一种有效解决方案它保证了业务连续性，一般有两个或两个以上的节点，且分为活动节点和备用节点。在 Hadoop 中 HDFS 的可实用性实际上就是对 NameNode 的高可用性。HA 本质是保证主备 NameNode 元数据一致。

Zookeeper 是 Hadoop 的重要组件之一，它是一个分布式的、开放源码的应用程序协调服务，为分布式应用提供一致性服务，是 Hadoop 和 HBase 的重要组件。它提供的功能包括：域名服务、配置维护、分布式同步、组服务等。

2. Hadoop 架构原理

HDFS（Hadoop Distributed File System）是 Hadoop 项目的核心子项目，HDFS 是一个分布式文件系统。提供对应用程序数据的高吞叶量访问，适合用在具有超大数据集的应用程序上。大数据 Hadoop 生态圈如图 3-2 所示。

HDFS 主从架构模式如图 3-3 所示。

其中，NameNode 为存储元数据，先将元数据保存在内容中，保存的文件仅仅反映保存文件块之间的映射关系。保存在磁盘中的 DataNode 真正地存储文件内容。HDFS 适用场景是超大文件流式数据访问（一次写入，多次读取）的商用硬件。

3. MapReduce

在 MapReduce 出现之前，已经有 MPI 成熟的并行计算框架，但 MapReduce 也具有不少优势，见表 3-1。

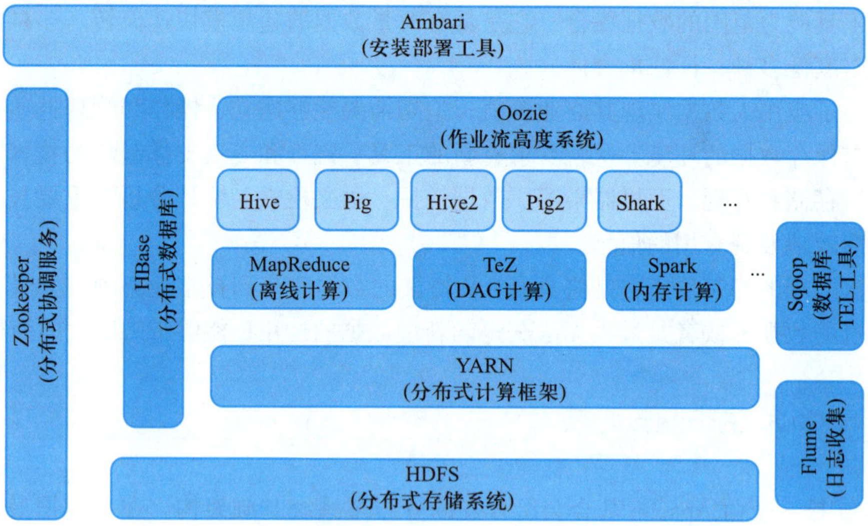

图 3-2 大数据 Hadoop 生态圈

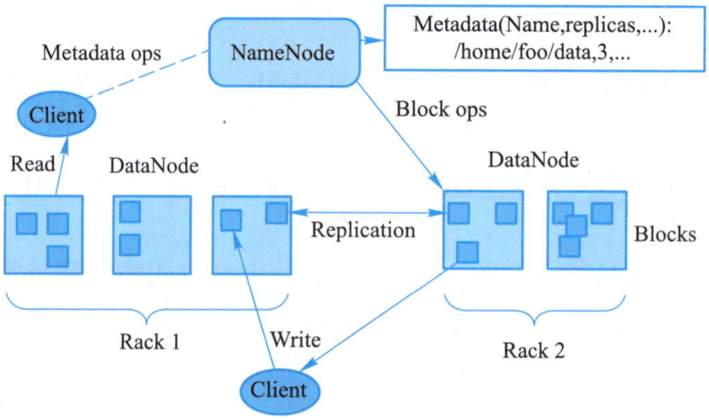

图 3-3 HDFS 主从式架构模式

表 3-1 传统并行计算框架和 MapReduce 特性对比

项　　目	传统并行计算框架	MapReduce
集群架构/容错性	共享式（共享内存/共享存储），容错性差	非共享式，容错性好
硬件	刀片服务器、高速网、SAN、价格贵，扩展性差	普通 PC，便宜，扩展性好
编程、学习难度	难	简单
适用场景	实时，细粒度计算、计算密集型	批处理、非实时、数据密集型

MapReduce 来源于 2004 年 12 月的一篇论文，其易于编程，有良好的扩展性和高容错性，也适合 PB 级以上海量数据的离线处理。

Map 和 Reduce 是 MapReduce 模型将复杂的、运行于大规模集群上的并行计算过程高度抽象出来的两个函数。这两个函数易于编程，不需要掌握分布式并行编程细节，也可以轻易把自己的程序运行在分布式系统之上，完成海量数据的计算。

MapReduce 采用“分而治之”的策略，在高度并行的 Map 阶段会将一个存储在分布式文件系统上的大规模数据集切分成许多独立的分片（Split），这些切片可以被多个 Map 任务并行处理。在 Map 阶段，通常执行输入格式解析、投影和过滤。在 Reduce 阶段，将 Map 阶段的输出聚合以产生期望的结果，所有相关的记录必须被集中在一起由单一的实例处理。

“计算向数据靠拢”成为 MapReduce 的设计理念，MapReduce 采用包括一个 Master 和若干个 Slave 的 Master/Slave 架构。

MapReduce 工作流程图如图 3-4 所示。

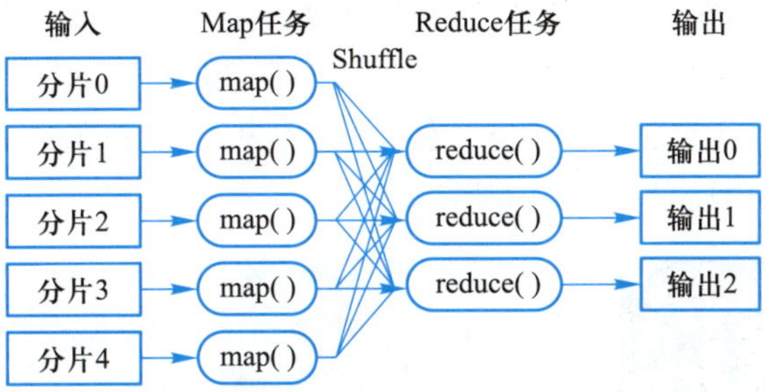

图 3-4 MapReduce 工作流程图

可以看到，不同 Map 任务之间不会进行通信，不同的 Reduce 任务之间也不会发生任何信息交换。用户不能显式地从一台机器向另一台机器发送消息，所有的数据交换都是通过 MapReduce 自身框架去实现的。

4. YARN 调度调优

YARN 属于 Hadoop 2.0 的新增系统，负责集群的资源调度和管理，可让多种计算框架运行在一个集群中。YARN 具有良好的扩展性、高可用性等特点，对多种类型的应用程序进行统一管理和调度，自带了多种多用户调度器，适合共享集群环境（图 3-5）。

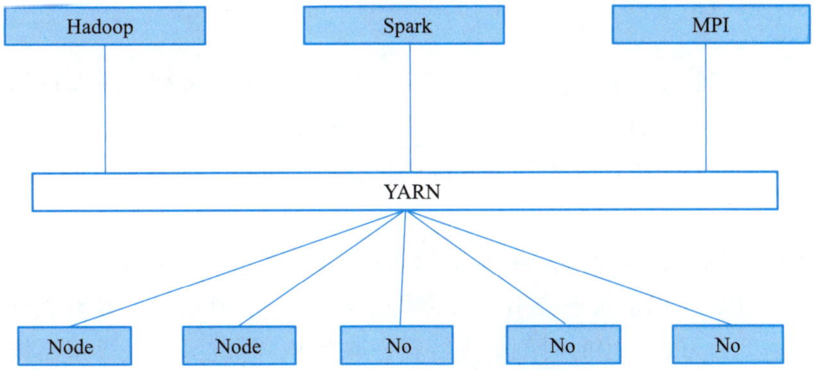

图 3-5 YARN 调度管理示意图

YARN 利用创建一个全局的 Resource Manager 和多个能调控应用程序的 Application Master 的方法，致力于将 Job Tracker 的两个主要功能（资源管理和作业调度）分离。其中，可以是传统的 MapReduce 作业，也可以是 DAG 作业。

3.1.3 大数据的数据处理和分析

1. HBase 数据存储和管理

HBase 用于处理数亿或者 10 亿级别的数据量，是分布式的、面向列的、开源的数据存储模型。HBase 将数据按照表、行和列进行存储，是一个分布式列存储系统，属于典型的 Key/Value 系统，它构建在 HDFS 上，是在 Google BigTable 模型的基础上开发出来的。HBase 和 Hadoop 一样，主要依靠横向扩展，通过不断增加廉价的商用服务器来增加计算和存储能力。HBase 应用场景如图 3-6 所示。

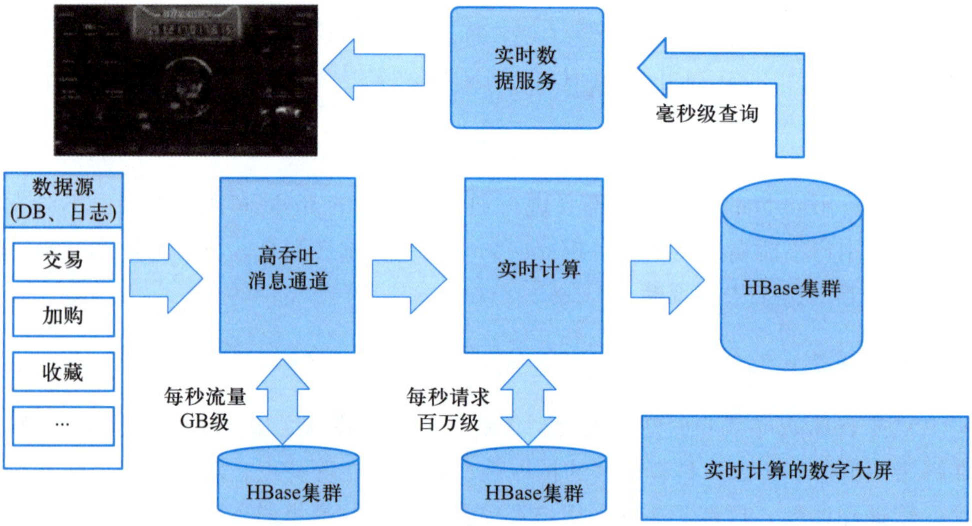

图 3-6 HBase 应用场景

HBase 的物理存储通过表来进行。在 HBase 中，表具有行和列。表在行的方向上分割为多个 HRegion，每个 HRegion 分散在不同的 RegionServer 中，多个 Store 构成一个 HRegion，多个 memStore 和 0 或多个 StoreFile 组成一个 Store，每个 Store 保存一个 Columns Family。

因为 HBase 可以动态增加列，自动切分数据，并提供高并发读写操作。在一年一度的淘宝“双十一”中，可以记录各类用户和商家的操作，保证所有人能精确查询到自己的各种操作。淘宝有几百万的商家时时刻刻进行着各类操作，因此买家、卖家操作日志的特点是：数据量大、实时性强、增多查少。

2. Sqoop 数据迁移操作

Sqoop 是一个将 Hadoop 和关系型数据库中的数据相互转移的工具，例如可以将 MySQL 或 Oracle 等支持 JDBC 规范的关系型数据库中的数据导入 Hadoop 的 HDFS 中，也可以将 HDFS 的数据导出到关系型数据库中（图 3-7）。

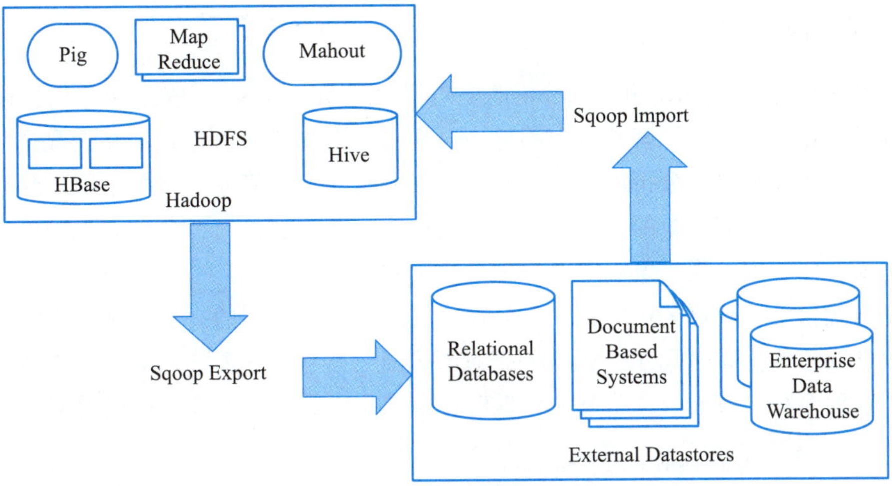

图 3-7　Sqoop 数据迁移操作

3.1.4 爬虫与数据可视化

1. Python 爬虫

数据是创造和决策的原材料，利用爬虫可以获取大量价值不菲的高质量数据，对这些高质量原材料的分析可以发挥巨大价值，比如，淘宝、京东抓取商品、评论及销量数据，对各种商品及用户的消费场景进行分析。豆瓣、知乎爬取优质答案，筛选出各话题下热门内容，探索用户的舆论导向。拉勾、智联爬取各类职位信息，分析各行业人才需求情况及薪资水平。搜房、链家抓取房产买卖及租售信息，分析房价变化趋势、做不同区域的房价分析。雪球网抓取雪球高回报用户的行为，对股票市场进行分析和预测。

Python 爬虫可以获取即时且规模庞大的互联网数据，相比量小且时效性差的公开的数据源具有很大优势，对市场分析、竞品调研、用户分析、商业决策发挥了极为有效的作用。其中，urllib、request、bs4、scrapy、pyspider 等都是在 Python 中与爬虫相关的包，其中 request 负责连接网站、返回网页。scrapy 是一个功能非常强大的爬虫框架，它不仅能便捷地构建 request，还有强大的 selector 能够方便地解析 response，不仅如此它还具有令人惊喜的超高性能。

不过，网络爬虫的作用并不只是打开网页、解析 HTML 这么简单。高效的爬虫可以完成大量灵活的并发操作，常常能对几千甚至上万个网页同时抓取，而传统的线程池方式资源浪费比较大，线程数超过 1 000 之后系统资源基本上就全浪费在线程调度上了。Python 对线程操作提供了很好的支持，发展了很多并发库，如 Gevent、Eventlet，还有 Celery 等分布式任务框架。网络爬虫在高并发的支撑下才真正可以达到大数据规模。

2. 数据可视化

数据可视化是指使用图表、图形和地图等可视化元素来表示信息和数据，使之图形化。数据可视化是查看和了解数据中趋势、异常值和模式的便利方式。在大数据领域，数据可视化工具和技术对于分析海量信息并制定数据驱动型决策而言至关重要。颜色和图案可以更容易地吸引人们双眼的注意力。人们能够快速区分红色与蓝色、方形与圆形。人类文化从艺术、广告到电视、电影等，都是可视化的。

数据可视化是可视化艺术的另一种形式，它能够吸引人们的兴趣，并使人们的注意力聚焦在信息上，如图 3-8 所示。当人们查看图表时，能够快速看出趋势和异常值。如果可以直观地看到事物，就能快速将其消化理解。可视化就是有目的性地讲述故事。

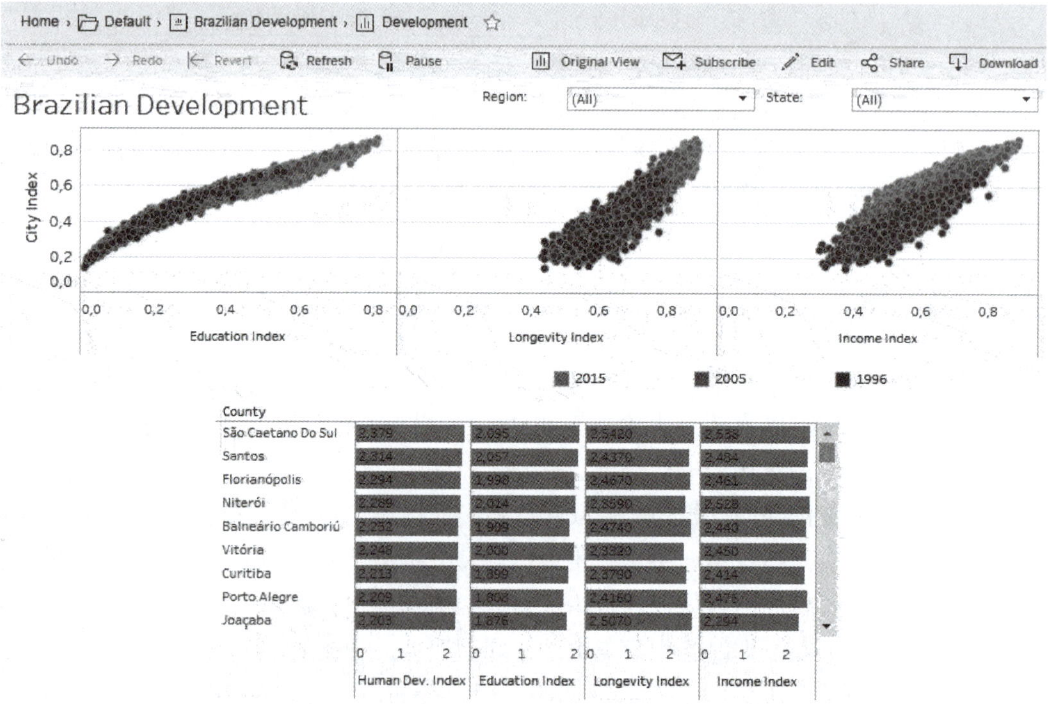

图 3-8 巴西经济发展趋势图

提起数据可视化，可能会马上想到简单的条形图或饼图。虽然这些图形可能是数据可视化的重要组成部分，同时也是许多数据图形的常见基准，但可视化必须与信息集合相匹配。简单的图形只是初步工具。丰富多样的可视化方法能够以高效而有趣的方式呈现数据。

数据可视化的常见类型有：图表、表、图形、地图、信息图、仪表板。

3.1.5 大数据案例

1. 体育赛事预测

百度、微软和高盛等公司在世界杯期间都推出了比赛结果预测平台。百度预测结果最为亮眼，全程 64 场比赛，它的预测准确率为 67%，进入淘汰赛后准确率为 94%。如今互联网公司取代章鱼保罗试水赛事预测，也意味着未来的体育赛事会被大数据预测所掌控。

百度北京大数据实验室的负责人总结说："在百度对世界杯的预测中，我们一共考虑了团队实力、主场优势、最近表现、世界杯整体表现和博彩公司的赔率五个因素，这些数据的来源基本都是互联网，随后我们再利用一个由搜索专家设计的机器学习模型来对这些数据进行汇总和分析，进而给出预测结果。"

2. 股票市场预测

英国华威商学院和美国波士顿大学物理系的研究发现，用户通过搜索引擎的金融关键词可以预测金融市场的走向，关于相应的投资战略预测正确的回报率收益高达 326%。此前则有专家尝试通过网络博文情绪来预测股市波动。

理论上来讲，股市预测更加适合双向市场。单向股票市场无法做到双向盈利，因为只有股票涨才能盈利，这会吸引一些游资利用信息不对称等情况来人为改变股票市场规律，因此单向股市很难被预测，不仅因为它没有相对稳定的规律，而且根本无法对一些会对结果产生决定性影响的变量数据进行监控。

大数据投资和传统量化投资类似，二者都依靠模型，但模型里的数据变量在原有的金融结构化数据基础上成倍地增加了。社交言论、卫星监测和地理信息等非结构化数据就是增加的部分内容，将这些非结构化数据进行量化，从而让模型可以吸收。

相关业内人士表示，大数据或将成为共享平台化的服务，因为它对成本要求极高。因此，基金经理和分析师可以通过平台制作个性化策略。

3. 市场物价预测

市场中 CPI 表征了已经发生的物价浮动情况，但统计的数据往往并不权威。而大数据则可帮助人们了解未来物价走向，提前预知通货膨胀或经济危机。

4. 用户行为预测

基于用户的个人资料、搜索和浏览行为、评论历史等数据，互联网业务可以洞察消费者的整体需求，进而对产品采取针对性的生产、改进和营销。《纸牌屋》选择演员和剧情、百度基于用户喜好进行精准广告营销、阿里巴巴根据天猫用户特征包下生产线定制产品、亚马逊预测用户点击行为做到提前发货，均受益于互联网用户行为预测。

5. 灾害灾难预测

最典型的灾害灾难预测应为气象预测。利用大数据的提前预测能力有可能有助于对地震、台风、洪涝、高温、暴雨等自然灾害的减灾、防灾、救灾、赈灾活动进行提前部署。过去的数据收集方式成本高且存在死角，物联网时代则不同于此，现今可借助廉价的传感器摄像头和无线通信网络对数据进行实时监控、收集，再利用大数据预测分析，可以做到更精准的自然灾害预测。

3.2 云计算

微课 3-3
云计算

现在，云计算（Cloud Computing）越来越成为人们所关注的一个名词，因为它代表了信息时代的未来，它将对工作方式和商业模式带来根本性的改变。

云计算是一种基于 Internet 的超级计算模式。在远程的数据中心里，成千上万台 PC 和服务器连接成一片“云”，云是网络、互联网的一种比喻说法。因此，云计算使用户通过 PC、笔记本电脑、手机等方式接入数据中心，按自己的需求进行运算。

3.2.1 云计算的概念

计算机系统包括硬件系统和软件系统两大部分。硬件系统由中央处理器（CPU）、内存储器、外存储器和输入/输出设备组成，软件系统分为两大类，即计算机系统软件和应用软件。计算机通过执行程序而运行，计算机工作时，软、硬件协同工作，两者缺一不可。

传统计算机的输入/输出设备一般指键盘、鼠标、显示器、话筒和音响等，计算设备（也称计算资源）指中央处理器、内存和硬盘等。计算设备和输入/输出设备通过主板连接在一起，也就是说有了主板这个纽带，计算设备和输入/输出设备就可以协同工作了。这种计算模型的基本特征是：计算资源在本地、计算资源不易扩展和收缩、其他人无法共享计算资源、本人既是资源的所有者又是资源的使用者，如图 3-9（a）所示。

不同于传统的计算机，云计算引入了一种全新的方便人们使用计算资源的模式，即云计算模式。云计算能让人们方便、快捷地自主使用远程计算资源。计算资源所在地称为

“云端”，输入/输出设备称为“云终端”，两者通过计算机网络连接在一起，这一点与传统计算机采用主板连接输入/输出设备和计算设备完全不同。简单来说，云计算就是将输入/输出设备与计算机主机分离，负责用户交互的输入/输出设备在“本地”，负责逻辑计算的主机设备在“云端”，它们通过计算机网络进行连接，如图 3-9（b）所示。

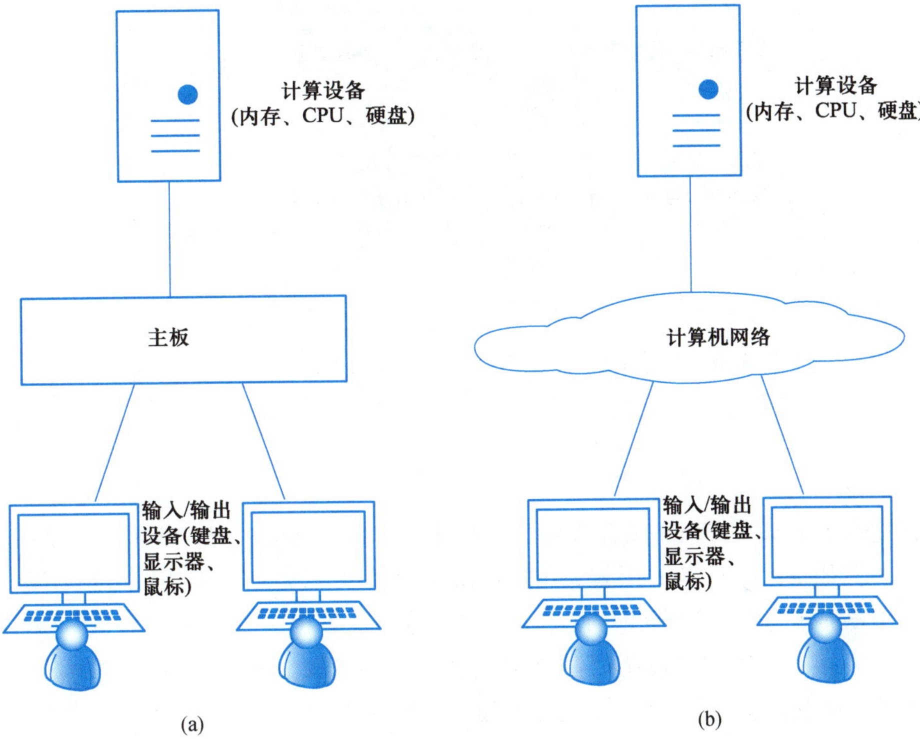

图 3-9　本地计算和云计算

云是互联网与建立互联网所需要的底层基础设施的抽象体。“计算”当然不是指一般的数值计算，指的是一台足够强大的计算机提供的计算服务（包括各种功能、资源、存储）。“云计算”可以理解为：网络上足够强大的计算机为用户提供的服务，只是这种服务是按使用量进行付费的。

最后需要强调的是，计算机资源不仅仅是中央处理器、内存和硬盘。硬盘只是存储的一种，存储还包括磁带库、阵列、SAN、NAS 等。中央处理器、内存只是服务器的部件，可以用服务器资源来代替。广义的计算资源还包括软件、服务等。所以，云计算中所说的计算资源就是服务器、存储、软件和服务的统称。

3.2.2 云计算的定义

对云计算的定义有多种说法，现阶段广为接受的是美国国家标准与技术研究院（National Institute of Standards and Technology，NIST）的定义：云计算是一种模型，它可以实现随时随地、便捷、随需应变地从可配置计算资源共享池中获取所需的资源（如网络、服务器、存储、应用及服务），资源能够快速供应并释放，使管理资源的工作量和与服务提供商的交互减小到最低限度。云计算具有5个基本特征、4种部署模型和3种服务方式（图3-10）。

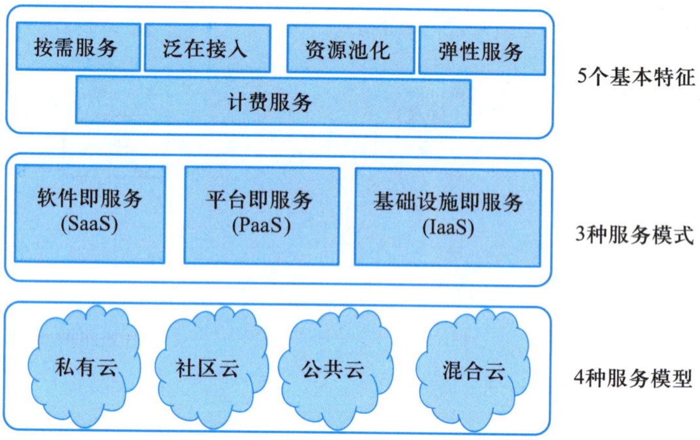

图3-10 云计算的可视化模型

云计算的5个基本特征是按需服务、泛在接入、资源池化、弹性服务、计费服务。

（1）按需服务。以服务的形式为用户提供应用程序、数据存储、基础设施等资源，并可以根据用户需求自动分配资源，而不需要系统管理员干预。

（2）泛在接入。用户可以随时随地使用任何云终端设备接入网络，并访问云计算服务。常见的云终端设备包括PC、笔记本电脑、智能手机等。

（3）资源池化。资源以共享资源池的方式统一管理。利用虚拟化技术，将资源分享给不同用户，资源的放置、管理与分配策略对用户透明。

（4）弹性服务。用户能方便、快捷地按需获取和释放计算资源。同时，服务的规模可快速伸缩，以自动适应业务负载的动态变化。对用户来说，云端的资源是无限的。

（5）计费服务。服务可计费，用户使用云端资源是需要付费的。云计算服务监控用户的资源使用量，并根据资源的使用情况对服务计费。

云计算有4种部署模型：私有云、社区云、公共云、混合云。

（1）私有云。云端资源只给一个单位组织内的用户使用，这是私有云的核心特征。而云端的所有权、日常管理和操作的主体到底属于谁并没有严格的规定，可能是本单位，也可能是第三方机构，还有可能是二者的联合。云端位于本单位内部，也可能托管在其他地方。

（2）社区云。云端资源专门给固定的几个单位内的用户使用，而这些单位对云端具有相同诉求（如安全要求、云端使命、规章制度、合规性要求等）。云端的所有权、日常管理和操作的主体可能是本社区内的一个或多个单位，也可能是社区外的第三方机构，还可能是二者的联合。云端可能部署在本地，也可能部署于他处。

（3）公共云。云端资源开放给社会公众使用。云端的所有权、日常管理和操作的主体可以是一个商业组织、学术结构、政府部门或者它们的联合。云端可能部署在本地，也可能部署于其他地方。

（4）混合云。混合云由两个或两个以上不同类型的云（私有云、社区云、公共云）组成，它们各自独立，但在云的内部又相互结合，可以发挥出所混合的多种云计算模型各自的优势，而且能实现云之间的数据和应用程序的平滑流转。

云计算有3种服务方式：基础设施即服务（IaaS）、平台即服务（PaaS）和软件即服务（SaaS）。

（1）基础设施即服务（Infrastructure as a Service，IaaS）。云服务提供商把IT系统中的基础设施层作为服务出租出去。IaaS是把数据中心、基础设施等硬件资源通过Web分配给用户的商业模式。用户自己安装操作系统、中间件、数据库和应用程序。

（2）平台即服务（Platform as a Service，PaaS）。云服务提供商把IT系统中的平台软件层作为服务出租出去。PaaS实际上是指将软件研发的平台作为一种服务，以SaaS的模式提交给用户，PaaS服务使得软件开发人员可以在不购买服务器等设备环境的情况下开发新的应用程序。

（3）软件即服务（Software as a Service，SaaS）。云服务提供商把IT系统中的应用软件层作为服务出租出去。它是一种通过Internet提供软件的模式，用户无须购买、安装软件，而是向提供商租用基于Web的软件。SaaS模式大大降低了软件，尤其是大型软件的使用成本，并且由于软件托管在服务商的服务器上，减少了客户的管理维护成本，可靠性也更高。

3.2.3 云计算的特点

微课 3-4
云计算案例

云计算将计算分布在大量的分布式计算机上，而非本地计算机或远程服务器中，使计算资源集中起来，并通过专门软件实现自动管理。

被普遍接受的云计算特点如下。

（1）超大规模。“云”具有相当的规模，“云”为用户提供超强的计算和存储能力。例如，腾讯、阿里、Amazon、IBM等的“云”均拥有上百万台服务器。企业私有云一般拥有数百或上千台服务器。

（2）虚拟化。云计算支持用户在各种终端获取服务，获取的服务来自“云”而不是某台固定的服务器。整个“云”对于用户而言，就是一台虚拟的服务器。应用在“云”中某处运行，但实际上用户无须了解、也不用担心应用运行的具体位置。只需要一台笔记本电脑或者一个手机，就可以通过网络服务来实现需要的一切，甚至包括超级计算这样的任务。

（3）高可靠性。“云”采用数据多副本容错、计算节点同构可互换等多种手段保障服务可靠性。使用“云”比使用本地计算机可靠。

（4）通用性。云计算不针对特定的应用，在“云”的支撑下可以构造出千变万化的应用，同一个“云”可以支撑各种各样的服务。

（5）高可扩展性。“云”的规模可以动态伸缩，满足应用和用户规模增长的需要。

（6）按需服务。“云”是一个庞大的资源池，可以按需购买；云可以像自来水、电、煤气那样计费。

（7）廉价。“云”可以采用极其廉价的节点来构成；“云”的自动化管理使数据中心的管理成本大幅降低；“云”的公用性和通用性使资源的利用率大幅提升；“云”设施一般建立在电力资源丰富的地区，从而大幅降低能源成本。

（8）安全。云计算提供了最可靠、最安全的数据存储中心，用户不用再担心数据丢失、病毒入侵等问题。

（9）方便。对用户端的设备要求很低，使用起来很方便，而且支持各种各样的设备；可以轻松实现不同设备间的数据与应用共享。

3.3 智慧感知及互联

微课 3-5

智慧感知及互联

畅想一下未来的生活，你网约了一辆车，发现车上放着你最爱喝的可口可乐，而不是普通的矿泉水；你要买一件衣服，手机终端给你推送最适合你气质的当下时节的款式；你住进一家酒店，发现酒店房间不仅是你喜欢的装饰风格，里面还摆了你最爱的景天科多肉植物。当然现实还达不到这种状态，而大数据时代的来临，让精准分析成为可能，为用户提供更贴心、细致、定制化的服务，用户体验才能趋于完美，真可谓“智能感知生活，未来触手可及”。

3.3.1 “智慧地球”和“感知中国”战略的提出

2009 年 1 月，在时任美国总统与工商业领袖举行的一次圆桌会议上，时任 IBM 首席执行官首次提出“智慧地球”这一概念，建议新政府投资新一代的智能型基础设施，内容包括智慧能源、智慧金融和保险、智慧交通、智能零售、智能医疗等。在此基础上，人类以更加精细和动态的方式管理生产和生活，达到“智能”状态，极大提高资源利用率和生产力水平。

智慧地球的整体技术主要包括以下三个方面：

（1）各种感应技术嵌入各种物体并不断数字化；

（2）人和数据与各种事物以不同方式接入网络；

（3）先进的“云”计算技术和超级计算机对海量数据进行整理、分析，帮助人们做出正确的行动决策。

2009 年 8 月 7 日，党和国家有关领导同志在视察中科院无锡微纳传感网工程技术研发中心时，提出尽快建立中国的传感信息中心，并形象地称为“感知中国”中心。同时指出，在传感网发展中，要早一点谋划未来，早一点攻破核心技术。强调了要着力突破传感网、物联网关键技术，及早部署后 IP 时代相关技术研发，使信息网络产业成为推动产业升级、迈向信息社会的“发动机”。

3.3.2 物联网的体系架构

物联网利用各种传感识别技术，通过计算机互联网实现物体的自动识别和信息的互联与共享。物联网最早于 1999 年提出，即把所有物体通过射频识别等信息传感设备与互联网连接起来，实现智能化识别和管理。2005 年 11 月 17 日，在突尼斯举行的信息社会世界峰会上，国际电信联盟（ITU）发布了“ITU 互联网报告 2005：物联网”，正式提出了物联网的概念。

如图 3-11 所示的物联网体系架构，自下而上分为感知层、网络层、信息处理层和应用层。

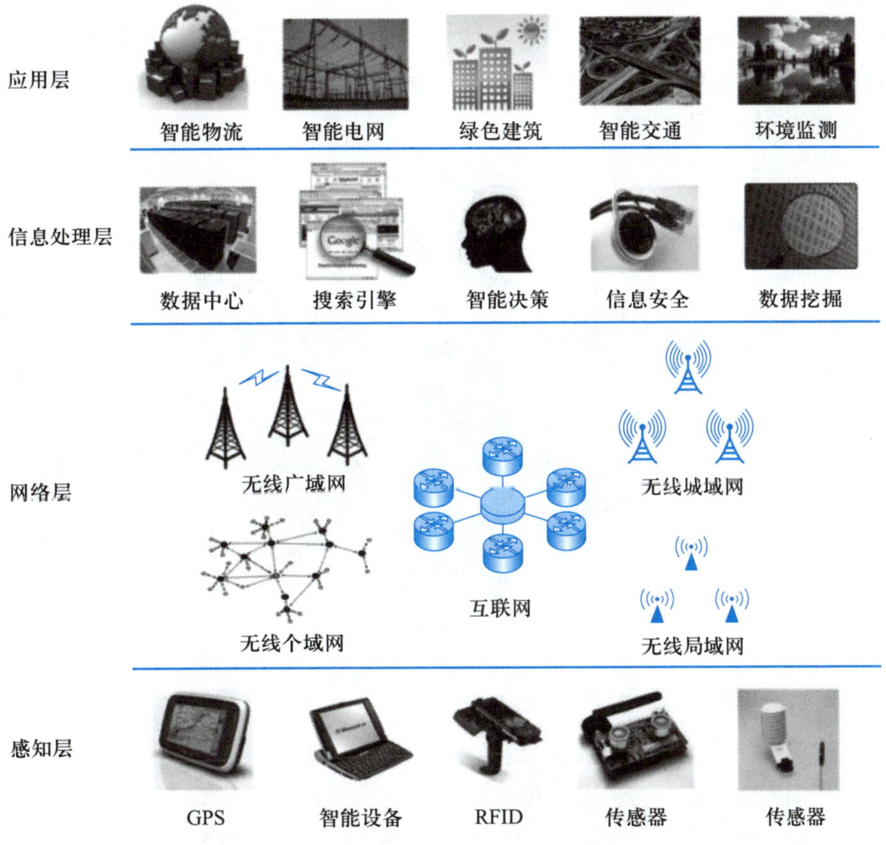

图 3-11 物联网体系架构

感知层主要涉及传感器接口、组网协议、接入标准、统一标识和安全标准等。感知层通过RFID（Radio Frequency Identification，射频识别）、传感器、传感网等物联网技术实现对基础设施、环境、建筑、安全等的监测和控制，为个人和社会提供无处不在、无所不能的信息服务和应用。借助物联网节点内置的传感器可测量周边环境中的热、红外、声呐、雷达和地震波等信号，从而探测温度、湿度、噪声、光强度、压力、土壤成分，以及移动物体的大小、速度和方向等。

网络层是信息高速公路，是重要基础设施。未来通信网络应该由大容量、高带宽、高可靠的光网络和全面覆盖的无线宽带网络所组成，为实现智慧化奠定良好的基础。

信息处理层主要通过数据关联、数据挖掘、数据活化等技术解决数据割裂、无法共享等问题。信息处理层包含各行业、各部门、各企业的数据中心以及为实现数据共享、数据活化等建立的动态数据中心、数据仓库等。

应用层主要是指在感知层、网络层、信息处理层的基础上建立的各种应用系统。

3.3.3 自动识别技术

自动识别技术（图3-12）是将信息按照一定标准进行编码，并加载至相关的载体（如条码符号、射频标签等），借助专用的设备进行识读，实现物体信息的自动识读、数据采集、数据处理和信息传输等目的。

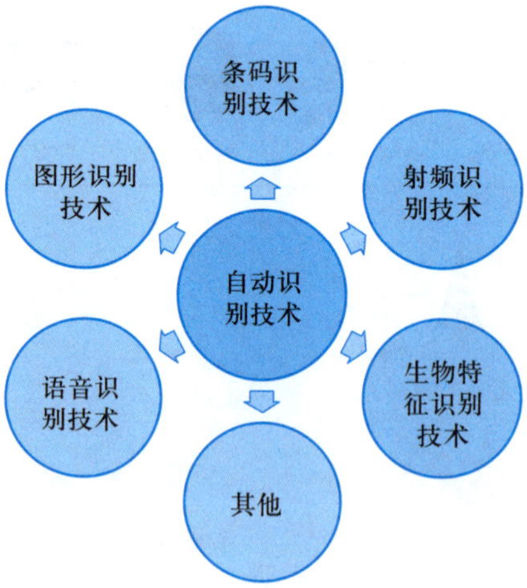

图3-12 自动识别技术

如图3-12列举了几种常见自动识别技术，其中RFID自动识别技术又称感应卡、非接触卡、电子标签识别技术，它利用射频信号通过空间电磁耦合实现无接触信息传递并通过所传递的信息实现物体识别。如图3-13所示的RFID识别系统包含了读写器（Reader）、电子标签（Tag）和应用管理系统（中间件+应用软件）。

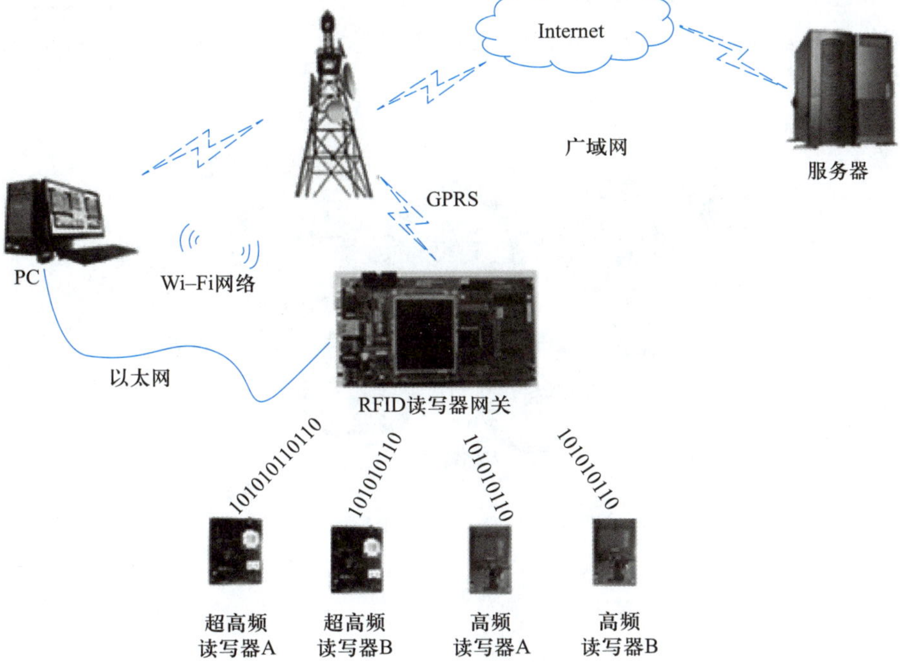

图 3-13 RFID 识别系统

读写器网关读取电子标签的数据并通过网络上传到应用管理系统。RFID 在票务系统（城市公交车、高速公路收费、门票等）、收费卡、城市交通管理、安检门禁、物流、家政、食品安全追溯、药品、矿井生产安全、防盗、防伪、证件、集装箱识别、动物追踪、运动计时、生产自动化、商业供应链等众多领域获得了广泛应用。

3.3.4 无线传感网

以 Internet 为代表的计算机网络技术给人们的生活带来了深刻的变化，然而 Internet 功能再强大，网络世界再丰富，终究是虚拟的，与人们赖以生活的现实世界相隔绝。传感网正是在这样的背景下应运而生的一种网络技术，它综合了传感器、低功耗、通信以及微机电等技术，将现实世界的设备接入 Internet。传感网将给人们的生活方式带来革命性的变化。

如图 3-14 所示的无线网络接入技术，主要有 Wi-Fi、Bluetooth、ZigBee 及新兴的 NB-IoT 和LoRa 技术。

1. Wi-Fi 无线局域网

IEEE 802.11 是 IEEE（Institute of Electrical and Electronics Engineer）制定的一个无线局域网标准，主要用于解决办公室局域网和校园网中用户与用户终端的无线接入问题。使用频段有 2.4~2.485 GHz 和 5.1~5.8 GHz，是由一个基站（也称接入点）和多个无线网络用户组成的，每个接入点指定服务集标识符（Service Set Identifier，SSID）和接入密码。

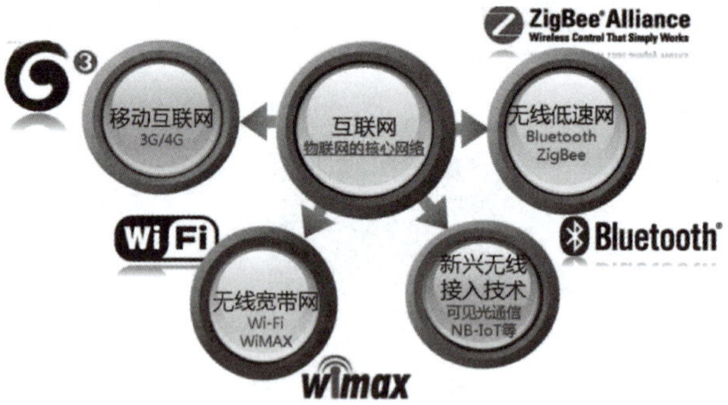

图 3-14　无线网络接入技术

2. 蓝牙

1994 年，瑞典爱立信公司研发了一种基于个人操作空间（Personal Operating Space，POS）内相互通信的无线通信标准，从而将不同工业领域之间的工作连接起来，并以 10 世纪丹麦国王的英译名 Harold Bluetooth（中文意为蓝牙）进行命名。

蓝牙采用跳频扩频技术，通信速率达到 1 Mbps，通信中的设备分为主设备和从设备。

蓝牙 4.0 是蓝牙技术联盟于 2010 年 7 月 7 日推出的新标准，包含高速蓝牙、经典蓝牙和低功耗蓝牙（Bluetooth Low Energy，BLE）三种模式，分别对应数据交换与传输、信息沟通与设备连接、低带宽设备连接三种不同应用需求。

蓝牙技术目前拥有 16 000 家成员，具有蓝牙技术的产品的日出货量达到五百万台。

蓝牙技术在运动、健身、健康和医疗领域存在极为广阔的应用前景。

3. ZigBee

ZigBee 名称来源于蜜蜂的八字舞，当蜜蜂在发现花丛后会以 ZigZag 型舞蹈的肢体语言告知同伴新发现的食物源位置等信息。ZigBee 是基于 IEEE 802.15.4 标准的低功耗、低复杂度、低速率、自组织的短距无线通信网络，为个人或者家庭范围内不同设备之间的低速互联提供统一标准。

ZigBee 设备仅靠两节 5 号电池就可维持长达 6 个月到 2 年的使用时间，使其他无线设备望尘莫及，ZigBee 模块成本约 1.5~2.5 美元，通信时延和激活时延短，适用于对时延要求苛刻的无线控制应用（如工业控制）。

一个星形结构的 ZigBee 网络最多可容纳 254 个从设备和 1 个主设备，一个区域内可同时存在最多 100 个 ZigBee 网络，且组网灵活；支持 CSMA/CA 技术，避开了发送数据的竞争和冲突。此外，ZigBee 提供了基于 CRC（Cyclic Redundancy Check）的数据包完整性检查功能，支持鉴权和认证，采用了 AES（Advanced Encryption Standard）128 位的加密算法，可灵活确定其安全属性。

如图 3-15 所示的无线网络接入技术，从带宽、距离和能耗的维度对比不同协议，得出以下结论。

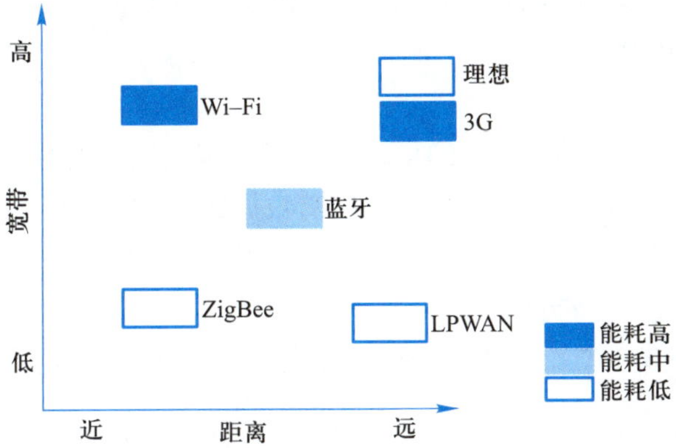

图 3-15　无线网络接入技术

（1）Wi-Fi 注重提高网络带宽，通信距离通常来说相对较小，通信能耗相对较高。网络带宽是其最重要的需求。

（2）ZigBee 网络协议标准带宽较小，通信距离也相对较短，其优势是协议灵活、能耗很小。

（3）蓝牙协议折中了上述两者，带宽比 Wi-Fi 低，但是比 ZigBee 高一些，能耗比 Wi-Fi 低，比 ZigBee 高。

（4）通信距离、通信带宽和通信能耗互相制约。

（5）具备所有优点（高带宽、远距离、低能耗）的理想协议难以实现。

4. 低功耗广域网

物联网出现之后，远距离、低功耗、低带宽的协议迸发出了新的生机。以物联网的典型场景——智能环境监控谈起。

从通信带宽角度看，智能监控的部分场景需要很低的数据量，比如智能电表。

从通信距离角度看，这类数据通常分布在各家各户，传输距离较远。

从通信能耗角度看，这类设备一般部署规模大且采用电池供电，由于需要长期工作，而且为了避免大规模更换电池带来的开销，这类设备对能耗有较高的要求。

这类远距离、低功耗、低带宽的协议统称低功耗广域网（Low Power Wide Area Network）技术。该类协议有两个主要代表，远距离通信（Long Range Communication，LoRa）和窄带物联网（Narrow Band Internet of Things，NB-IoT）。

1）LoRa

LoRa是一种超长距数据传输技术，是Semtech公司于2013年8月向业界发布的一种1 GHz以下基于扩频技术的超长距低功耗数据传输技术，是LPWAN通信技术的一种，具有远距离、大容量、低功耗的特点，接收灵敏度可达-148 dBm，提高了网络连接的可靠性。

LoRa主要在全球免费频段运行（即非授权频段），包括433 MHz、868 MHz、915 MHz等。LoRa网络主要由终端（内置LoRa模块）、网关（或称基站）、服务器和云四部分组成，应用数据可双向传输。

2）NB-IoT

NB-IoT（Narrow Band-Internet of Things）是基于蜂窝网络的窄带物联网技术，聚焦于低功耗广域网，支持物联网设备在广域网的蜂窝数据连接，可直接部署于LTE网络，可降低部署成本和实现平滑升级，是一种可在全球范围内广泛应用的新兴技术，具有广覆盖、低功耗、低成本、大连接等特点。

图3-16显示了NB-IoT和LoRa在建设与运营成本、模组功耗、覆盖深度、覆盖地区等方面的对比。

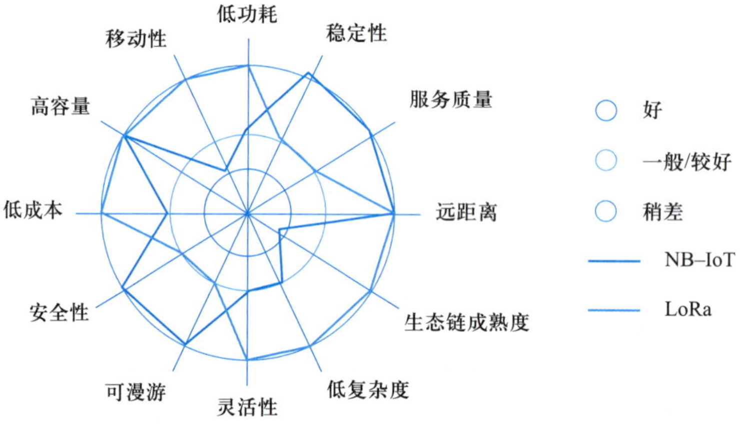

图3-16 NB-IoT和LoRa特性对比

第一，建设与运营成本。NB-IoT属于运营商建网，用户需要承担的是NB-IoT模组硬件成本+NB-IoT运营商网络租用成本；LoRa属于自建网，用户需要承担LoRa模组成本+LoRa基站成本。从当前的成本来说，尽管国家及运营商有补贴政策，NB-IoT的模组硬件费用以及运营成本大约比LoRa高20%～30%。

第二，模组功耗。NB-IoT的功耗要比LoRa高，但具体功耗与终端数据接收及发射频率有很大关系；高频应用对NB-IoT的功耗影响非常显著，这与休眠/唤醒机制有很大关系，而LoRa则受此影响较少。

第三，覆盖深度。NB-IoT是面向公众建设的公用网络，并且每台NB-IoT基站的建设费用可达数十万元，这意味着其覆盖深度的目标是保证大部分终端可用，对于少部分应用终端不太可能去深度覆盖。LoRa是私网，并且每台LoRa基站的费用只有几千元，这意味着其覆盖深度可控，随时可进行补盲。

第四，覆盖地区。NB-IoT 属于运营商建网，运营商考虑其效益因素，会更多地考虑在人口密集区域建网；LoRa 作为私网则不受此影响。

3.4 边际计算

微课 3-6
边际计算

维基百科（Wikipedia）对边际计算的解释：是一种分布式计算的架构，将应用程序、数据与服务的运算，由网络中心节点移往网络逻辑上的边缘节点来处理。一个边际计算的环境一般有以下特点：多个网站之间存在的高延迟状况、网络不可靠和速度慢的带宽，伴随着一般数据中心的中心化资源所不能对应的其他交付服务和应用功能；换言之，将数据的处理与运算往数据源移动得更近一点，以缩短网络传输的延迟，以更快地进行数据分析，或更快获得数据的结果等。边缘节点由于更接近用户终端装置，可以加快数据的处理与传输速率，减少延迟。而在靠近数据输入或用户的地方提供计算、存储和网络带宽，在这种架构下，数据的分析与知识的产生更接近数据的来源，因此更适合处理大数据，可以大大减少大规模分布式网络给应用程序带来的影响。

3.4.1 架构

近两年，机器学习以及大数据的极速发展，使得很多基于资料科学所找出来的模型都保存于云计算的机房，虽然能经由云计算获得数据分析的结果，但是云计算的各大数据中心还是放在固定的地理位置，例如人在日本，数据分析却要送到美国，难以避免的网络等待时间仍旧存在，虽然各大供货商都尽力在扩建数据中心，但数据中心的选址、人为问题与成本考虑，无法像小规模的机房那样快速，建设一个可用于云计算的数据中心至少需要半年以上的时间，但商业运用需要的是快速，尤其是花费大量资源所找出来的模式，即便变成了 Web Service 或 Web API 供数据分析使用，仍无法避免网络等待时间的问题。

几年前，在边际计算产生之前，有一个称为雾运算（Fog Computing）的概念诞生了，就是把运算能力下放到物联网的设备，然而当时机器学习需要的运算能力不是一个物联网设备就能处理的，因此雾运算在当时并没有受到太多人的重视。不过随着科技的进步，每年都有更好的硬件研发出来，如果无法由物联网直接分析，又不想增加太多的网络传输负载，就有厂商开始思考，有没有办法将这些资料分析的负担下放给距离资料收集器（即数据源）更近一点的节点，让数据分析能加快，其实这个概念就像 CDN（内容散布网络）一样，将数据移到离用户近的节点，用户获得数据的时间就缩短了，将这个概念套用到云计算上，就形成了边际计算的概念。图 3-17 所示为云运算、雾运算与边际计算。

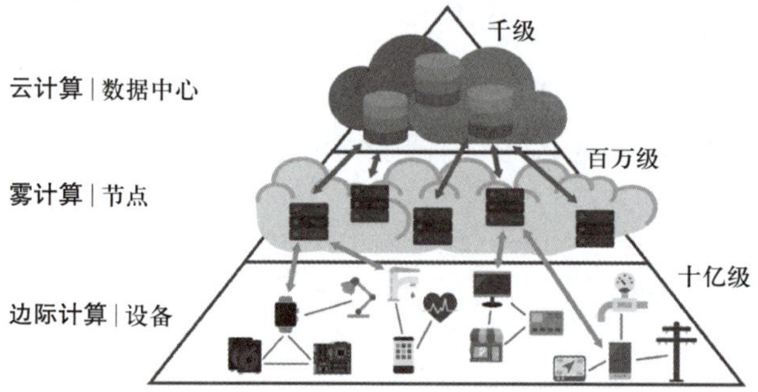

图 3-17 云运算、雾运算与边际计算

边际计算的边际指的是什么呢？是位于管理区域的边缘，尽可能地靠近数据源或用户。边际计算的范围包括边际网站（如计算、网络和存储基础设施）和运行着的应用程序（计算任务）。边际计算环境中的应用程序能够享有云计算中的各种资源，如计算、区块存储、对象存储、虚拟网络、主机及容器。这些减少了网络传送的时间成本，也加快了反应速度。边际计算与云计算的差异如图 3-18 所示。

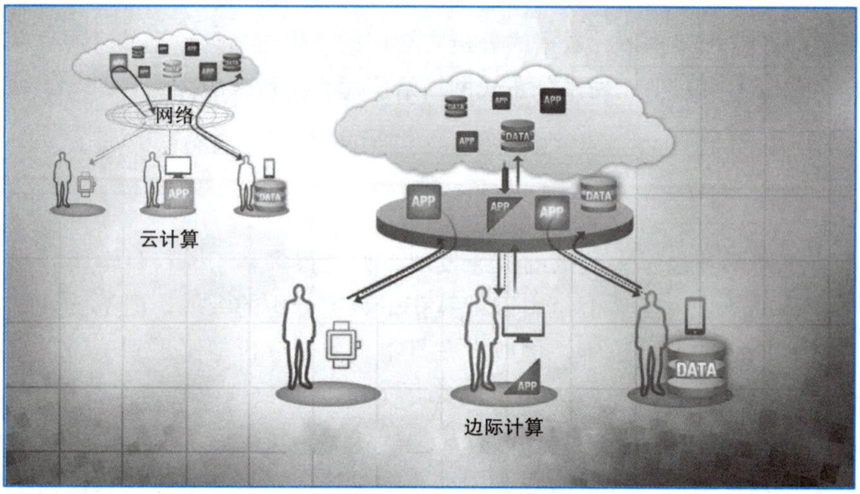

图 3-18 边际计算与云计算的差异

国内外各大厂商因看好边际计算的未来与发展，纷纷成立联盟投入边际计算的规划与发展。2014 年 3 月，美国成立了工业互联网联盟（Industrial Internet Consortium，IIC），由通用电气（GE）联合 ATT、思科、IBM 和英特尔发起。IIC 定位为产业推广组织，致力于构建涵盖工业界、科技界和其他相关产业的生态系统，推动传感、连接、大数据分析等在工业领域的深度应用。2015 年 11 月 19 日，ARM、思科、戴尔、英特尔、微软和普林斯顿大学 Edge Laboratory 等物联网领导者成立了开放雾联盟（Open Fog Consortium，OFC）。2016 年 11 月 30 日，边际运算产业联盟（Edge Computing Consortium，ECC）在北京成立。该联盟由华为技术有限公司、中国科学院沈阳自动化研究所、中国信息通信研究院、英特尔、ARM 和软通动力信息技术有限公司创立，首批成员单位共 62 家，涵盖科研院校、工业制造、能源电力等不同领域。

边际计算产业联盟（ECC）和工业互联网产业联盟（AII）也在2017年11月发布的《边际计算参考架构2.0》中，对边际计算进行了如下定义：边际计算是在靠近物或数据源头的网络边缘侧，融合网络、计算、存储、应用核心能力的分布式开放平台，就近提供边缘智能服务，满足行业数字化在敏捷连接、实时业务、数据优化、应用智能、安全与隐私保护等方面的关键需求。它可以作为连接物理和数字世界的桥梁，涵盖智慧资产、智能网关、智能系统和智能服务。

云计算凭借其强大的数据中心，为计算服务提供了充足的计算、存储、网络等基础设施资源。但是云计算适用于非实时、长周期数据、业务决策场景，而边际计算在实时性、短周期数据、本地决策等场景方面有着极强的互补和不可替代的作用。

边际计算与云计算是行业数字化转型的两大重要支撑，两者在网络、业务、应用、智能等方面的协同将有助于支撑行业数字化转型更广泛的场景与更大的价值创造。

边际计算参考架构2.0如图3-19所示，架构中将整个边际计算体系分为了四个层次。

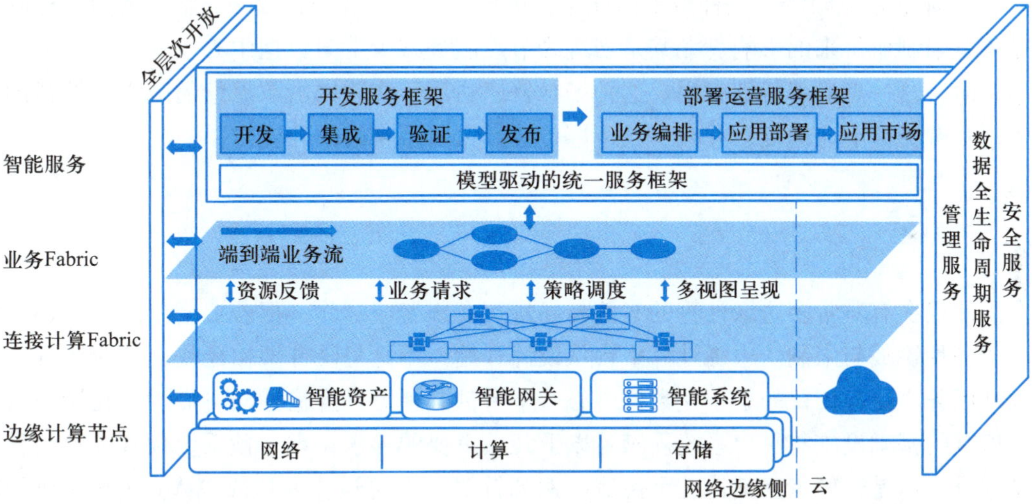

图3-19 边际计算参考架构2.0

（1）边缘计算节点（Edge Computing Node，ECN）依托智慧资产、智能网关等智能设备，提供计算、存储、网络等资源。

（2）连接运算Fabric（Connectivity and Computing Fabric，CCF）对业务屏蔽边缘设备的复杂性，实现OICT基础设施部署运营自动化和可视化，支撑边际计算资源服务与行业业务需求的智慧协同。

（3）业务Fabric定义端到端业务流，实现业务敏捷与智慧业务编排。

（4）智能服务基于模型驱动的统一服务框架，通过开发服务框架和部署运营服务框架实现开发与部署智慧协同，能够实现软件开发接口一致和部署运营自动化。

边际计算具有下列特征。

（1）边缘计算节点尽可能靠近最终用户，可使用户获得很短的响应时间，提高在网络等待和不可靠连接下的用户体验。

（2）边际计算大多需要特殊的硬件，如 GPU/FPGA 平台来增强软件或系统的功能。

（3）边际计算能够扩展至非常多的网站，分布在各个不同的地点，连接弹性较高。

（4）边际计算可有效减缓数据暴增、网络拥堵的压力，在进行云端传输时通过边缘节点进行一部分简单数据处理，进而能够缩短设备响应时间，减少从设备到云端的数据流量。

（5）边际计算在 Internet 上传递的数据量较云计算少，可以获得较高的安全性。

边际计算最主要的目的就是更进一步为用户或终端数据资源提供服务。边际计算环境将与核心协作，目标是在不向核心提出过多连接请求的前提下而提供更佳的用户体验，目前大多厂商采用的方法如下。

（1）降低网络延时：即使是远距的计算功能，能够降低用户所感受到的时间延迟，也可以让使用者感受较好的服务质量。

（2）降低带宽限制：这种将工作迁移至更接近于用户或数据收集终端的能力能够降低网站带宽限制所带来的影响。尤其是当边缘节点服务减少了向数据中心发送大量数据处理的请求时，这一点显得特别有用。这种场景普遍适用于物联网。数据量的减少能够帮助应用程序具有更高响应速度，并减少长距离传输数据所带来的额外支出。

3.4.2 挑战

虽然现在有非常多边缘计算的案例与场景正在部署或运作，但若要推广的话，还是需要克服各种挑战与限制。边缘计算平台从设计开始，不论是硬件架构还是支持应用程序生命周期服务，比起传统的集中化数据中心云平台都必须更具容错性与可靠性。在这种状况下，所有的基础设施与平台系统须满足以下几项重要的需求：零干预系统预置、自动化和自动编排。但是还要考虑其他几个挑战。例如针对一个可运作并依靠 WAN 互联达成的跨地域 IaaS 系统，边缘计算资源管理系统应该提供一组较高层次的机制可以组合输出。换言之，这里的挑战需要修改（而且在需要时进行扩展）IaaS 层的核心服务，以处理如上所述边缘计算的特定需求，例如网络带宽、计算和存储设备有限的功能、缺乏管理部署等。

可预期的需求如下。

（1）负责管理虚拟机/容器/裸机生命周期的管理器（包括配置、调度、部署、休眠/唤醒和关机）；

（2）管理模板（即虚拟机和容器的镜像）的镜像管理器；

（3）一个负责基础设施连通的网络管理器，包括虚拟网络和用户外部访问的管理；

（4）一个存储管理器，可以给边缘应用提供存储服务；

（5）可以管理和使用这些分散资源的管理员工具。

上述这些需求较为明显，可以利用和调整现有的项目就可以了。但其他一些边缘计算的需求就更加有难度了。

(1) 解决广域网中存储延迟问题。

(2) 加强边缘计算的安全——监控每个节点中硬件和应用程序的完整性，并能在必要时自动采取修正操作。

(3) 同时监测所有节点中资源的使用情况。

(4) 能够管理和协调多边缘节点和负载的编排工具，有潜力发展为一个对等控制平面或“自组织边缘计算”。

(5) 必须探索多个边缘计算平台（或多云之云）的编排，并引入 IaaS 核心服务。

(6) 自动进行边缘计算使用/停用操作，包括软件初始化和资源管理系统组件的升级。

(7) 自动化数据和工作负载复位，以达到跨地域分布式硬件的负载平衡。

(8) 基础设施的“核心”需要同步机制，以应对不连续的网络连接。

(9) 需要新方法以解决由于连接受限导致的网络分区问题，对应网络短暂断开或长时间断开的连接问题。

3.4.3 边际计算的未来

较低的时间延迟、精确的时间同步性、异质系统互联、大规模和广泛的架设、更加智能等都是边际计算的特质，而这些也是未来边际计算普及化的最大挑战。除此之外，未来1至2年内5G时代到来，对边际计算而言，是挑战的同时也是难得的机遇。对于未来发展，物联网、VR/AR、大数据、人工智能及工业4.0，实际上都对边际计算有极大的需求。

3.5 智能芯片

微课 3-7
智能芯片

自20世纪70年代以来，人工智能的现状及其深度学习领域从整体上看，硬件与软件的关系比任何时候都联系得更加紧密。一场无形但是声势浩大的“军备竞赛”正在被人工智能芯片引发。

现阶段人工智能发展遇到的瓶颈之一是人类现有的以 CPU 为代表的计算技术。CPU 的计算方式类似于工厂中的流水线，一个步骤完成之后才能进行下一个步骤，而且步骤与步骤之间存在关联性。即使是现在英特尔公司实验室研发的256核 CPU 也仅仅是同时处理256件事情而已。而随着人工智能的发展，希望模拟人脑的计算方式，人类大脑的神经网络中几百亿个神经元都是并行活动的，也就是几百亿个计算单元在同步情况下进行计算任务。

由于目前技术水平暂时还达不到完全模拟人脑的计算水平，围棋机器人 AlphaGo 采用的是 CPU+GPU 的配置架构，微软和百度的数据中心则替换成了 CPU+FPGA 的异构计算模式。此外还有 CPU+ASIC（Application Specific Integrated Circuit），CPU+DSP

(Digital Signal Processor)。由人工智能掀起的机器学习和定制硬件来加速计算服务的需求呈指数级上升趋势，若不与基础架构抢资源，专门围绕人工智能应用来打造一个专用处理器，则运算和任务执行将更加高效。

3.5.1 智能芯片的应用场景

从应用场景角度看，目前人工智能芯片的大规模应用主要有两个方向，一个是在数据中心部署的云端，另一个是在消费者处部署的终端。云端的人工智能芯片同时做两件事情：一是训练（Training），二是推理（Inference）。训练即用大量标记过的数据来“训练”相应的系统，使之可以适应特定的功能，比如给系统海量的“狗”的图片，并告诉系统这个就是“狗”，之后系统就“知道”什么是狗了；推理即用训练好的系统来完成任务，接上面的例子，把一张图给之前训练过的系统，让它得出这张图上的东西是否是狗这样的结论。一般来说，训练和推理是相对独立的过程，各自对计算能力的要求也不一样。

极高的计算性能、较高的精度、处理海量数据的能力和一定的通用性，是训练完成各种各样学习任务的必备条件。相比而言，推理对性能的要求并不高，对精度的要求更低，在特定的场景下，对通用性要求也不高，能完成特定任务即可。但因为推理的结果直接提供给终端用户，所以它更关注用户体验方面的优化。

在经历了最近几年的技术积累、升级之后，人工智能芯片正在以一种前所未有的速度颠覆着手机、安防、无人驾驶汽车、云计算这四大领域，并从它们延展开来，进一步对制造、工业、教育、医疗等传统领域造成巨大冲击，重新塑造着世界格局。

1. 安防监控

随着中国安防产业的规模伴随着市场经济的快速发展，愈发成熟的技术在国家政策的推动下不断增长。根据佳都科技《人工智能技术白皮数》显示，2017年安防市场规模已经超过了6350亿元，同比增长17.6%。以摄像头为主的安防设备数量增加（最近一年内，国内安防高清摄像头的出货量会在1亿颗左右），安防市场规模不断增长。人眼监控已无暇顾及，加之社会对安保要求的提升，安防产业越发重视事前预警，它要求的是机器独立实时监控、实时报警，而传统的人工审查方式早已无法满足这一产业需求。

例如嵌入了GPU芯片的前端智能摄像机、人脸识别速通门和后端数据中心一体机，能够迅速对视频进行结构化处理，对人、车、物进行快速识别比对。机器不仅能认出逃犯、嫌疑人，还能记录分析他的实时位置，此类能力与公安、交警、民防等需求不谋而合。

2. 家电和移动终端

一台搭载了一个专门用于处理人工智能的模块——NPU（神经网络处理单元）芯片的移动终端，除了有照相更好看、翻译更流畅、语音识别更准确的优点，还能学习理解用户的使用习惯，自动释放内存，变得更快、更流畅。不过除了平常的手机、平板电脑，日常使用的众多家用电子产品也在悄无声息地进行着人工智能升级，主要围绕语音人工智能展开，包括启英泰伦打造的家用电器语音人工智能芯片、杭州国芯打造的语音人工智能芯片以及亚马逊打造的 Echo 智能音箱人工智能芯片等。

nVIDIA（英伟达）作为全球知名芯片企业，其凭借 GPU 基于 CUDA 开发平台普及这一优势，成为了目前应用最广的通用人工智能硬件计算平台之一。除了有实力自研芯片的企业外，很多企业必定要用到 nVIDIA 的智能芯片才能触及与人工智能相关的工作。

3. 无人驾驶汽车

目前，自动驾驶汽车还停留在部分自动化驾驶和辅助驾驶阶段，如果需要对环境进行不断感知进而决策，则需要提高人工智能芯片的计算能力，以达到高度自动化和完全自动化的程度。由芯片企业 nVIDIA 和英特尔以及创业公司地平线整合的自动驾驶计算平台，提供给整车厂和一级供应商汽车配件商巨头，并落地到自动驾驶解决方案当中。

nVIDIA 的 Xavier 计算平台（前身是 Drive PX）正在被 20 家以上的自动驾驶创业公司以及博世、采埃孚等供应商巨头采用，打造各自的自动驾驶。其中最接近量产商用的是采埃孚 Pro 人工智能方案。

英特尔 GO 计算平台（由英特尔 CPU、英特尔收购的 Mobileye EyeQ 芯片、英特尔收购的 Altera FPGA 处理器组成）被整车厂宝马、意大利 FCA，以及供应商德国大陆、加拿大麦格纳、德尔福（后拆分出安波福）陆续采用，打造自动驾驶解决方案。其中英特尔、宝马、大陆等还牵头成立了自动驾驶联盟。

以地平线为代表的创业公司正在打造自己的自动驾驶计算平台。早期地平线的雨果自动驾驶平台选择的是英特尔 FPGA 处理器，后沿用了地平线自研的 BUP 架构所推出的人工智能芯片“征程”。

人工智能芯片对上述何种自动驾驶计算平台来说，都是其中关键的组成部分，也是自动驾驶技术发展的主要推动力。不少第一阵营的人工智能芯片创业公司也瞄准了汽车自动驾驶这一巨大领域。

4. 云计算

现在使用的所有互联网应用，背后都是云服务数据机房在提供计算能力。正如人们现在使用的各种互联网人工智能能力（比如在线翻译、人证比对、图片搜索等），背后都有云人工智能芯片在庞大的数据中心机房中日夜不停地提供计算服务。云人工智能芯片性能强大，不仅能够同时支持大量运算，还可以灵活地支持图片、语音、视频等不同人工智能应用。

3.5.2 GPU

1. GPU 简介

GPU 称为图形处理单元（Graphics Processing Unit），GPU 加速了深度学习应用程序所需的张量（Tensor），因此它在机器学习系统中被不断提及。这个概念是由 nVIDIA 于 2007 年率先提出的，指的是利用图形处理器加快科学、分析、工程以及各类应用程序的运行速度。目前，已经运用至汽车、移动设备、无人机、机器人等平台的应用程序的加速运行中。图 3-20 是 nVIDIA 的 GPU 芯片。

图 3-20　nVIDIA 的 GPU 芯片

2. GPU 的工作原理

在介绍 GPU 工作原理前先简单阐述一下运算方法。机器学习目前的冠军是 Deep Learning（DL）系统。DL 系统的基础是各种算法，包括深度神经网络（DNN）、卷积神经网络（CNN）、递归神经网络（RNN）等。其中算法会涉及多层节点，以及节点和层之间不同类型的通信。正在处理的单元是多个阵列或矩阵。矩阵（Matrix）用更精确的术语表示即张量（Tensor），它在机器学习行业中应用于 TensorFlow。

矩阵运算并不关心最终产品是什么，只是处理元素。这是一种过度简化，因为不同的运算随稀疏矩阵（矩阵中有很多元素为 0）与密集矩阵的不同而有相异的工作方式，但内容不会改变运算，这个事实依然存在。一旦深度学习理论学者看到了 GPU 的发展，那么将立即采用它来实现加速张量运算。

实际上 CPU 是将应用程序中计算密集的工作负载部分转移到 GPU 上，其余的程序代码仍然由 CPU 自行完成。应用程序的运行速度会在计算处理有较高要求的场景时明显加快。图 3-21 为 GPU 的工作原理图。

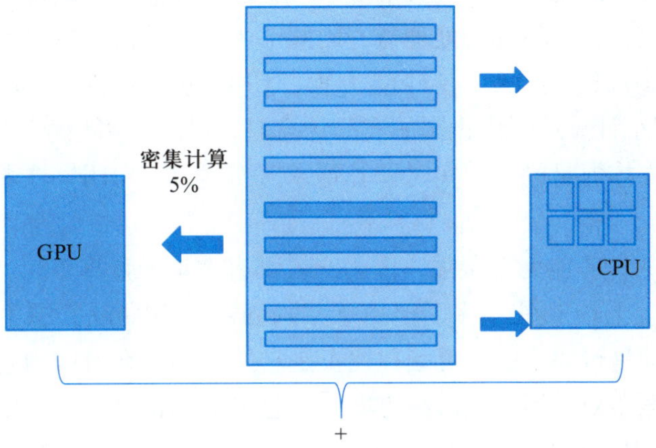

图 3-21 GPU 工作原理图

3. GPU 与 CPU 性能比较

用一种较为简单的方法理解 GPU 和 CPU 之间区别就是比较它们处理任务的方式。GPU 拥有一个由数以千计的更小、更高效的核心（专为同时处理多重任务而设计）组成的大规模并行计算架构。但 CPU 只具有几个由专为顺序串行处理而优化的核心。GPU 与 CPU 性能比较见表 3-2。

表 3-2 GPU 与 CPU 性能比较

参　数	CPU	GPU
时钟频率	>1 GHz	700 MHz
闪存	GB~TB	最大 12 GB
内存 B/W	~60 GB/s	>300 GB/s
峰值 FP	<1 TFlop	>1 TFlop
并发线程	10	1000
LLC 缓存大小	>100 MB	<2 MB
每线程缓存大小	1 MB	10 B
软件管理缓存	无	40 KB/SMX
类型	超标量	超标量

3.5.3 半定制化芯片 FPGA

FPGA（Field Programmable Gate Array，可编程门阵列）是一种集成大量基本门电路及存储器的芯片，通过烧入 FPGA 配置文件来定义这些门电路及存储器间的连线，从而实现特定的功能。由于烧入的内容是可配置的，FPGA 如一块可重复刷写的白板一样，可通过配置特定的文件将它转变为不同的处理器，因此 FPGA 可灵活支持各类深度学习的计算任务，根据百度的一项研究显示，在性能方面，GPU 在处理大量的矩阵运算时远好于 FPGA，但是当处理小计算量、大批次的实际计算时，FPGA 性能优于 GPU。另外 FPGA 非常适合在推断环节支撑海量的用户实时计算请求（如语音云识别），因为它具有低延迟的特点。

FPGA 和 GPU 的计算能力都很强，因为二者都有大量的计算单元。在进行神经网络运算时，它们的速度会比 CPU 快很多。但由于架构固定，GPU 硬件原生支持的指令也随之固定了。而 FPGA 却是可编程的，可编程性正是它的关键所在，因为它让软件与终端应用公司得以提供与其竞争对手不同的解决方案，并且灵活地针对自己所用的算法修改电路。

FPGA 可以根据特定的应用实现硬件编程，例如当应用中的加法运算极多时，就可以用大量的逻辑资源实现加法器，而 GPU 一旦设计完就无法改动，所以根据应用去调整硬件资源是它做不到的。可见，在平均性能方面，GPU 逊于 FPGA。目前机器学习大多使用 SIMD 架构，即只需一条指令就可以完成对大量数据的平行处理，因此用 GPU 很适合。但是有些应用涉及的是 MISD 架构，即单一数据需要用许多条指令平行处理，这种情况下用 FPGA 就会比 GPU 更有优势。所以，对于平均性能而言，取决于 FPGA 加速器架构上的优势是否能弥补运行速度上的劣势。如果 FPGA 上的架构优化可以带来相比 GPU 架构两到三个数量级的优势，那么 FPGA 在平均性能上会好于 GPU。

在功耗、能效比方面，在架构优化得很好时，FPGA 的灵活性可以使得一块 FPGA 的平均性能接近一块 GPU，如此 FPGA 方案的总功耗远小于 GPU，散热问题便可大大减轻。能效比的比较也类似，能效指的是完成程序执行消耗的能量，功耗乘以程序的执行时间则得到能量消耗值。虽然 GPU 的功耗远大于 FPGA 的功耗，但是如果 FPGA 执行相同程序需要的时间比 GPU 长几十倍，那 FPGA 在能效比上就不存在优势；反之若要让 FPGA 比 GPU 在能效比上有优势，那么它执行算法所需的时间需要达到 GPU 的几倍，而这需要将在 FPGA 上实现的硬件架构优化得很适合特定的机器学习算法才有可能。

3.5.4 全定制化芯片 ASIC

ASIC 是一种为专门目的而设计的功能特定的最优功耗芯片。不同于 GPU 和 FPGA 的灵活性，定制化的 ASIC 一旦制造完成将不能更改，所以初期成本高、开发周期长使得进入门槛高。目前，只有具备人工智能算法又擅长芯片研发的企业才能参与。例如，Google 的 TPU 比 CPU 和 GPU 的方案快 30~80 倍，并且与 CPU 和 GPU 相比，TPU 缩小了控制，因此减少了芯片的面积，降低了功耗。

目前众多行业知名企业都在积极布局定制化芯片，特别是人工智能芯片布局已经成为众多行业巨头的重心，因为包括深度学习、机器学习、大数据分析及判断、自动决策等各种人工智能应用如雨后春笋般出现，针对不同应用打造的特殊应用芯片 ASIC 需求也自然呈现爆发态势。技术总在不断发展，在面对一个新的技术和应用的时候，算法会不断地进行快速升级，在这种情况下 FPGA 会更为合适。而对于那些软件、算法已经比较成熟和稳定的领域，ASCI 会更为适合。比如，人脸识别、语音识别厂商，在新的技术应用之初，通常会选择 FPGA，这样可以不断进行微调升级，而等到算法完全成熟，需要大规模部署时，必然会采用 ASIC 来提升能效比。4G 运营商在部署网络之初，量不够大的时候，采用 FPGA 就可以符合市场的要求，但是等到技术成熟，需要大规模部署时，ASIC 会成为最佳选择。毕竟 FPGA 的频宽不够，运算能力也不够。

当然，ASIC 芯片的缺点也很明显，因为是针对特定算法设计的，一旦芯片设计完毕，其所适应的算法就是固定的，所以一旦算法发生变化就可能无法使用。另外由于是专用的芯片，所以如果出货量不大的话，那么芯片成本就会比较高，当然出货量越大成本会越低。

3.5.5 类脑芯片

相比于依靠冯·诺依曼结构的 GPU、FPGA、ASIC 来说，类脑芯片是一种相对处于概念阶段的集成电路。目前面世的类脑芯片并不多，更不要说大规模的商业化了。

美国较早发起类脑芯片的相关研究工作，通过模仿人脑工作原理，使用神经元和突触的方式替代传统冯·诺依曼架构体系，使芯片能够进行异步、并行、低速和分布式处理信息数据，并具备自主感知、识别和学习的能力。市面上第一款类脑芯片来自于 IBM 公司。国内也开始了类脑芯片的研究，除清华等知名高校开设研究院外，也出现了专注类脑芯片研发的企业，代表企业有上海的西井科技。

1. IBM TrueNorth

2011 年 8 月，IBM 率先在类脑芯片上取得了进展，他们在模拟人脑大脑结构基础上，研发出两个具有感知、认知功能的硅芯片原型。但因技术上的限制，IBM 戏称第一代 TrueNorth 为“虫脑”。2014 年 TrueNorth 第二代诞生，它使用了三星的 28 nm 工艺，共享了 54 亿个晶体管，其性能相比第一代有了不少提升。每平方厘米的功耗仅为 20 毫瓦，是第一代的百分之一，直径仅有几厘米，是第一代的十五分之一。每个核都简化模仿了人类大脑神经结构，包含 256 个神经元（处理器）、256 个轴突（存储器）和 64 000 个突触（神经元和轴突之间的通信）。总体来看，TrueNorth 芯片由 4 096 个内核，100 万个神经元、2.56 亿个突触集成。此外，不同芯片还可以通过阵列的方式互联。

IBM 称如果 48 颗 TrueNorth 芯片组建起具有 4 800 万个神经元的网络，那这 48 颗芯片带来的智力水平将类似于普通老鼠。

从 2014 年亮相后，这款芯片一直没有大的动作。不久前，TrueNorth 终于传出了新进展，有报道称 IBM 公司即将开发由 64 个 TrueNorth 类脑芯片驱动的新型超级计算机。这一计算机能进行大型深度神经网络的实时分析，可用于高速空中真假目标的区分，并且功耗比传统的计算机芯片降低了4个数量级。如果该系统功耗可以达到人脑级别，那么理论上就可以在64颗芯片原型基础上进一步扩展，从而能够同时处理任何数量的实时识别任务。

2. 英特尔 Loihi 芯片

不久前的CES上知名芯片企业英特尔展示了其首款自学习神经元芯片Loihi。Loihi芯片可以像人类大脑一样，通过脉冲或尖峰传递信息，并自动调节突触强度，通过环境中的各种反馈信息，自主学习、下达指令。据英特尔方面称Loihi内部包含了128个计算核心，每个核心集成了1024个人工神经元，总计13.1万个神经元，彼此之间通过1.3亿个突触相互连接。

相比于人脑内的800多亿个神经元，Intel这款芯片的运算规模仅仅比虾脑大一点。但根据英特尔给出的数据，Loihi的学习效率比其他智能芯片高100万倍，完成同一个任务所消耗的能源可节省近1 000倍。

3. 高通 Zeroth 芯片

知名芯片企业高通也在进行类脑芯片的研发，并早在2013年就曾公布一款名为Zeroth的芯片。Zeroth不需要通过大量代码对行为和结果进行预编程，而是通过类似于神经传导物质多巴胺的学习（又名正强化）完成的。高通为了让搭载该芯片的设备能随时自我学习，并从周围环境中获得反馈，还为此开发了一套软件工具。在公布的资料中，高通还用装载该芯片的机器小车进行了演示，使小车在受人脑启发的算法下完成寻路、躲避障碍等任务。

4. 西井科技 DeepSouth 芯片

西井科技是国内研究类脑芯片的公司，目前西井已推出了自主研发的拥有100亿规模的神经元人脑仿真模拟器（Westwell Brain）和可商用化的5 000万类脑神经元芯片（DeepSouth）两款产品。DeepSouth是一款可商用化的芯片，它能模拟出高达5 000万级别的神经元，总计有50多亿神经突触。据西井CEO谭黎敏称，该芯片除了具备自我学习、自我实时提高的能力外，还可以直接在芯片上完成计算，不需要通过网络连接后台服务器，可在无网络情况下使用。能耗方面，DeepSouth在同一任务下的功耗仅为传统芯片的几十分之一到几百分之一。

类脑芯片不仅能提高计算机的计算速度、降低功耗，在国防领域也将发挥重要作用，对研发高度自主的智能机器人以及提高其他设备的智能水平也有重要意义。

3.6 人工智能平台

微课3-8
国际人工智能云平台

人工智能平台被定义为允许软件运行的某种硬件架构或者软件框架

(包括应用程序框架)，人工智能为用户提供了构建智能应用程序的工具包。一些平台提供预构建的算法和简单的工作流程，具有拖放建模和可视界面等功能，能够非常容易地构建出解决方案模型，而其他平台则需要更多的开发和编码知识。这些人工智能平台除了机器学习能力之外，还具有图像识别、自然语言处理、语音识别、推荐系统和预测分析的功能。

开发人员与没有相关人工智能开发经验的用户，都将受益于平台的预构建算法和其他相关算法，开发人员还能经常使用人工智能平台来创建学习算法和智能应用程序。

人工智能平台与平台即服务（PaaS）极为相似，两者都允许基本的应用程序开发，但不同于 PaaS，人工智能提供机器学习的选项。PaaS 产品将会在智能应用程序流行的这一大背景下和人工智能平台逐渐融合。

顶级人工智能平台模仿人类和其他人类思维相关的认知功能更强，例如学习和解决问题、推理、知识表示、社会智能等。受业界推崇的有 Azure 机器学习、Cloud Prediction API、TensorFlow、Infosys Nia、Wipro HOLMES、API. AI、Meya 等（图 3-22）。

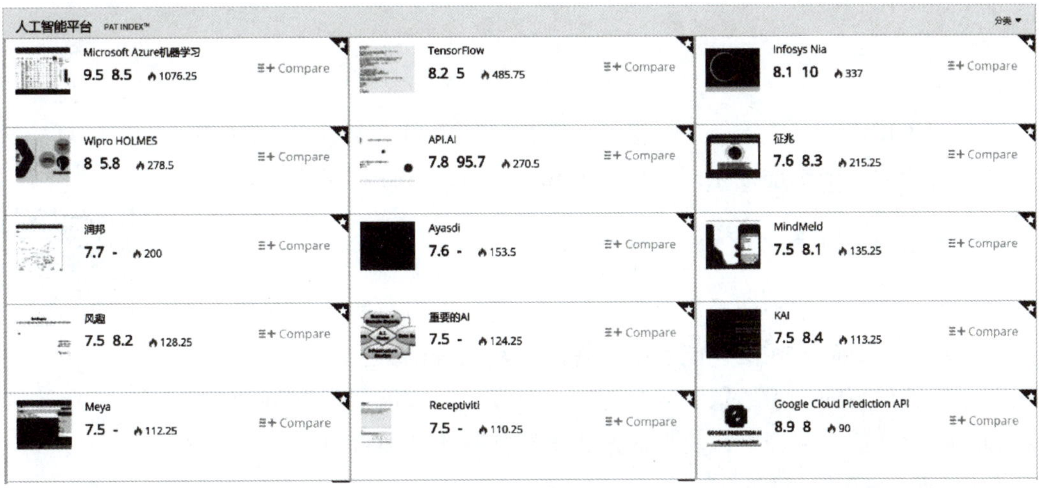

图 3-22　国际顶尖人工智能平台使用情况以及比较（2018 年年底）

1. Azure 机器学习

Azure 机器学习旨在简化企业的机器学习，提供基于云的高级分析。业务用户可以使用 Xbox、Bing、R、Python 软件包中的最佳算法，或通过安装自定义 R 或者 Python 代码来模拟他们的方式。完成的模型可在几分钟内作为 Web 服务部署，在任何地方连接任何数据。在机器学习市场上，一种基于云的预测分析服务可以使用应用程序编程接口快速创建和部署预测模型作为分析解决方案。

2. Cloud Prediction API

Cloud Prediction API 提供 RESTful API 构建机器学习模型。其基于云的机器学习工具可以分析数据，例如对客户情绪进行分析，对垃圾邮件进行检测以及推荐系统。此外，Cloud Prediction API 提供模式匹配和机器学习功能。在学习训练数据后，它可以预测数值或者选择描述新数据的类别。

3. TensorFlow

TensorFlow 是一个开放源代码软件库，用于进行高性能数值计算。借助其灵活的架构，用户可以轻松地将计算工作部署到多种平台（CPU、GPU、TPU）和设备（桌面设备、服务器集群、移动设备、边缘设备等）上。TensorFlow 可以为机器学习和深度学习提供强力支持，其灵活的数值计算核心也广泛应用于许多其他科学领域。

4. Infosys Nia

Infosys Nia 将机器学习与知识结合在一起，是一个以知识为基础的人工智能平台，致力于推动自动化和创新。

5. Wipro HOLMES

Wipro HOLMES 是一个人工智能平台，为预测系统、数字虚拟代理、可视计算应用、认知过程自动化、知识虚拟化以及机器人和无人机的开发提供服务。

6. 百度人工智能开放平台（图 3-23）

微课 3-9
国内人工智能云平台

百度人工智能开放平台提供全球领先的语音、图像、NLP 等多项人工智能技术，开放对话式人工智能系统、智能驾驶系统两大行业生态，共享人工智能领域最新的应用场景和解决方案。百度人工智能的发展路径是平台化和生态化，这一路径下，百度通过人工智能技术获得商业回报的模式是“数据+算法+软件+硬件”。

图 3-23 百度人工智能开放平台

7. 腾讯人工智能开放平台（图 3-24）

腾讯人工智能开放平台专注机器学习、计算机视觉、语音识别、自然语言处理等人工智能领域的研究，孵化出机器翻译、语音聊天、智能问答、图像理解、棋类博弈、无人驾驶等项目，探索未来技术的应用前景。腾讯人工智能开放平台有基于腾讯亿万用户海量数据及在互联网各垂直领域的技术优势，并在 2017 年公布了其“AI in all”战略，让人工智能与各行各业结合。此外，腾讯还公布了其“基础研究——场景共建——人工智能开放”三层人工智能架构，落地社交、内容、游戏、医疗、零售、金融、安防、翻译这八大场景。

图 3-24 腾讯人工智能开放平台

随着各类人工智能平台的兴起，不仅仅推动了人工智能技术的发展，也带来了各行各业的产品解决方案，带动了行业智能变革。人工智能平台的开放式、开源式创新已成为近年来国内外人工智能领域发展的重要特征和路径之一。依托开放平台，能够广泛集聚才智资源、降低研发创新门槛、加快推动人工智能领域的研发和产业化的步伐。

习题

1. 用“V”描写的大数据特征有哪几个？
2. 举一个大数据应用案例，说明大数据技术在案例中如何得到应用。

3. 云计算和本地计算有什么区别?
4. 云计算有哪三种服务方式?
5. 云计算有哪些特点?
6. 根据信息生成、传输、处理和应用的原则，可以把物联网分为哪几层?
7. 什么是 RFID 技术? 其基本原理是什么?
8. 常见的自动识别技术有哪些?
9. 比较说明 Wi-Fi、Bluetooth 通信技术的特点。
10. 比较说明 NB-IoT 和 LoRa 低功耗广域网技术的不同。
11. 什么是边际计算?
12. 在物联网中，边际计算扮演什么样的角色?
13. 说明边际计算、雾运算与云运算三者之间的差别。
14. 智能芯片有哪几种? 分别适用于什么场合?
15. 常用的人工智能软件平台有哪些? 硬件平台有哪些?

单元4　关键技术

加拿大加斯帕半岛上有三种鸢尾花（Iris），分别为山鸢尾（Setosa）、变色鸢尾（Versicolor）和弗吉尼亚鸢尾（Virginica）。这三种鸢尾花的花萼和花瓣各不相同（图 4-1），也就是说，可以根据花萼和花瓣的特征区分和识别这些鸢尾花。

微课 4-1
单元 4 内容介绍

图 4-1　三种鸢尾花

植物学家 Edgar Anderson 从每种鸢尾花中选取一组，分别测量它们的花萼长度、花萼宽度、花瓣长度、花瓣宽度，形成了鸢尾花数据集。Edgar Anderson 的同事 Ronald Fisher 设计了一个分类算法，使用这个鸢尾花数据集训练分类算法的模型参数。

当游客在加斯帕半岛上遇到一朵鸢尾花，只要测量它的花萼长度、花萼宽度、花瓣长度和花瓣宽度，把这些数据作为输入，通过 Ronald Fisher 的分类模型的计算就可以识别是哪种鸢尾花了。

人工智能的关键技术是设计算法，根据准备好的数据集训练算法中的模型参数，然后应用模型解决问题，这些问题包括回归问题和分类问题，也可能是这些问题的衍生。根据数据集训练模型参数的过程称为机器学习。在人工智能发展过程中，形成了很多机器学习算法。有些算法适用于特定问题，还有一些算法具有通用性。

本单元将介绍常用的机器学习算法、人工神经网络、深度学习、机器学习计算工具 TensorFlow，以及常用应用领域的关键技术，这些领域包括计算机视觉、自然语言处理、人机互动以及 VR/AR。

4.1 机器学习

机器学习在日常生活中随处可见。网上购买图书时，把一本书加入购物车，网页上会出现几本推荐图书，而且往往正好是顾客需要的。这就是网站服务器根据对这本书购买记录的统计分析，认为顾客可能买这些书。使用手机拍摄人像时，相机能自动识别人脸，并用矩形窗口表示出来。这是手机根据人脸识别模型在矩形窗口位置检测到脸部特征，判断为人脸。无论是预测购书意愿，还是检测人脸，都需要从已有数据组成的数据集中训练模型，并应用这个模型预测或检测新的数据。

如何用数据集训练模型？如何应用模型解决预测问题？本节首先介绍机器学习的流程，以及机器学习要解决的两类问题，最后介绍常用的机器学习算法。

4.1.1 机器学习的流程

微课 4-2
机器学习的流程

使用机器学习开发应用程序，通常需要下列步骤。

1. 收集数据，准备数据集

互联网提供了海量的数据源，可以通过网络爬虫或搜索引擎从互联网收集数据。根据不同的应用，这些数据可能是图像、视频或音频等不同形式的文件。例如，为了识别不同物体，可以使用百度浏览器的图片搜索，收集这些物体的图像。数据收集以后需要把数据集分为用于模型训练的训练集以及用于评价模型性能的测试集。为了调节算法中的参数，有时候还需要验证集。除了自己准备数据集，还可以使用公开的数据集。这样不仅节省时间，而且可以与其他算法比较识别精度和运行时间等算法性能。例如，本单元使用的鸢尾花数据集就是一个很流行的公开数据集。

2. 标注数据

在有监督学习中，收集的数据需要标注。例如，收集到的不同物体的图像，需要对不同物体类别进行编号，并把这些图像标注为各自类别的代号。对于图像、视频或音频，标注结果通常保存在独立的标注文件中。

公开数据集通常提供了标注。表 4-1 和表 4-2 分别是鸢尾花训练集和测试集的部分数据和标注，表的前 4 列分别是花萼长度、花萼宽度、花瓣长度和花瓣宽度，最后一列是类别标注，0 表示山鸢尾，1 表示变色鸢尾，2 表示弗吉尼亚鸢尾。

关于数据集标注的更多内容，读者可以扫描拓展阅读二维码了解。

拓展阅读：
数据集的标注

表 4-1 鸢尾花训练集中的部分样本数据和标注

花萼长度	花萼宽度	花瓣长度	花瓣宽度	类别标注
6.4	2.8	5.6	2.2	2
5	2.3	3.3	1	1
4.9	2.5	4.5	1.7	2
4.9	3.1	1.5	0.1	0
5.7	3.8	1.7	0.3	0
4.4	3.2	1.3	0.2	0
5.4	3.4	1.5	0.4	0
6.9	3.1	5.1	2.3	2
6.7	3.1	4.4	1.4	1
5.1	3.7	1.5	0.4	0

表 4-2 鸢尾花测试集中的部分样本数据和标注

花萼长度	花萼宽度	花瓣长度	花瓣宽度	类别标注
5.9	3	4.2	1.5	1
6.9	3.1	5.4	2.1	2
5.1	3.3	1.7	0.5	0
6	3.4	4.5	1.6	1
5.5	2.5	4	1.3	1
6.2	2.9	4.3	1.3	1
5.5	4.2	1.4	0.2	0
6.3	2.8	5.1	1.5	2
5.6	3	4.1	1.3	1
6.7	2.5	5.8	1.8	2

3. 提取特征

特征提取需要用到领域知识，对于图像、视频、音频都有各自的特征提取方法。特征提取的结果是一个向量。有些数据集提供的数据本身就是特征向量。例如，鸢尾花数据集中的每个数据是一个四维向量，可以直接作为训练模型的输入。

4. 模型训练

这一步把特征向量作为算法的输入，从中提取知识或信息，这些信息保存在算法的模型参数中。训练算法的过程就是机器学习的过程，这也是机器学习的核心内容。

5. 模型测试

训练结果是一组模型参数，模型是否准确，必须在测试集中检验。测试集中每个数据都有标注，算法对每个数据的预测结果与标注比较就可以知道预测是否准确。百分比表示的准确性是评价算法的常用性能指标。如果模型的准确性无法满足要求，必须设计新的算法重新训练，甚至从头开始，重新准备数据集。

6. 模型使用

把模型封装在应用程序中，就可以应用模型解决问题了。例如，对一朵新的鸢尾花，测量其花萼长度、花萼宽度、花瓣长度和花瓣宽度，以此四维向量作为输入，就可以从模型的输出结果预测它的类别。

4.1.2 回归

微课 4-3
回归

有监督机器学习有两类问题，分别是回归问题和分类问题，回归问题预测连续结果，分类问题预测离散结果。我们先看回归问题。

人们发现，蟋蟀每分钟鸣叫的次数与温度有关，温度越高，鸣叫越频繁。有人把不同温度蟋蟀鸣叫的次数记录下来，用横坐标表示每分钟鸣叫次数，纵坐标表示温度，如图 4-2 所示。

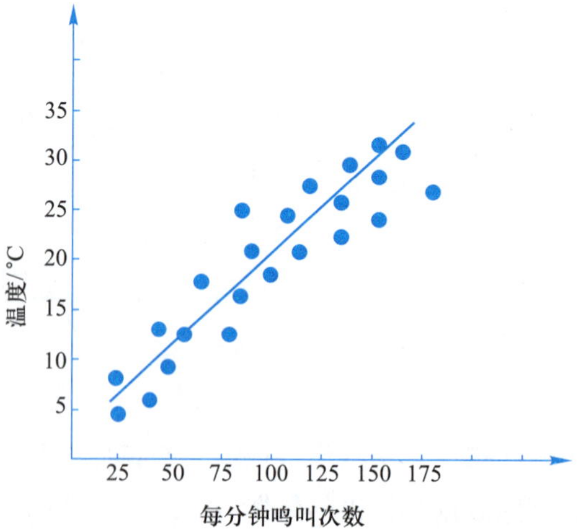

图 4-2 蟋蟀每分钟鸣叫次数与温度的关系

可见，x 和 y 是线性关系，用公式表示为：

$$y=w_1x+w_2$$

如果知道了 w_1 和 w_2，就可以根据蟋蟀鸣叫的频率 x 预测温度 y。上述方程称为回归方程，根据记录数据求方程中的系数 w_1 和 w_2 的过程就是回归。

线性方程的回归可以用最小二乘法求解。对于一组训练样本$(x_1,y_1),(x_2,y_2),\cdots,(x_3,y_3)$，其中$y_1,y_2,\cdots,y_n$是实际温度。对于每个样本，可以根据回归方程计算预测温度，例如：

$$\hat{y}_1=w_1x_1+w_2$$

线性回归的目标是寻求最佳拟合，也就是求w_1和w_2，使得下式计算结果最小：

$$\sum_{i=1}^{n}(\hat{y}_i-y_i)^2=\sum_{i=1}^{n}(w_1x_i+w_2-y_i)^2$$

上述函数称为损失函数。由于这个损失函数连续可导，对w_1和w_2分别求偏导数，并令其为0，可得：

$$w_1=\frac{\sum_{i=1}^{n}(x_i-\bar{x})(y_i-\bar{y})}{\sum_{i=1}^{n}(x_i-\bar{x})^2}$$

$$w_2=\bar{y}-w_1\bar{x}$$

其中，$\bar{x}$和$\bar{y}$是训练样本中x和y的均值。

上述线性回归方程中只有一个变量x，如果输入变量是一个多维向量$(x_1,x_2,\cdots,x_n)$，回归方程表示为：

$$y=w_1x_1+w_2x_2+\cdots+w_nx_n+w_{n+1}$$

或者用向量表示为$y=\boldsymbol{w}^{\mathrm{T}}\boldsymbol{x}$，其中$\boldsymbol{w}$为$(w_1,w_2,\cdots,w_{n+1})$，$\boldsymbol{x}^{\mathrm{T}}=(x_1,x_2,\cdots,x_n,1)$。

此外，输入变量和预测结果可能存在非线性关系，这种情况下需要定义非线性回归方程。回归预测在现实生活中大量存在，例如股市指数预测、气温预测等。

4.1.3 分类

微课 4-4 分类

分类问题的预测结果是离散值，并且可以把这些离散值定义为不同的类别。例如，对收到的邮件判断为垃圾邮件或正常邮件，根据病人的检查结果判断病人有没有肿瘤。除了两分类外，还有多分类问题。例如，鸢尾花数据集有3个类别的鸢尾花，MNIST数据集有10个类别，即0~9手写体图像，ImageNet数据集包括1000个类别的物体图像。

我们希望建立分类函数，根据输入的特征信息预测类别。回归函数预测的是连续值，如果用于分类，需要把回归函数的输出结果转换为二值结果，即0或1。为此，需要借助Sigmoid函数。图4-3是Sigmoid函数的曲线，它能够把$(-\infty,+\infty)$的值转换到$(0,1)$之间。这样就可以把这个输出看成概率，大于0.5时预测结果为1，小于0.5时结果为0。这种借助Sigmoid函数实现分类的方法称为逻辑回归。

Sigmoid函数为：

$$y=\sigma(z)=\frac{1}{1+e^{-z}}$$

该函数用于逻辑回归时，其中的$z=w_1x_1+w_2x_2+\cdots+w_nx_n+b=\boldsymbol{w}^{\mathrm{T}}\boldsymbol{x}+b$

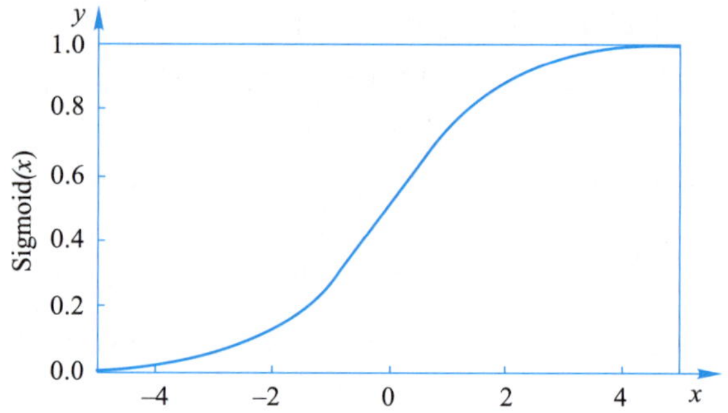

图 4-3 Sigmoid 函数曲线

可以通过最大似然估计法计算模型参数。对于训练集($\boldsymbol{x}_n, t_n$)，$t_n \in \{0,1\}$，$n=1,2,3,\cdots,N$，似然函数为：

$$\prod_{n=1}^{N} y_n^{t_n}(1-y_n)^{1-t_n}$$

其中，y_n 是 Sigmoid 函数计算结果。为了便于计算，把优化模型参数 $\boldsymbol{w}$ 使得似然函数最大化的过程，转化为对似然函数对数的负数最小化，即对下列损失函数取最小值：

$$E(\boldsymbol{w}) = -\sum_{n=1}^{N}\{t^n \ln y_n + (1-t_n)\ln(1-y_n)\}$$

上式对 $\boldsymbol{w}$ 求导数，即对($w_1, w_{2,}\cdots, b$)求偏导数，得：

$$\nabla E(\boldsymbol{w}) = \sum_{n=1}^{N}(y_n - t_n)\boldsymbol{x}_n$$

其中 $\boldsymbol{x}_n$是向量。这样，模型参数 $\boldsymbol{w}$ 可以通过随机梯度下降法求解，即迭代计算：$\boldsymbol{w}=\boldsymbol{w}+\alpha(y_i-t_i)\boldsymbol{x}_i$，其中 α 是每次迭代的步长，$\boldsymbol{x}_i$ 是从训练集中随机选择的训练样本。

4.1.4 支持向量机

微课 4-5
支持向量机

图 4-4 中有两个类别的点，实心的圆点表示 A 类，空心的方形点表示 B 类。图中可以画一条直线，把两类点分开。这种情况下，称这个数据集是线性可分的。对二维平面上的点，分类边界是一条直线；对三维空间中的点，分类边界是一个平面；对于 n 维向量，分类边界就是一个超平面。为了统一，本书把分类边界统称超平面。

数据点离超平面越远，分类效果就越好。图 4-4 中左右两个分类边界，哪个效果更好？我们把距离超平面最近的点到超平面的距离称为间隔（Margin）。间隔越大，分类器的健壮性就越好。显然，右图的间隔更大。

训练样本 $x_1, x_2, \cdots, x_N$ 是一组向量，$t_1, t_2, \cdots, t_N$ 是类别标注，为便于计算，两个类别 A 和 B 标注定义为-1 和 1。如果分类模型为：

$$y = w^{\mathrm{T}}x + b$$

图 4-4 用不同的超平面分隔数据集

向量 **w** 和 b 为模型参数，分类超平面为 $y=0$，则任一点 x_n 到分类平面的距离就可以统一写为［图 4-4（b）］：

$$\frac{t_n y(x_n)}{\|w\|}=\frac{t_n(w^{\mathrm{T}}x_n+b)}{\|w\|}$$

对向量 **x** 分类时，根据分类模型计算，当 $y>0$ 时则 $t_n=1$，为 B 类，$y<0$ 则 $t_n=-1$，属于 A 类，所以无论 A 类或 B 类，上式均为正数。机器学习的目标是计算 **w** 和 b，使得训练集中到超平面距离最小的点，到超平面的距离最大化，表示为：

$$\underset{w,b}{\arg\max}\left\{\frac{\min\limits_{n} t_n(w^{\mathrm{T}}x_n+b)}{\|w\|}\right\}$$

上式的分子部分可以通过同比例调整 **w** 和 b 改变其大小，为了便于计算，令 $t_n(w^{\mathrm{T}}x_n+b)=1$，即距离最近的点到超平面的距离为 1，这样，训练集中所有数据都满足：

$$t_n(w^{\mathrm{T}}x_n+b)\geqslant 1,\quad n=1,2,3,\cdots,N$$

使上述等式成立，到分类超平面距离为 1 的点称为支持向量（图 4-5）。当 **w** 和 b 变化时，支持向量也会改变。由于距离最近的点一定存在，所以支持向量一定存在。这样，优化目标可以转化为在上述 N 个约束下，求：

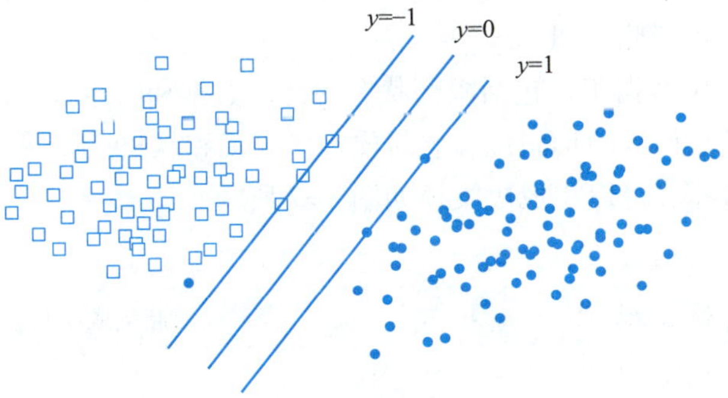

图 4-5 到分类超平面距离为 1 的点称为支持向量

$$\underset{w,b}{\arg\min}\frac{\|w\|^2}{2}$$

受约束的优化问题可以通过拉格朗日乘子法求解，即

$$L(w,b,a)=\frac{\|w\|^2}{2}-\sum_{n=1}^{N}a_n\{t_n(w^{\mathrm{T}}x_n+b)-1\},\quad \boldsymbol{a}=(a_1,a_2,a_3,\cdots,a_n)$$

上述分析假定所有训练数据线性可分，实际情况下这一假定往往不满足。为此引入松弛因子 ξ，当分类正确，且点到分类平面的距离大于等于 1 时 $\xi=0$，分类正确且距离小于 1 时，$0<\xi<1$，分类错误时，$\xi>1$，如图 4-6 所示。

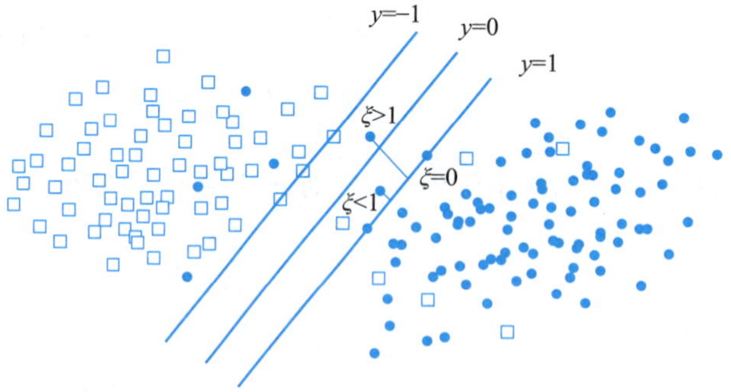

图 4-6 松弛因子

引入松弛因子后的约束条件为：

$$t_n(w^{\mathrm{T}}x_n+b)\geqslant 1-\xi_n,\quad n=1,2,3,\cdots,N$$

拉格朗日函数变为：

$$L(w,b,a)=\frac{\|w\|^2}{2}+C\sum_{n=1}^{N}\xi_n-\sum_{n=1}^{N}a_n\{t_n(w^{\mathrm{T}}x_n+b)-1+\xi_n\}-\sum_{n=1}^{N}\mu_n\xi_n$$

4.1.5 决策树

微课 4-6
决策树

医生诊断疾病时，需要询问病人症状，有时还需要各种检查，例如血液化验、透视、CT 等。医生利用这些信息推断分析，逐步缩小疾病范围。决策树分类的工作过程与此类似。

表 4-3 是隐形眼镜数据集，包括眼部状况的特征数据和医生推荐的隐形眼镜类型，隐形眼镜类型包括不适合佩戴隐形眼镜、硬材质隐形眼镜和软材质隐形眼镜三个类别。以这个数据集作为训练数据，可以生成决策树如图 4-7 所示。

表 4-3 隐形眼镜数据集

年龄	检查结果	散光	泪液生成率	分类结果
年轻	近视	否	低	不适合
年轻	近视	否	正常	软材质
年轻	近视	是	低	不适合
年轻	近视	是	正常	硬材质

续表

年　龄	检查结果	散　光	泪液生成率	分类结果
年轻	远视	否	低	不适合
年轻	远视	否	正常	软材质
年轻	远视	是	低	不适合
年轻	远视	是	正常	硬材质
老花前	近视	否	低	不适合
老花前	近视	否	正常	软材质
老花前	近视	是	低	不适合
老花前	近视	是	正常	硬材质
老花前	远视	否	低	不适合
老花前	远视	否	正常	软材质
老花前	远视	是	低	不适合
老花前	远视	是	正常	不适合
老花	近视	否	低	不适合
老花	近视	否	正常	不适合
老花	近视	是	低	不适合
老花	近视	是	正常	硬材质
老花	远视	否	低	不适合
老花	远视	否	正常	软材质
老花	远视	是	低	不适合
老花	远视	是	正常	不适合

根据图 4-7 决策树就可以根据患者的四个特征预测佩戴什么类型的隐形眼镜了。首先，泪液生成率低不适合佩戴，泪液生成率正常则进一步考虑是否散光。如果散光，则考虑检查结果是远视还是近视，如果近视，还需要进一步根据年龄分类。如果不散光，先根据年龄分类，如果年龄属于老花，还需要进一步根据检查结果分类。从图 4-7 可见，决策树的分类结果都在叶子节点上。

根据数据集构造决策树的过程就是机器学习的过程，这是一个根据特征划分数据集的过程。构造决策树首先需要确定数据集上哪个特征在划分数据分类时起决定作用，为此必须根据信息增益和熵评估每个特征。每次划分后，如果某个分支下的数据集属于同一个类别，例如，图 4-7 中，泪液生成率低的训练样本都属于不适合佩戴隐形眼镜，这种情况就无须进一步划分了。否则再根据另一个特征继续细分训练数据集。

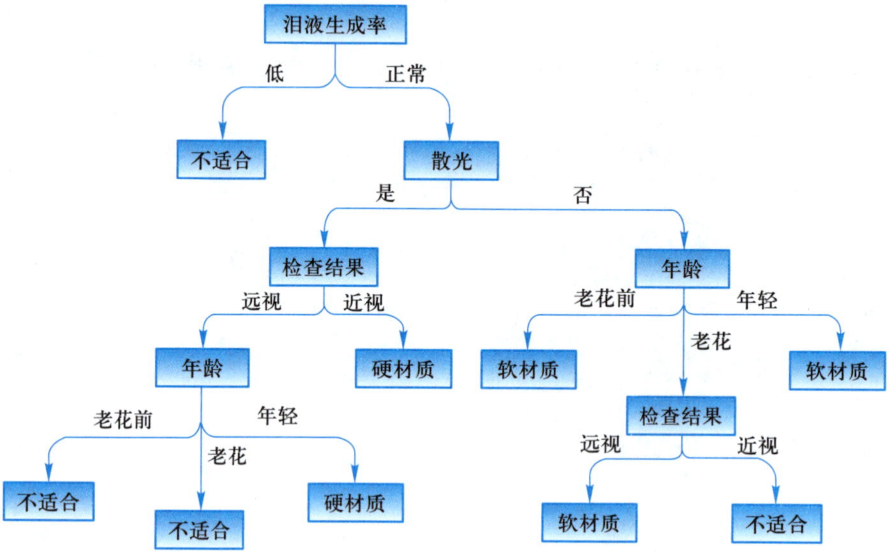

图 4-7 隐形眼镜决策树

4.1.6 无监督学习

微课 4-7
无监督学习

前面介绍的机器学习方法都需要标注训练数据。在根据蟋蟀鸣叫的频率预测温度的回归学习中，对每个鸣叫频率都标注了温度，鸢尾花分类中每组鸢尾花特征数据都标注了该鸢尾花的类别，隐形眼镜数据集也对每个患者的特征数据标注了医生的分类结果。这种从标注了结果的数据集学习的方法称为有监督学习。

无监督学习是从没有标注结果的数据集中学习识别模型。由于每个特征数据没有标签，学习过程中只能依赖这些特征数据之间的内在联系和相似性。例如，把平面上的一组数据划分到多个组，可以根据这些点之间的距离实现分组。

无监督学习方法有 k-均值（k-Means）聚类算法、高斯混合模型等。k-均值聚类把相似对象归到同一簇中，簇内对象越相似，聚类效果越好。聚类和分类的不同点在于，分类目标已知，而聚类不知道有多少个簇，以及每个簇的定义，尽管聚类后对簇的识别分析可以发现新的知识。

k-均值通过更新和分配两个步骤的交替迭代实现聚类。图 4-8（a）是平面上的一组点，通过 k-均值把这些点分配到两个簇中。先随机选择两个参考点代表两个簇，如图 4-8（b）所示，计算每个点到这两点的距离，然后把每个点分配到距离最近的簇中。迭代过程先计算簇中点的均值，以此更新原来的参考点，如图 4-8（c）所示，然后根据距离重新分配每个点。图 4-8（d）是经过三次迭代后的聚类。

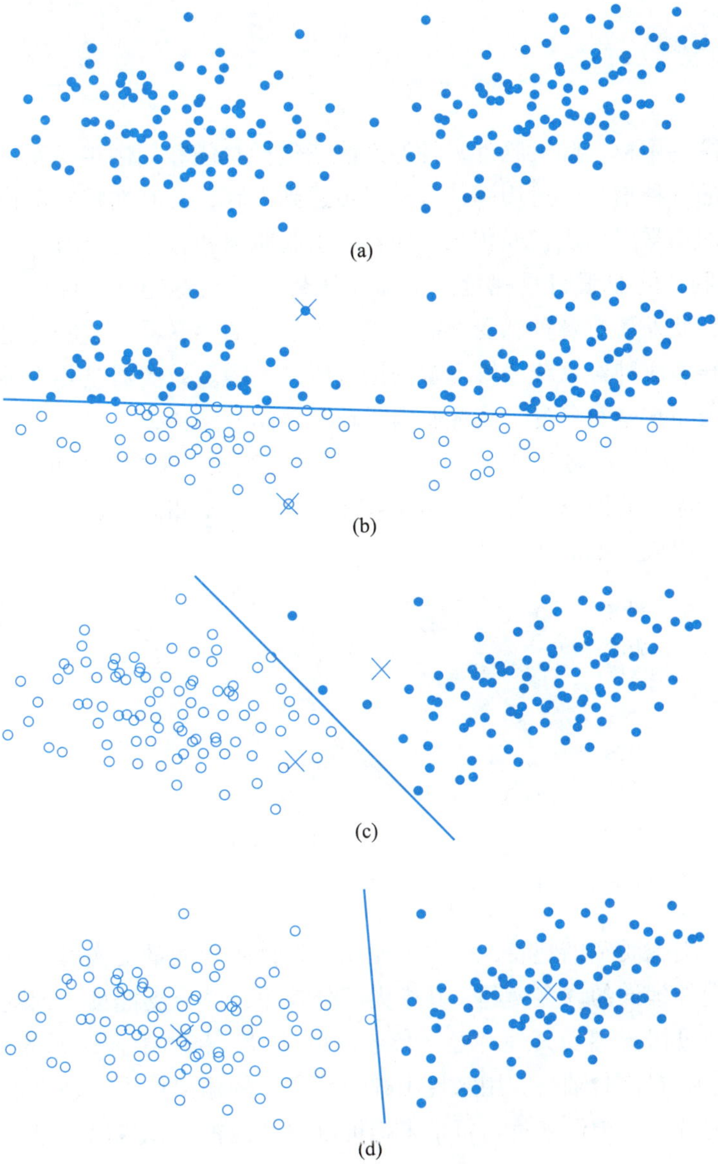

图 4-8 k-均值迭代过程

项目实操

4.2 人工神经网络

微课 4-8
神经网络

人工智能的前提是建立机器，由机器解决需要人类智能才能解决的问题。人类智能的物质载体是大脑，大脑具有不断学习新知识并且应用知识解决问题的能力。我们把通过模拟大脑学习过程建立的认知模型称为人工神经网络。

4.2.1 人体神经系统和神经元

大脑是人体神经系统的中枢。除大脑外，神经系统还包括脊髓和周围神经系统。人体外部和内部感受器产生的各种信号经过周围传入神经传送到大脑，分别在特定部位进行分析和处理。由大脑产生的信号经传出神经传至效应器，引起肌肉和腺体的活动。

人体具有各种感受器，例如眼睛是视觉感受器，耳朵是听觉感受器，舌是味觉感受器，皮肤是触觉感受器，此外还有各种感受疼痛、温度等信号的感受器。这些感受器可以把人体获知的各种信号转换成神经系统能够理解的语言传向大脑。效应器是传出神经末梢所支配的肌肉或腺体，分布在全身各处，支配肌肉活动和腺体分泌。

神经元是大脑的基本单元。人类大脑由 1.4×10^{11} 个神经元组成，每个神经元与 $10^3\sim10^5$ 个神经元连接，构成一个庞大的网络。神经元功能各异，形态也不相同。这些神经元由细胞体、树突、轴突等部分组成，如图 4-9 所示。

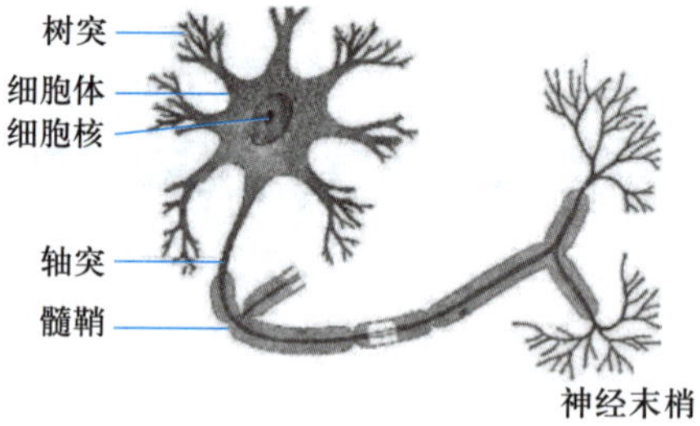

图 4-9 神经元的组成

细胞体包括细胞核、细胞质和细胞膜，负责神经元内外物质和能量交换以及自身的新陈代谢。树突是细胞体向外延伸的许多突起，其中大部分较短，其分支群集在细胞体附近形成灌木丛状。神经元通过树突感受其他神经元传递来的信号，相当于神经元的输入端。由细胞体伸出的最长一条突起称为轴突，用来传出神经元产生的输出信号。轴突也称神经纤维，其末端长出的细的分支是神经末梢，每个末梢可以向其他神经元传出信号，相当于神经元的输出端。

4.2.2 人工神经元

建立人工神经网络模拟大脑的工作，首先要建立人工神经元模拟生物神经元的工作。人工神经元是一种形式化描述，抽象地表示生物神经元处理信息的过程，并模拟其结构和功能。图 4-10 是人工神经元模型。

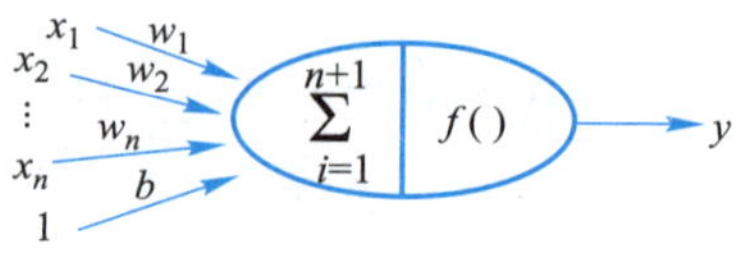

图 4-10 人工神经元模型

图 4-10 是一个多输入单输出非线性模型。图中 x_1，

$x_2,\cdots,x_n(n\geqslant1)$是其他神经元传来的输入信号，$w_1,w_2,\cdots,w_n$是权重，与 b 一起构成模型参数，y 是输出信号，输入与输出之间的关系表示为：

$$X=w_1x_1+w_2x_2+\cdots+w_nx_n+b=\sum_{i=1}^{n}w_ix_i+b$$

如果把 b 看作 w_0，且 $x_0=1$，上式也可以变形为：

$$X=\sum_{i=1}^{n}w_ix_i+b=\sum_{i=0}^{n}w_ix_i$$

$$y=f(X)$$

其中，$f(\cdot)$是激励函数。激励函数通常具有非线性特性，例如 Sigmoid 函数是神经网络常用的激励函数，ReLU 函数是卷积神经网络常用的激励函数。

另一种激励函数如下：

$$y=f(X)=\begin{cases}1 & (X>0)\\-1 & (X\leqslant0)\end{cases}$$

上式的两个输出也可以是 1 和 0。这种激励函数的神经元称为感知机，可以实现线性可分的二值分类器。例如，根据鸢尾花数据集训练一个感知机分类器，判断某个输入数据是否为变色鸢尾，计算结果为 1 表示是，-1 表示否。

微课 4-9
感知机

感知机的训练是一个迭代过程。训练数据集 $x_1,x_2,\cdots,x_N$ 是一组向量，$t_1,t_2,\cdots,t_N\in\{-1,1\}$是每个数据的标注。训练前先初始化模型参数 $\boldsymbol{w}$，例如全部设置为 0 或很小的随机数。对每个训练数据，先计算预期结果 $y_i=f(w^{\mathrm{T}}x_i)$，然后根据随机梯度下降法调整模型参数，对训练数据 x_i，有下式：

$$w^{(\tau+1)}=w^{(\tau)}+\eta(t_i-y_i)x_i$$

其中，τ 表示迭代的序号，η 是训练速度。预测正确时 $t_i=y_i$，可见无须调整模型参数。因此，迭代过程中，只有预测错误时才调整 $\boldsymbol{w}$。预测错误有两种情况，$t_i=1,y_i=-1$ 和 $t_i=-1,y_i=1$，这两种情况调整可以统一为：

$$w^{(\tau+1)}=w^{(\tau)}+2\eta t_ix_i$$

由于 $\boldsymbol{w}$ 大小不影响分类结果，上式两端同时除以 2η，变形为：

$$w^{(\tau+1)}=w^{(\tau)}+t_ix_i$$

这样，训练过程可以归纳如下。首先，初始化 $\boldsymbol{w}$。然后迭代调整模型参数 $\boldsymbol{w}$。每次迭代先根据训练数据 x_i 计算预测结果 y_i，如果预测正确，无须调整并开始下一次迭代。如果把标注为 1 的数据预测为-1，则用 $w+x_i$ 代替 w；如果把标注为-1 的数据预测为 1，则用 $w-x_i$ 代替 w。

图 4-11 为感知机训练过程。空心圆点表示类别 1，实心圆点是-1，直线是分类平面 w。图 4-11（a）表示当前 w 下，大圆处的实心圆点被预测为空心圆点，则 w 调整为 $w-x_i$ 后，分类平面如图 4-11（b）所示。图 4-11（c）表示大圆处的空心圆点被预测为实心圆点，则 w 调整为 $w+x_i$ 后，分类平面为图 4-11（d）所示。

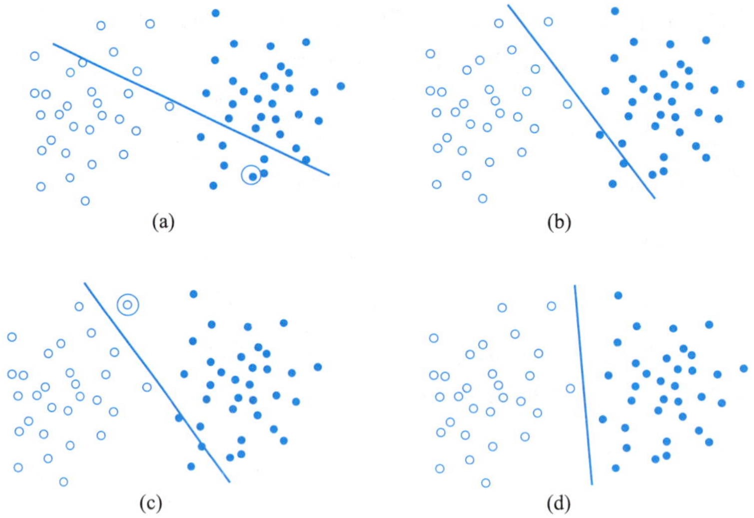

图 4-11 感知机训练过程

4.2.3 人工神经网络

微课 4-10
训练神经网络

人类认知过程具有层次性，大脑处理信息需要经过多个阶段。例如，观察一个物体时，先识别物体的边缘和拐角等简单元素，然后认识物体的轮廓，在此基础上判断物体的类别。通过多阶段处理，大脑分离出不同层次的概念，最终认识物体。

为了模拟大脑分层次的认识过程，使用多层神经元构建神经网络。也就是说，人工神经网络每一层由多个神经元组成，每个神经元与邻层的多个神经元相连。

人工神经网络可以解决分类问题。例如，对于鸢尾花分类，输入是四维数据，输入层由四个神经元组成，输出是三个类别，输出层由三个神经元组成。简单的神经网络由这两层构成，如图 4-12（a）所示。除此以外，还可以在输入层和输出层之间定义若干隐藏层，图 4-12（b）所示是一个三输入、二输出的神经网络，输入层和输出层之间的隐藏层包含四个神经元。

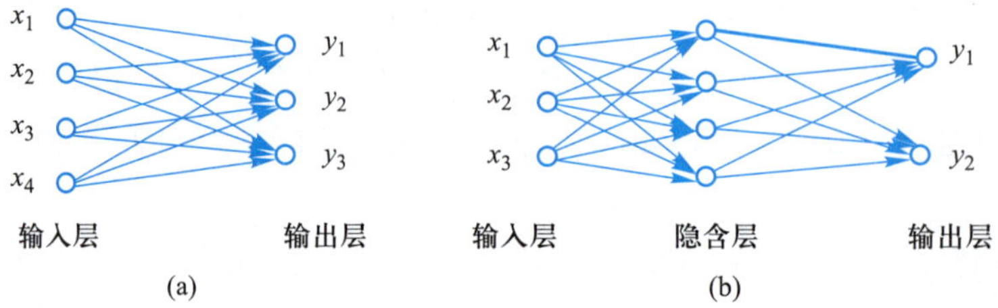

图 4-12 人工神经网络

使用神经网络进行回归或分类前，必须使用训练集训练神经网络，获得每个神经元的模型参数。训练前需要准备好训练集数据和标注。训练是一个迭代过程，每次循环把神经网络的预测结果与实际标注之差作为损失，根据损失函数大小调整模型参数，直到损失降低到允许的范围为止。

4.3 深度学习

微课 4-11
深度学习

神经网络由神经元组成，每个神经元各有一组权重 w 和阈值 b。这些权重和阈值在训练过程中不断调整，确保训练结束后得到一个好的模型。普通神经网络的缺点是忽视了输入数据内在的结构，这种模型在处理常规数据时可能表现良好，但是处理图像就会遇到困难。

许多人工智能处理流程是先从输入数据中提取合适的特征，然后把这些特征提供给机器学习算法。例如，从图像中提取颜色、轮廓等特征识别图像中的物体类别；从音频中提取声道大小作为特征，判断说话者是男人、女人还是儿童。

提取特征是人工智能领域普遍使用的方法。但是，对于很多任务很难发现提取哪些特征。表示学习是通过机器学习发掘特征表示方法，如图 4-13 所示，学习到的特征表示方法往往比手动设计和选择的表示方法更有效。手动设计特征需要耗费大量时间和精力，且只能适用于特定的任务，而表示学习能快速、自动地找到很好的特征集，并且只需最小的人工干预就可以应用到新的任务中。

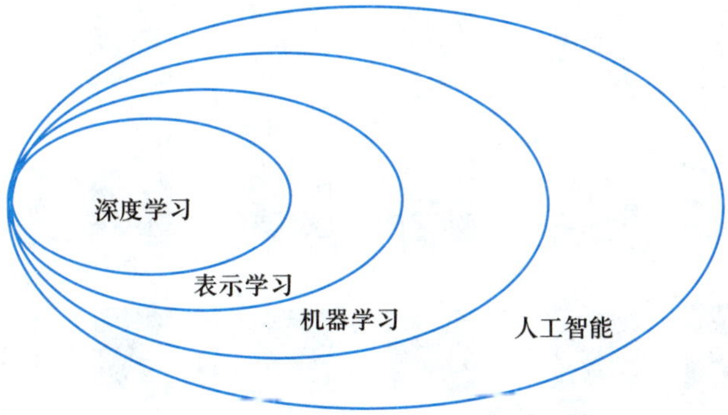

图 4-13　表示学习与机器学习和深度学习的关系

从图像中识别物体面临很多困难，例如汽车有不同的型号和外形，图像中还会有遮挡和背景干扰，不同的拍摄角度也使得同一物体的图像变得五花八门，如图 4-14 所示为 ILSVRC 数据集中的部分图像。因此，人工智能系统很难从原始图像中直接识别物体。必须经过多层次的信号处理，先从图像中提取简单特征，再依次从简单特征提取高层次的抽象特征才能实现物体识别。

深度学习使用简单的特征表示复杂的特征，从上一层特征提取下一层特征，解决了表示学习中的核心问题。图 4-15 是深度学习示意图，这是一个五层网络。每个输入图像是一个三维矩阵，第一层提取颜色、梯度等简单特征，第二层从这些特征中提取轮廓、边缘等特征，第三层特征初步形成了物体的整体轮廓，第四层特征是更加清晰的整体轮廓，并且包含了很多细节特征，据此可以更精确地识别物体。

图 4-14 ILSVRC 数据集部分图像

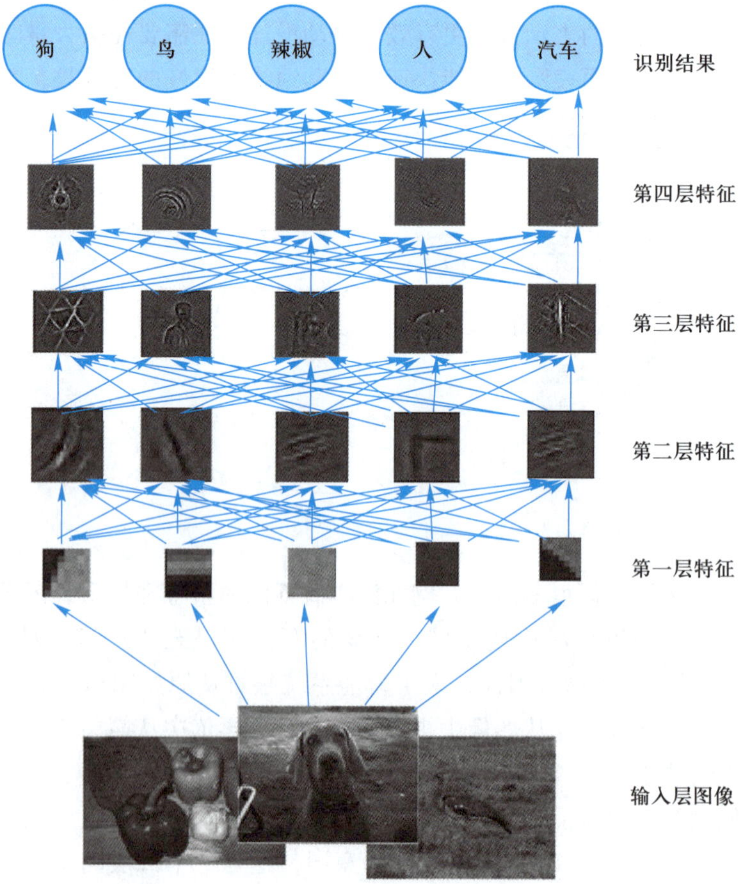

图 4-15 深度学习示意图

有别于普通神经网络的全连通结构，深度学习的特点是对输入矩阵的局部区域执行卷积运算实现特征提取。因此，深度网络也称卷积神经网络（Convolutional Neural Networks，CNN）。

4.3.1 卷积运算

微课 4-12
卷积运算

在卷积运算中，卷积的第一个参数称为输入，第二个参数称为卷积核或核函数，卷积运算的结果称为输出或特征映射。

图 4-16 显示了二维卷积运算的执行过程，输入和卷积核都是二维矩阵，输出也是二维矩阵。每次卷积从输入矩阵截取一个与卷积核同样大小的子矩阵（即行数和列数与卷积核相等），把两者对应位置的两个数相乘以后累加，就得到这次卷积运算的结果。子矩阵在输入平面上右移一列或下移一行，继续执行下一次卷积。图 4-16 所示的输入是 4×4 矩阵，卷积核是 3×3 矩阵，输出就是 2×2 矩阵。通常卷积核的行数和列数相等，常用卷积核的大小有 3×3、5×5、11×11。

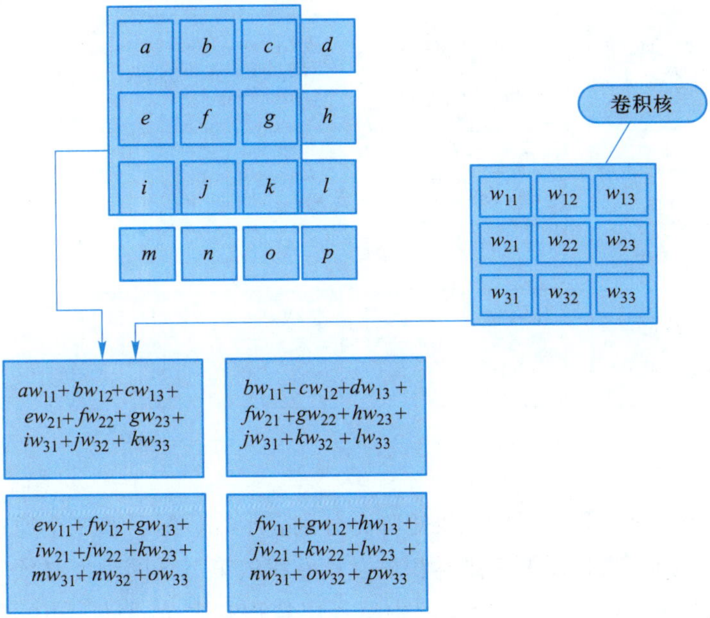

图 4-16　二维卷积运算的执行过程

图 4-16 中的卷积核没有超出输入矩阵的边界，称为有效卷积。有时候允许卷积核超出输入矩阵的边界，如图 4-17 所示。这种情况下，把子矩阵中没有数据的地方用 0 填充。这样，输入是 4×4 矩阵与 3×3 的卷积核，输出就是 4×4 的矩阵。

图 4-16 和图 4-17 每次卷积后子矩阵右移一列或下移一行，继续执行下一次卷积，通常移动的行数或列数相等，称为跨度。跨度也可以大于 1。例如，5×5 的输入矩阵与 3×3

的卷积核，如果跨度为 2，输出就是 3×3 的矩阵。

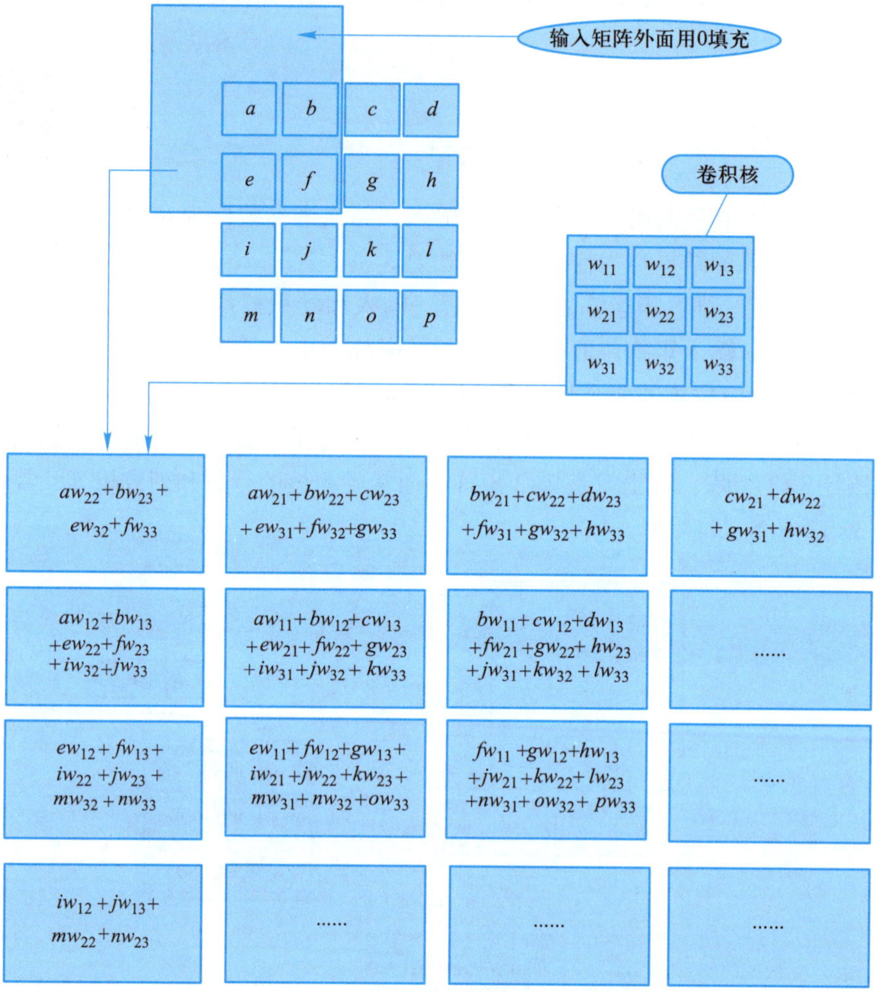

图 4-17 卷积核超出输入矩阵边界的卷积

图像是由三个二维矩阵组成的三维矩阵，分别表示红、绿、蓝三个通道上的二维像素矩阵。对三维输入执行卷积需要三维卷积核，且卷积核第三维的维度必须等于输入矩阵第三维的维度，如图 4-18 所示。深度学习中每一层卷积有多个同样大小的卷积核，每个三维卷积核对三维输入的卷积结果是一个二维矩阵，这些卷积核的计算结果组成一个三维输出。

与传统神经网络通过矩阵乘法建立输入和输出之间的连接关系相比，卷积运算具有稀疏相关的特点。对于全连通神经网络，每个输出单元与每个输入单元相关。对于卷积网络，每个输出单元只与卷积核大小的图像区域相关。例如，对 224×224 的图像以及 11×11 的卷积核，每个输出单元只与图像平面中的 11×11 区域的单元相关。

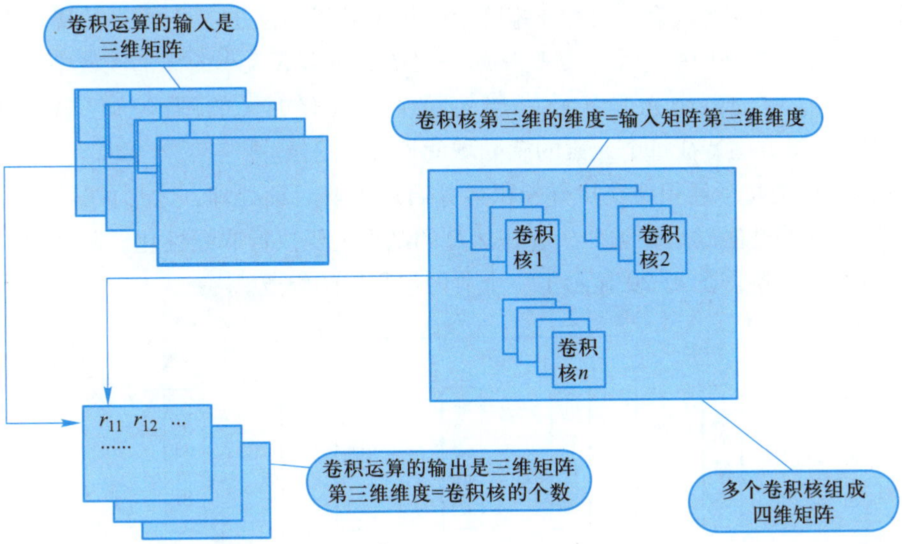

图 4-18 三维卷积运算

卷积运算的另一个特点是参数共享。对于全连通网络，权重矩阵的每个元素只使用一次，当它乘以输入元素后就再也用不到了。而卷积核的每个参数在每次卷积中都会反复用到。参数共享确保只需要学习一个很少的参数集合。

4.3.2 CNN 架构

微课 4-13

CNN 架构

CNN 网络由卷积层和全连通层组成，先通过卷积运算从输入图像提取底层特征，后续的卷积网络依次从上一层特征中提取下一层特征，最后使用若干个全连通网络形成输出，图 4-19 是 CNN 架构。这个网络由 5 个卷积层和三个全连通层构成，输入是 224×224×3 的图像，输出是 1000 维的向量，分别表示该图像属于 1000 种物体的概率。图 4-19 显示了输入图像以及每个卷积层和全连通层的输出。例如，第一层卷积使用 96 个 11×11×3 的卷积核，提取的第一层特征是 个 55×55×96 的矩阵。第 5 层卷积使用 256 个 3×3×384 的卷积核，提取的第五层特征是一个 13×13×256 的矩阵。

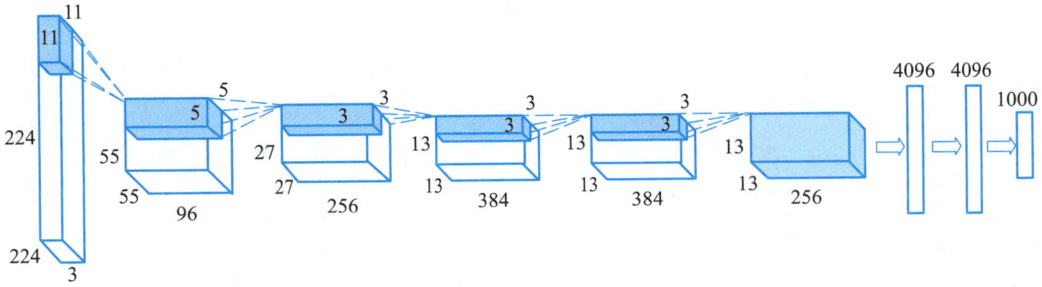

图 4-19 CNN 架构

从图 4-19 可以看到，第一层特征矩阵中的每个元素是从 11×11 大小的局部图像中提取的，第二层特征矩阵中的每个元素是从第一层特征的 5×5 大小的局部区域中提取的。可见，后一层特征中的每个元素比前一层的每个元素有更大的图像感受域（Receptive Field）。这样，第五层特征每个元素的感受域就是整个图像。

CNN 网络中的每个卷积层在执行卷积运算后还需要后续处理，才形成这一层的输出。与神经元执行非线性激励运算类似，卷积运算的结果也要执行非线性化。除此以外，有时候还需要一个池化层。图 4-20 显示了一个典型卷积层的组成。

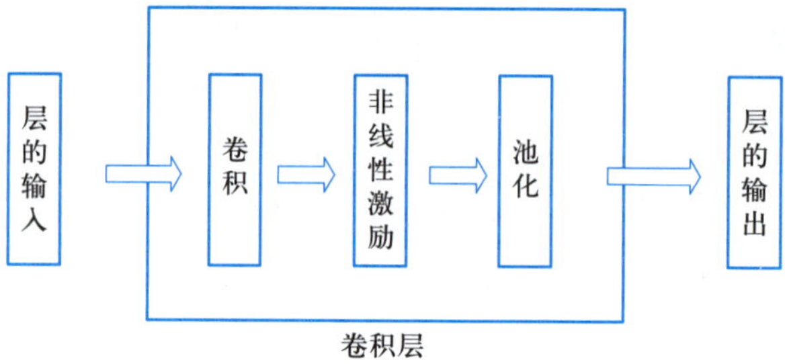

图 4-20 典型卷积层的组成

不同于神经网络使用 Sigmoid 函数作为激励函数，卷积层使用 ReLU 函数作为非线性激励函数：

$$y=\mathrm{ReLU}(x)=\begin{cases}x & (x\geqslant 0)\\ 0 & (x<0)\end{cases}$$

ReLU 函数的缺点是当 x 较大时会出现不稳定，这种情况下可以使用 ReLU6 函数。ReLU6 把 $(-\infty,+\infty)$ 的输入限制在 $[0,6]$。ReLU 和 ReLU6 函数的图像如图 4-21 所示。

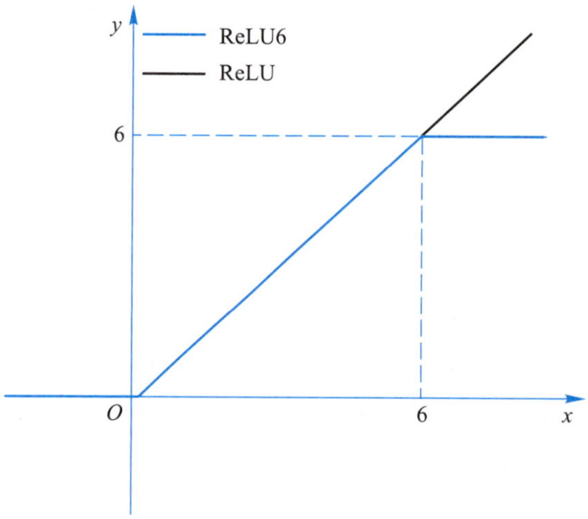

图 4-21 ReLU 和 ReLU6 函数的图像

$$y=\text{ReLU6}(x)=\begin{cases}6 & (x\geqslant 6)\\ x & (0\leqslant x<6)\\ 0 & (x<0)\end{cases}$$

池化是使用某局部区域内的统计特征代替该区域的特征输出。常用的池化函数是最大池化，即选择池化区域内的最大值输出。图 4-22 显示了核为 2×2、跨度为 2 的最大池化，把 4×4 的矩阵转化为 2×2 矩阵的过程。其他常用池化函数有求区域内的平均值、L_2范数等。

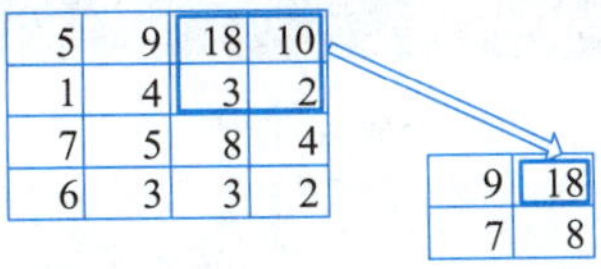

图 4-22　最大池化

池化能够实现一定的平移不变性，即对输入进行少量平移后，输出基本不变。平移不变性是物体识别的重要特性之一。例如，人的脸部有眼睛、鼻子、嘴巴，但是不同的人这些器官的相对位置不完全相同，因此人脸检测必须有一定的平移不变性。

4.3.3 CNN 的应用

微课 4-14
深度学习的应用

深度学习已经广泛应用在计算机视觉、语音识别、自然语言处理等领域，而且新的应用领域还在不断出现。深度学习的任务是设计能够处理各种任务的通用算法，然而每一领域应用深度学习都需要特定的领域知识。例如物体分类的输入数据是图像，训练以前需要对图形进行预处理，然后从图像中提取从底层到高层的特征。把中文翻译成英语需要对文本分词并标注词性，这需要对词语建模。CNN 应用于这些领域，一方面提高了精度，很多领域已近接近甚至超过了人类处理问题的准确程度。另一方面简化了操作流程，大大降低了执行时间。例如以前检测人脸需要人工从图像中提取颜色、梯度、纹理等底层特征，然后从这些特征检测眼睛、耳朵、鼻子等，在此基础上应用视觉识别模型判断检测结果是否为人脸。自动翻译需要经过分词、标注词性、找到另一语言中的词语、重新排列，最后才产生句子。这些不同的处理流程，每个环节都需要人的干预。CNN 是端到端（End-to-End）的学习，从输入到输出只需要一步，中间环节自动完成，不需要人工介入。

计算机视觉是深度学习应用最活跃的领域之一。计算机视觉包括图像分类、物体检测、人脸识别、自动驾驶等。在这些应用中，CNN 均取得了前所未有的性能，而且精度还在不断提高。除了这些传统的任务，CNN 在图像合成、图像修复以及从图像中移除物体等任务中也有优异的性能。例如，研究者发现 CNN 中间层某些特征是图像风格和样式的编码，另一些特征是图像内容的编码，Stylenet 流程就是从一幅图像中提取样式，从另一图像中提取内容，将两者合成为新的图像，如图 4-23 所示。

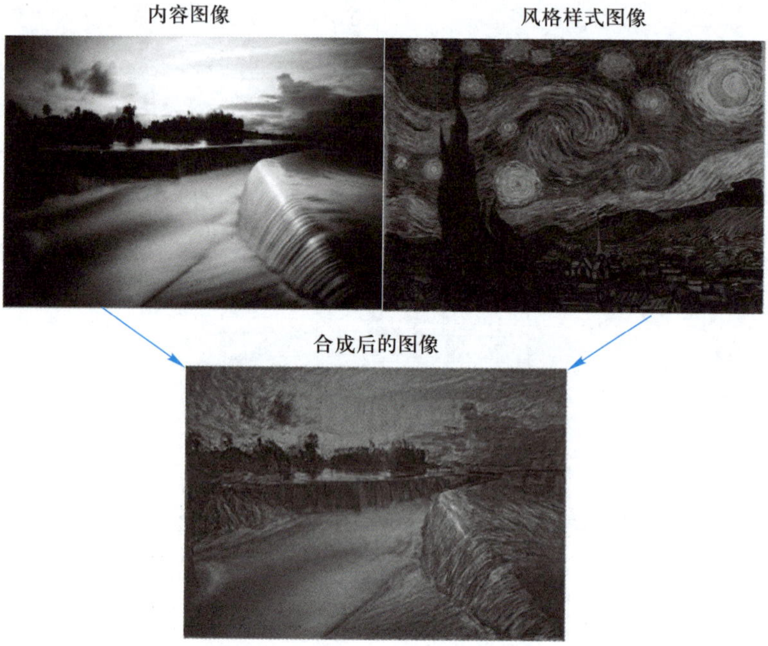

图 4-23 Stylenet 图像合成

4.4 机器学习工具 TensorFlow

微课 4-15
TensorFlow 介绍

TensorFlow 是用于机器学习的开源软件工具。从字面上看，Tensor 是张量的意思，即矩阵，Flow 是流动的意思，两者合起来形象地说明了深度学习逐层提取特征的过程。由于开发者能够方便快捷地调用 TensorFlow 的 API 实现回归、分类、支持向量机、人工神经网络、CNN 等主流机器学习算法，实现模型训练和预测，目前已经成为语音识别、自然语言理解、计算机视觉、疾病诊断等人工智能领域应用最广泛的工具。

TensorFlow 的核心代码是 C++，除了 C++接口外，其还提供了 Python、Java、Go、Lua、JavaScript、R 等语言的 API。目前，TensorFlow 可以在 Linux、Windows、Mac 操作系统上执行。运行 TensorFlow 代码最好有 GPU 显卡，并且安装 nVIDIA Cuda 开发工具。尽管 TensorFlow 也能在 CPU 上运行，但有时候效率非常低，需要很长的运行时间。

4.4.1 TensorFlow 的工作流程

为了易于使用且高效运行，TensorFlow 通过一个特有的流程实现模型的训练或问题解决。调用 TensorFlow 接口开发应用系统的框架通常包括如下步骤。

（1）导入数据集：数据集是机器学习的前提，使用 TensorFlow 前必须准备好数据集。对于公用数据集，只需要调用 TensorFlow 或其他工具的接口就能方便地下载。

（2）数据预处理：数据集中的数据有时候需要结果预处理才能使用。例如，把图像大小调整到指定的尺寸，调用 TensorFlow 的标准化处理接口对数据做规范化处理。

（3）把数据集划分为训练集、验证集和测试集：训练集用于训练模型，验证集用于调整模型中的超参数（Superparameter），测试集用于检验模型的性能。

（4）设置参数：训练或预测过程中，需要一些取值保持不变的参数，例如迭代次数、批量大小、训练速度等，通常集中设置这些参数的大小。

（5）初始化变量和占位符：使用 TensorFlow 必须掌握变量（Variables）和占位符（Placeholders）。模型参数是变量，训练时，每次优化都是通过改变这些变量的值实现的。占位符不需要具体的值，它为训练时使用的输入或标注预留位置。变量和占位符使用前都必须初始化，指定其维数、大小和数据类型。

（6）定义模型结构：这个阶段把计算模型分解为几个层次的计算，组成一个图（Graph）。例如，训练神经元分为计算输入 $x_1, x_2, \cdots, x_n (n \geqslant 1)$ 与权重 $w_1, w_2, \cdots, w_n$ 的点积、与 b 求和、计算激励函数值得到输出结果三个阶段，这三个步骤的计算组成一个计算图。

（7）确定损失函数：损失函数定义了预测结果与实际值之间的差异，这个结果在训练过程中用来优化优化模型参数。TensorFlow 接口提供的常用损失函数有 L_2 范数、L_1 范数、Hinge、Cross-entropy、Sigmoid cross entropy 等。

（8）训练模型：一切就绪以后，就可以创建一个图的实例，开始训练。训练过程是一个循环过程，每次迭代从训练集选择若干数据送给输入占位符，通过计算和反向传播优化模型参数。

（9）验证模型：训练以后需要计算模型在训练集和测试集上的性能，并通过比较两者的差别判断是否过定（Overfitting）或欠定（Underfitting）。如果性能太差，需要重新设置参数再次训练。

（10）部署模型实现预测：训练完毕，就可以把模型部署到应用系统上，实现对新数据的预测。

4.4.2 用 TensorFlow 训练模型

微课 4-16 TensorFlow 的应用

本节通过鸢尾花预测模型的训练过程，介绍 TensorFlow 机器学习的一般流程。鸢尾花数据集的输入是一个四维向量，分别表示花萼长度、花萼宽度、花瓣长度和花瓣宽度，标注为 0、1 或 2 表示的三种类别。

下列示例代码使用 Python 语言。先导入数值计算库 numpy 和机器学习模块 sklearn 的 datasets 对象：

```
import numpy as np
from sklearn import datasets
```

然后导入 tensorflow 库，并创建会话对象，这样就开启了一个 TensorFlow 计算图：

```
import tensorflow as tf
sess = tf.Session()
```

下列语句下载鸢尾花数据集，设置每次迭代训练输入数据的批量大小：

```
iris = datasets.load_iris()
binary_target = np.array([1. if x==0 else 0. for x in iris.target])
batch_size = 20
```

数据集导入后，输入数据保存在 iris.data 对象中，标注保存在 iris.target 对象中。本示例把三分类问题简化为两分类问题，判断是否为山鸢尾。上述第二行代码把每个标注改为 0 或 1。本节只演示训练过程，把全部 150 个数据作为训练集。

下面代码的任务是声明占位符和变量：

```
x_data = tf.placeholder(shape=[None, 4], dtype=tf.float32)
y_target = tf.placeholder(shape=[None, 1], dtype=tf.float32)
w = tf.Variable(tf.random_normal(shape=[4, 1]))
b = tf.Variable(tf.random_normal(shape=[1, 1]))
```

其中，x_data 和 y_target 是占位符，为训练时的输入数据和标注预留位置，w 和 b 为模型参数。把输入以及标注 Tensor 对象传送给占位符是通过 session 的 feed_dict 实现的。

接下来就是定义模型结构，把线性模型分解为下列两步：

```
my_mult = tf.matmul(x_data, w)
my_output = tf.add(my_mult, b)
```

这两个步骤组成一个计算图，计算 $w_1x_1+w_2x_2+w_3x_3+w_4x_4+b$ 的结果，其中(x_1,x_2,x_3,x_4)是输入，$w=(w_1,w_2,w_3,w_4)$和 b 是模型参数。

损失函数在机器学习训练过程中非常重要，它用来衡量模型的输出与标注值之间的距离。这里选择的损失函数为 sigmoid_cross_entropy_with_logits，其中的两个参数分别为上一步的计算结果 my_output 和一批输入数据标注的占位符。

```
xentropy = tf.nn.sigmoid_cross_entropy_with_logits(logits=my_output, labels=y_target)
```

下一步，需要确定在计算图中优化模型参数的方法。优化过程以最小化损失函数为目标，通过反向传播实现。多数优化方法使用随机梯度下降法，需要把每次迭代的步长，即学习速度作为超参数。如果速度太大，容易在一次迭代中超过最低点，太小则需要太长的时间才能收敛。因此，学习速度必须认真选择，有时候必须在验证集上多次尝试。本实例选择的优化函数是 GradientDescentOptimizer，学习速度为 0.05。

```
my_opt = tf.train.GradientDescentOptimizer(0.05)
train_step = my_opt.minimize(xentropy)
```

在使用循环开始训练以前，下列两行代码对变量 w 和 b 初始化，赋予其在计算图中的对应方法。

```
init = tf.initialize_all_variables()
```

```
sess.run(init)
```

最后通过循环迭代实现模型训练。每次迭代训练可以选择一个输入数据和标注，这样会使训练过程波动太大。通常是每次迭代随机选择一批输入数据，但是数量太多会耗费太多的训练时间。因此，每次迭代的输入数据数量是一个需要综合权衡的超参数。

下列代码共循环 20000 次，每次迭代先根据输入数据总量随机确定一批输入数据的索引，然后根据索引选择训练数据和标注，最后送给各自的占位符，开启训练过程。每 1000 次迭代训练完毕，显示当前的模型参数 w 和 b 的训练结果。

```
for i in range(20000):
    rand_index = np.random.choice(len(iris.data), size=batch_size)  #确定一批索引
    rand_x = iris.data[rand_index]                                    #根据索引选择输入数据
    rand_y = np.array([[y] for y in binary_target[rand_index]])  #根据索引选择标注
    #把输入和标注送给占位符,启动训练过程
    sess.run(train_step, feed_dict={x_data: rand_x, y_target: rand_y})
    if (i+1)%1000==0:
        print('第' + str(i+1) + '次后,w=' + str(sess.run(w)) + ', b=' + str(sess.run(b)))
```

上述代码连贯起来就可以运行了，下列是程序运行输出的最后五行：

```
第 16000 次后,w=[[ 1.5275503][ 3.725339 ][-6.3979163][-3.7263508]], b=[[0.38799328]]
第 17000 次后,w=[[ 1.5315235][ 3.752542 ][-6.4457564][-3.7512126]], b=[[0.39207298]]
第 18000 次后,w=[[ 1.5467724][ 3.7836509][-6.484488 ][-3.7725377]], b=[[0.3981767]]
第 19000 次后,w=[[ 1.5592604][ 3.81146  ][-6.522803 ][-3.7929893]], b=[[0.40370214]]
第 20000 次后,w=[[ 1.5586345][ 3.8317008][-6.567292 ][-3.8156672]], b=[[0.40655446]]
```

除 TensorFlow 以外，目前常用的机器学习工具还有 Scikit-learn、PyTorch以及 PaddlePaddle 等，有兴趣的读者可以扫描拓展阅读二维码了解相关知识。

拓展阅读：
机器学习工具介绍

4.5 计算机视觉

视觉是人们获取外界信息的主要途径。凭借眼睛和视觉，人们可以轻易感知周围的三维世界。例如，可以看清教室里的桌子、椅子和黑板，准确定位它们，可以看清外界的花草树木，并且把每个花朵从眼花缭乱的背景中分离出来。有时候，人们需要凭借视觉获取

的信息才能做出准确反应或规避危险。例如根据看到的脸部表情判断人的喜怒哀乐，足球运动员根据足球以及其他球员的位置、方向和速度射门，过马路时仔细看清现场的车辆位置和行驶速度以确保安全。

计算机视觉的目标是设计算法，由计算机理解图像或视频中的内容。现有的计算机视觉技术能够从图像或视频中恢复物体或背景的三维结构。图 4-24（a）是根据一组从 Internet 网上搜索到的同一建筑的照片生成的三维模型；图 4-24（b）是使用视频跟踪技术对每一帧图像中人体肢体的标注。尽管计算机视觉已经取得很大进步，并且有广泛的应用，但是与人类的视觉能力相比还有很大差距。例如，在马路上识别并规避危险，使用最新算法的机器人还不如一个两岁的小孩。

(a)

(b)

图 4-24 计算机视觉技术举例

为什么计算机处理视觉信息如此之难？主要原因是根据二维图像提供的信息恢复未知的三维结构是一个逆向问题，必须应用概率模型从众多的可能性中选择解决方案，而二维图像中存在遮挡、背景等因素对成像的干扰，以及拍摄角度、距离远近等因素对成像的外观和大小的影响。

本节首先介绍计算机视觉的发展历史，然后说明主要技术，最后介绍主要的应用领域。

4.5.1 计算机视觉发展历史

微课 4-17
计算机视觉发展历史

20 世纪 70 年代初计算机视觉开始从数字图像处理中分离出来，研究如何从平面图像中恢复三维立体结构，以及在此基础上理解图像中的整体场景。这段时间提出了解决计算机视觉问题流程的三个层次。第一层次是计算理论，明确计算的目标是什么，有哪些已知的约束。第二层次是表示方法和算法，如何表示输入、输出以及中间层次的信息，使用什么算法达到期望的结果。第三层次是硬件实现，即如何在计算机硬件设备上实现这些表示方法和算法，也就是说，必须根据硬件计算能力的限制选择合适的表示方法和算法。这三个层次的流程一直主导这一领域的发展，至今仍然适用。

为了对图像和场景做定量分析，20 世纪 80 年代引入了复杂的数学理论。图像金字塔在诸如图像融合以及由粗到细的搜索任务中得到了广泛应用，用于尺度空间的金字塔也在这一阶段得到了发展。20 世纪 80 年代后期，小波变换应用于图像金字塔。这十年从图像中获取、合并、识别三维结构仍然是研究热点，并且扩展到从阴影中获取外形、从纹理中获取外形、从焦点中获取外形。此外，这一阶段还提出了很多更好的边缘和轮廓检测算法。

20 世纪 90 年代，使用投影不变算子识别物体是一个活跃的研究领域，据此形成了研究运动物体的结构，这类研究中，投影重构无须了解相机成像知识。这十年视频处理中的光流（Optical Flow）法在不断改善，诸如使用活跃轮廓的视频跟踪算法性能不断提高；稠密三维立体对应点研究也取得了很大进步，代表性成果是使用图切割（Graph Cut）的全局优化算法；生成完整三维平面的多视角立体算法研究也很活跃。另外，计算机视觉出现时就是研究热点的图像分割（Image Segmentation）仍然是活跃主题，产生了基于能量最小化、N-cut、最小描述长度等算法。最令人瞩目的进展是计算机视觉与图形学的交互，例如出现了根据一组从不同角度拍摄的图像自动生成物体的逼真三维模型算法。

21 世纪的前 10 年，计算机视觉与图形学进一步深度融合，产生了计算摄影学（Computational Photography）。这一技术通过结合计算、传感器、光学器件以及智能光照等技术改进成像机理，把软件计算能力融合到相机硬件中，全方位捕捉真实世界的场景信息。另一个研究热点是出现了用于物体识别的基于特征的技术，例如兴趣点（Interest Point）特征。这一技术也成了场景识别和位置识别的主流方法。除了提取特征外，轮廓和区域分隔也被用于物体识别。

2012 年 AlexNet 网络出现以后，深度学习迅速成为计算机视觉领域主流方法。在很多数据集上，图像分类的精度已经非常接近甚至超过了人类。除了分类，深度学习还应用于物体检测、图像分割以及视频信息处理。

4.5.2 图像处理

微课 4-18
图像处理

相机成像过程是一个三维世界投影到二维场景的过程。常见图像的色彩空间是 RGB，这三个字母分别是 Red、Green 和 Bluc 的简写。RGB 图像是一个行数和列数相等的三维矩阵，分别保存红、黄、蓝三个通道上的像素值。图 4-25（a）是一幅 RGB 彩色图像，右边三张图分别显示了三个通道上的灰度图像。

(a) (b) (c) (d)

图 4-25 RGB 图像及其三个通道上的灰度图像

为了节省存储空间，相机成像后还要对图像进行压缩，压缩前的图像是 BMP 格式，压缩后的图像格式有 JPEG、GIF、PNG 等。

对图像进行视觉识别前，有时候必须做图像处理。图像处理包括对图像进行整体变换、点运算、邻域运算等。

图像可以在二维平面内做整体变换，例如平移、旋转、放大或缩小、仿射、投影等，如图 4-26 所示，这些变换都可以通过矩阵运算实现。

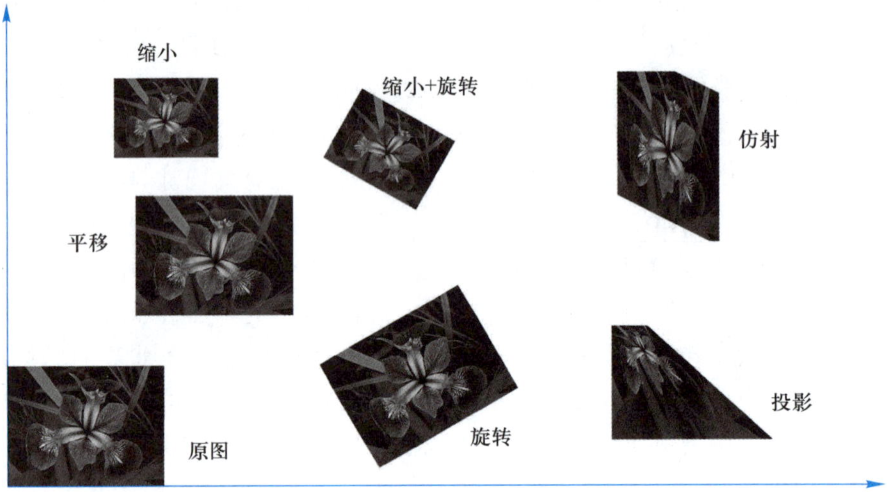

图 4-26 图像平面变换的种类

最简单的图像处理是点运算，点运算输出图像中的每个像素只依赖于输入图像中对应的一个像素，例如亮度和对比度的调节、颜色的校正和转换等。

邻域运算输出图像中的每个像素依赖于输入图像中对应像素处周围多个像素值，最常用的邻域运算是滤波。滤波其实是二维卷积运算。通过滤波可以去除图像中的噪点、锐化图像细节或者突出边缘和轮廓。均值滤波计算邻域内像素的平均值，是最常用的邻域运算。图 4-27 所示为图像的均值滤波，图 4-27（a）是带有椒盐噪点的输入图像，图 4-27（b）是使用下列 k_1 核滤波后的结果，图 4-27（c）是使用 k_2 核滤波后的结果。可见，均值滤波在去除噪点的同时也使图像变得模糊。

$$k_1=\frac{1}{9}\begin{bmatrix}1&1&1\\1&1&1\\1&1&1\end{bmatrix},\quad k_2=\frac{1}{25}\begin{bmatrix}1&1&1&1&1\\1&1&1&1&1\\1&1&1&1&1\\1&1&1&1&1\\1&1&1&1&1\end{bmatrix}$$

差分滤波计算像素点周边的梯度，因此可以提取图像中的线条、边缘和纹理。图 4-28 所示为图像的差分滤波，图 4-28（a）是原图，图 4-28（b）是使用下列 k_3 核滤波后的结果，图 4-28（c）是使用 k_4 核滤波后的结果。

$$k_3=\begin{bmatrix}1 & 0 & -1\\ 2 & 0 & -2\\ 1 & 0 & -1\end{bmatrix},\quad k_4=\begin{bmatrix}1 & 2 & 1\\ 0 & 0 & 0\\ -1 & -2 & -1\end{bmatrix}$$

(a) (b) (c)

图 4-27 图像的均值滤波

(a) (b) (c)

图 4-28 图像的差分滤波

有时为了后续处理，需要改变图像的大小。例如，判断图 4-29（a）和（b）是否为同一个人，由于两幅图像尺度差别很大，必须把其中一个放大或缩小到与另一个大致相同后才能比较。由于事先不知道图像大小，必须建立一个多尺度图像构成的金字塔，如图 4-29（c）所示，然后逐一比较、匹配。

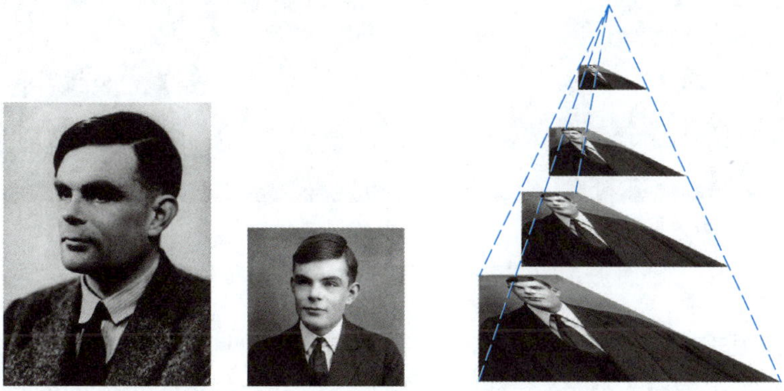

(a) (b) (c)

图 4-29 图像金字塔

4.5.3 特征检测和匹配

微课 4-19
计算机视觉主要技术

特征检测和匹配是很多计算机视觉问题的基本操作。例如，对于图 4-30 所示的两幅图像，通过检测两者共有的特征，就可以判断是否为同一山峰。从图中可以看出，可以把两者有代表性的山顶、山谷等局部区域作为特征，这种局部特征称为关键点。另一种特征是边缘，例如山体的轮廓外形。

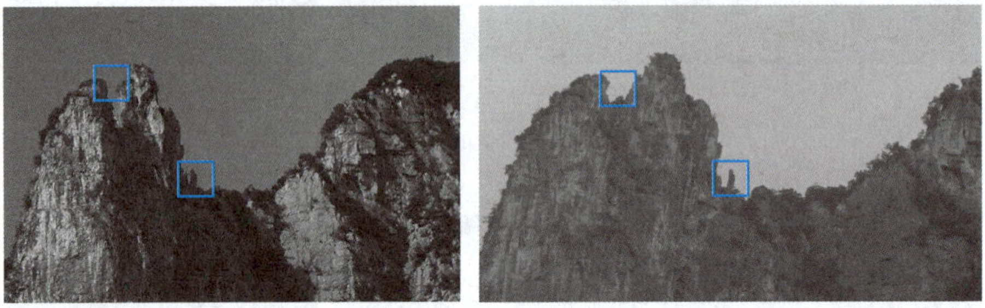

(a) (b)

图 4-30 图像特征检测

关键点匹配的优点是适用于存在遮挡、尺寸或角度有很大差别的场合。使用关键点匹配图像可分为三个步骤：首先从图像中查找适合匹配的关键点，称为特征检测；然后把兴趣点周围的图像区域转化为稳定而紧凑的向量描述子，这一阶段称为特征描述；最后从另一图像中搜索匹配的兴趣点特征，称为特征匹配阶段。

特征检测算法有 Harris 和 DOG，如图 4-31 所示。图 4-31（a）是原图，图 4-31（b）中的圆点是使用 Harris 算法查找到的关键点，图 4-31（c）显示了使用 DOG 算法检测到的关键点。

(a) (b) (c)

图 4-31 使用 Harris 和 DOG 算法检测关键点

匹配的图像很难做到尺寸完全相同，特征关键点必须具有一定的尺寸不变性，即图像适当放大或缩小，关键点不变。如果尺寸差别太大，必须构造多尺寸的图像金字塔，然后从每个图像中检测关键点。由于拍摄时相机方向变化会产生图像的旋转以及仿射变形，特征点还要具有旋转不变性和仿射不变性。

特征检测后要把兴趣点周围的图像区域表示出来，最常用的表示方法是 SIFT（Scale Invariant Feature Transform），除此以外还有 SIFT 的变种 PCA-SIFT 以及 GLOH（Gradient Location-Orientation Histogram）等。SIFT 特征是从关键点周围 16×16 像素区域内提取的。区域内分成四行四列的 4×4 子区域，每个子区域中的梯度大小合并到 8 个方向的直方图中，最终生成一个 128 位的向量，如图 4-32 所示。由于篇幅限制，图 4-32（a）只显示了 8×8 的像素区域，图 4-32（b）只显示了两行两列的合并后的直方图。

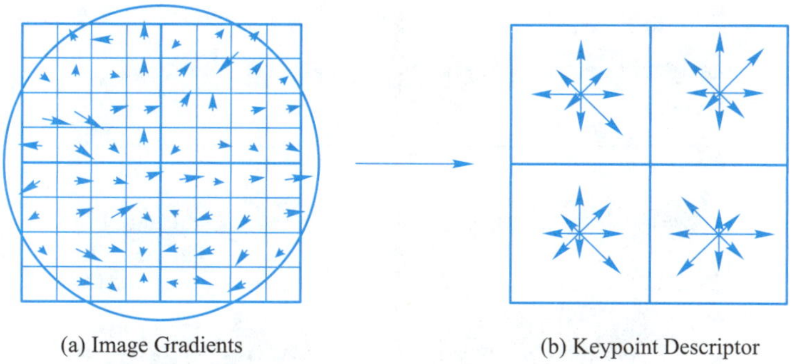

图 4-32 SIFT 特征

从不同的图像中提取特征后，需要匹配这些兴趣点。首先要选择匹配策略，决定选择哪些对应的兴趣点匹配，然后设计数据结构和算法实现快速匹配。

4.5.4 图像分割

图像分割的任务是把图像分割为多个有意义的部分。如图 4-33 所示，图 4-33（a）把松鼠从背景中分离出来，图 4-33（b）把动物和背景分割成了多个部分，图 4-33（c）除了把人体分离出来，还分隔了不同的背景，有天空、陆地和水面。

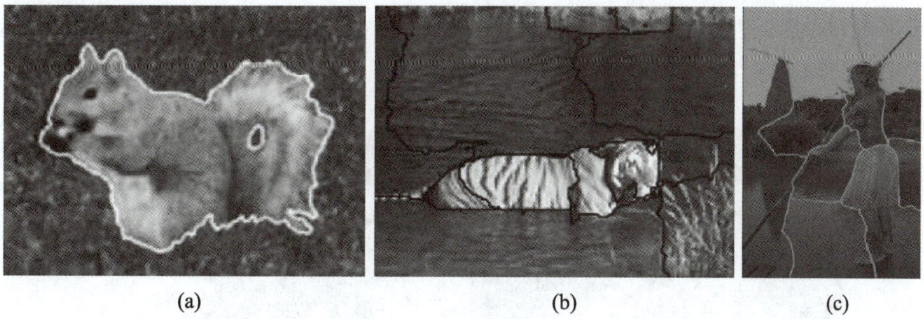

图 4-33 图像的分割

计算机视觉出现至今，图像分割一直是研究热点，吸引了各行各业的研究者，产生了成千上万种分割方法。下面介绍三种方法，分别是主动轮廓模型、分水岭算法和语义分割。

主动轮廓（Active Contours）模型又称 Snake 模型，能够很好地提取和跟踪目标区域内的轮廓，不仅应用于视频跟踪（图 4-34），而且适用于从医学影像中提取器官的轮廓。Snake 模型把可变形的目标轮廓定义为一个能量函数，通过最小化能量函数实现轮廓曲线的变形。该方法把图像数据、先验估计、目标轮廓及约束条件统一在一个函数中，经过初始化能收敛于极小值状态。Snake 模型的缺点是初始化需要其他方法把 Snake 放置在特定位置，另外，可能收敛于局部极值点。

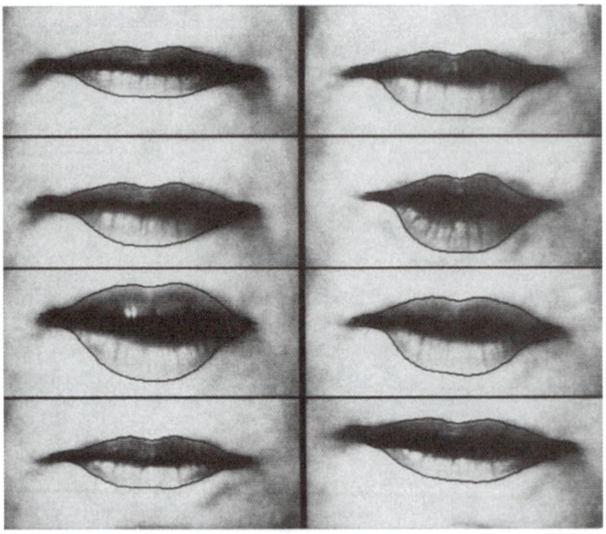

图 4-34 使用主动轮廓模型从视频中跟踪分割嘴唇

最简单的分割灰度图像的方法是设置一个阈值，据此计算相连的图像区域。但是，由于光照变化以及物体内部凹凸不平，单个阈值难以分割整个图像。因此，需要在此基础上进行改进。分水岭（Watershed）算法就是一种阈值改进算法。该方法先根据阈值把图像划分为多个类似蓄水盆的封闭区域。该方法的原理是先在每个蓄水盆中注水，随着水面上升，区域逐渐变大，有溃坝的地方设置边界线，等所有封闭区域淹没以后形成的边界线就是分割结果。图 4-35（a）是原图，图 4-35（b）是使用分水岭算法分割的前景。

(a) (b)

图 4-35 分水岭算法分割图像

分水岭算法把每个局部极小值区域划分为一个蓄水盆，逐渐变大，最终形成一个分割区域，容易造成过度分割。因此有时候需要人工介入，需要根据对蓄水盆人工标注及执行合并。

语义分割的目的是为图像的每个像素标注类别标签。语义分割使人们对图像有更加深入细致的了解，可以应用于机器人、自动驾驶、图像搜索等领域。早期使用传统机器学习方法（如决策树）进行语义分割，但很快被深度学习方法代替。最初的深度学习有补丁分类方法（Patch Classification），通过逐像素地抽取周围像素对中心像素进行分类。2014 年全卷积网络（Fully Convolutional Networks）应用于语义分割，该网络去掉了 CNN 末端的全连接层，后来的语义分割方法基本上都沿用了这一结构。目前性能最好的分割方法是 DeepLabv3+，该方法利用了空间金字塔池化层（Spatial Pyramid Pooling）提取多尺度上下文信息的能力和编码器解码器模型（Encoder-Decoder Models）快速计算以及逐步恢复物体边缘的优点。图 4-36 显示了 DeepLabv3+的分割效果，每对图像左侧是原图，右侧是分割结果。

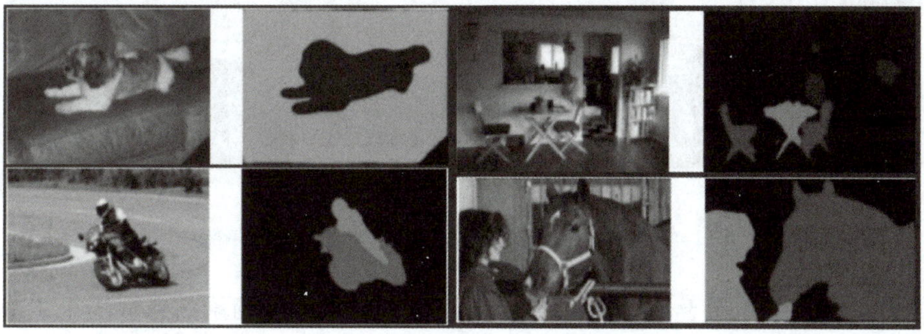

图 4-36 DeepLabv3+分割效果

4.5.5 计算摄影学

计算摄影是指通过计算而不是通过光学成像过程获取图像。通过计算摄影，能够实现传统光学相机无法完成的功能，例如全景（Panoramas）图像的合成、高动态范围（High Dynamic Range）图像、光场（Light Field）相机等。

图 4-37（a）是一组连续拍摄的室内场景部分图像，图 4-37（b）是根据这一组图像计算合成以后的全景图像。

现实世界存在亮度差别，物体上的最大亮度比最小亮度大 10^8，人的眼睛能感受的亮度达 10^5，而相机只能感受 256 种不同亮度。由于拍摄时相机必须对照片统一曝光，在明暗对比强烈的场合，会产生部分区域过度曝光或曝光不足，如图 4-38（a）和（b）所示。高动态范围图像是根据对同一场景使用不同曝光强度得到的一组图像合成产生的，能够清晰地反映明暗对比强烈的图像中的每个细节，如图 4-38（c）所示。

(a)

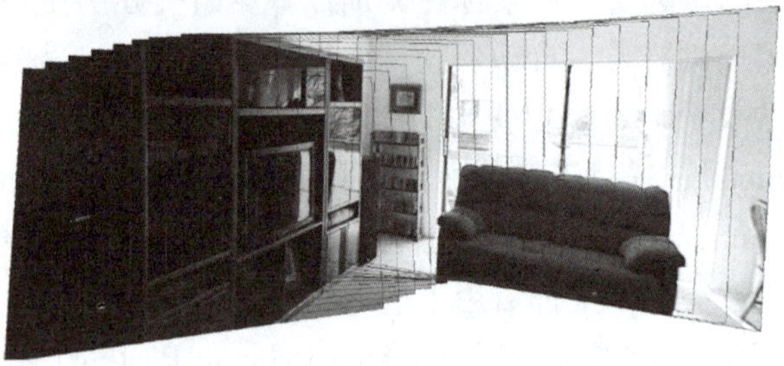

(b)

图 4-37 连续拍摄的图像及合成后的全景图像

(a) (b) (c)

图 4-38 根据曝光大小不同的图像生成高动态图像

光场相机使用了不同于传统相机的光学器件来获取三维场景信息，用于生成三维图像、获取场景深度以及后期聚焦，实现了先拍摄后对焦的功能。

4.5.6 人脸和物体识别

微课 4-20
计算机视觉应用

计算机视觉最有挑战性的任务是识别场景中的每个物体，因为现实世界充满了种类繁多的物体，相互之间存在遮挡，不同角度拍摄的同一物体还会产生外形上的巨大差别。此外，人体或动物姿态的改变，物体内部的差别，例如汽车有不同型号、狗有不同品种，这些元素进一步加大了识别难度。物体识别是一个宽广的研究领域，本小节介绍最常用的人脸识别和物体识别。

人脸识别已经成功应用于相机自动对焦、身份识别和视频监控。人脸识别有基于特征的方法、基于模板的方法和基于外貌的方法。基于特征的方法先检测眼睛、鼻子、嘴巴的特征并发现其位置，然后验证这些特征和位置是否匹配。基于模板的方法能够处理较大的面部表情和姿态变化，但通常需要在脸部附近做初始化。基于外貌的方法通过滑动窗口在图像中扫描潜在的人脸，可以在弱分类器的结果上使用强分类器，组成级联检测。为了处理尺度大小问题，需要在图像金字塔的每层图像上进行检测。

从图像中识别尺度变化范围大的人脸是一个难题。最新的算法利用 CNN 提取的深度特征训练一组多尺度的检测模板，能够从同一图像中识别出高度为 3~300 像素的人脸，如图 4-39 所示。

图 4-39 人脸识别

物体识别是从图像中检测物体，并输出物体的位置和类别。HOG 特征出现以后，从图像中提取 HOG 特征，然后应用基于部件的 Pictorial 判决模型一度成为性能最好的物体识别方法。这种方法使用一种星型结构的基于部件的模型，中心节点检测整体轮廓，外围节点检测物体部件的细节，通过优化能量最小化公式实现训练和匹配。该方法根据标注窗口的长宽比例进行聚类，为每个类别训练一组分类器组成混合模型，因此能够反映物体成像角度、物体姿态变形等因素引起的成像差别。图 4-40 显示了识别结果，图 4-40（a）中自行车正面图像和图 4-40（b）中侧面图像使用了不同分类器，两者都包含在混合模型中。

(a) (b)

图 4-40 基于部件的物体识别结果

Alex 网络出现以后，CNN 很快被应用于物体识别，并且性能远远超过了其他方法。CNN 用于物体识别的挑战是除了预测物体的类别还要确定物体的位置。图 4-41 显示了 R-CNN 方法识别物体的过程。该方法首先通过选择搜索从图像中提取 2000 多个特定类别的区域假设，从每个区域提取 CNN 特征后，再根据 SVM 得分判断区域内是否存在该类别物体。

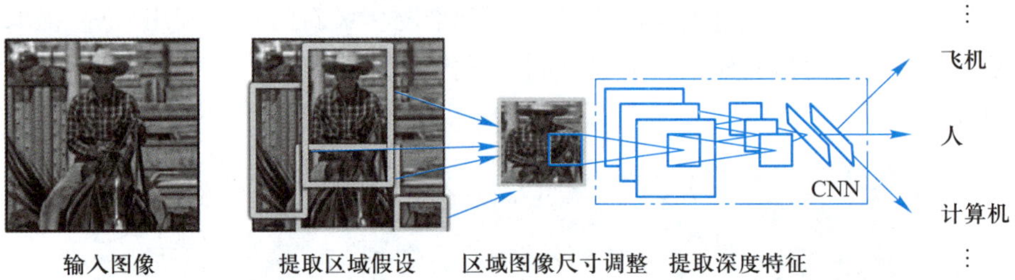

图 4-41 R-CNN 方法识别物体的过程

项目实操

微课：图像分割项目实操

4.6 自然语言处理

自然语言处理（Natural Language Processing，NLP）是人工智能领域的一项重要分支，也是人工智能发展的一大关键技术。自然语言处理技术企图让计算机处理、分析、理解及运用人类的语言，以实现人与计算机之间用自然语言进行有效通信的诸多应用。早期自然语言处理技术发展分为两种，一种是以语言学理论为基础，归纳形成规则集来对自然语言进行分析处理，另一种是以语料库及统计分析为基础，使用统计数学方法从大规模真实文字中发现知识、抽取语言现象或统计规律。但这些技术衍生的方法都只是要求计算机按照人类设定好的指令来进行各种工作而已，计算机本身是没有认知能力的。因此随着认知科学的发展，一系列仿真人类认知行为的机器学习方法被陆续提出后，机器学习方法开始被导入自然语言的处理，用来进行自然语言的深度理解。而深度学习是机器学习的一个分支，也是目前机器学习发展方向的主流，其概念主要源于多隐藏层神经网络的研究。作为认知计算的重要基础，深度学习技术在自然语言处理方面的研究和应用取得了显著的成果，自然语言处理正在逐步从统计学方法转向神经网络方法。

本节首先说明自然语言处理的基本概念与应用，再介绍自然语言处理的常见模型（包含基于深度学习技术的模型）、算法与工具，最后针对目前最流行的深度学习开源工具探讨其在自然语言处理上的运用。

4.6.1 NLP 基本概念与应用

微课 4-21 智能语音处理

自然语言处理可简单分为人类语言进、出计算机两种方式：一种是从人类到计算机，让计算机将人类语言转换成程序可以处理的形式；另一种是从计算机回馈到人类，将计算机演算的结果转换成人类可以理解的语言并表达出来。前者是自然语言的解析，后者是自然语言的生成，而计算机演算部分则是相关应用的推断。从人类到计算机，人类语言一开始进入的方式可能是声音、文字，甚至是手写文字或文稿影像等，声音可通过语音识别技术转成文字，而手写文字或文稿影像则可经由影像文字辨识技术转成文字，以便计算机进行一连串自然语言解析的作业处理后，运用建模技术建立其表征模型，结合合适的自然语言处理算法进行相关应用的处理。至于从计算机回馈到人类，关于自然语言的生成，由于语法解析和语义解析面临的问题还未完全解决，其发展相对落后且应用也较不广泛，本节不将自然语言的生成列入讨论内容。

自然语言解析前的文本预处理程序包含断句、分词、词干化（Stemming）、去除停用词（Stopword）等。断句将文本中的所有句子一一切分出来；因为中文句子中没有词的界限，分词对于中文是需要的；词干化是将变形（或有时衍生）词语减少到词干、词根或词形的过程；停用词为文本处理之前或之后要过滤掉的词，一般可参考停用词列表来进行过滤，但并非所有处理都使用单一的通用停用词列表，可视应用的需要来决定。自然语言解析可分为语法和语义两方面的解析来讨论，但因处理的语言不同，所面临的问题和解析方法也有差异。原则上，语法解析（Syntactic Analysis，也称 Parsing）是对文本进行分析并确定其语法结构，其过程可包含词性标注、句法解析、指代消解等。而语义解析（Semantic Analysis）从辨析各个语言单位（包含单词、句子和段落等）的语义到理解整个文本表达的真实语义，又分成浅层语义解析与深层语义解析。在复杂语言现象下，深层语义解析较难达成。浅层语义解析的过程包含命名实体识别、语义组块、语义角色标注等。以下简单说明其工作内涵。

（1）中文分词（Word Segmentation）。

中文以字为单位，句子中所有的字连起来描述一个意思，如“那是一栋洋房”。句子中哪些字合起来表示一个词（如“洋”“房”两个字合起来表示一个词），必须经过中文分词处理才能把中文的汉字序列切分成有意义的词。虽然有许多的分词算法可用，但在中文分词的过程中，歧义识别（指同样的一句话，可能有两种或者更多的切分方法）和新词识别仍是无法完全突破的两大难题。

（2）词性标注（Parts of Speech Tagging 或 POS Tagging）。

词性标注是依据一些词性标注集中给定的词分类（如实词——名词、动词、形容词、状态词、区别词、数词、量词、代词，虚词——副词、介词、连词、助词、拟声词、叹词），对分词处理后所切分成的各个词的词性进行标注。

（3）句法解析（Syntactic Analysis）。

句法解析旨在识别句子的句法结构或句子中词汇之间的依存关系。句法结构分析，又称成分句法分析或短语句法分析，是对输入的句子判断其构成是否合乎给定的语法且分析出其句法结构。依存关系分析，又称依存句法分析或依存结构分析，是研究句子中单词间的依存关系，而依存是词与词之间支配与被支配的关系。

（4）指代消解（Coreference Resolution）。

指代是语言学中为了避免已经出现的字词重复出现在文章的句子中，导致语句结构过于复杂和语意不够清晰，所以使用代词或普通名词来代替已经出现过的字词。例如，“那位小男孩站在一位少女前面，他伸手向她要糖果。”的句子中，“他”指的是“那位小男孩”，而“她”指的是“少女”。指代消解的任务就是要找出文本中指向同一实体的所有表达式。

（5）命名实体识别（Named Entity Recognition，NER）。

实体（Entity）指的是现实世界中某个具体或抽象存在的东西，命名实体识别旨在根据已有的实体数据库来做判读，从而将文本中的命名实体定位和分类为预定义的类别，如人员、组织的名称、地点、时间表、数量、货币价值、百分比等。

（6）语义组块（Semantic Chunking）。

组块（Chunking）是从非结构化文本中提取短语（Phrases）的过程。以英文为例，句子中出现的South Africa须被视为一个单词，而不是South和Africa两个单词。中文句子如“妈妈是超人”可能是一个热搜短语，但在经过分词和高频词统计后，“妈妈”和“超人”成为没有主语和宾语的切碎的词。这时在一定的话题语境下分析词语的实际使用情况来提取短语并界定其语义是必要的。

（7）语义角色标注（Semantic Role Labeling，SRL）。

语义角色标注对句子中的单词或短语加注标签以表明它们在句子中的语义角色，包括检测与句子的谓词或动词相关的语义参数以及它们对特定角色的分类。例如，句子“张三把计算机卖给李四”，语义角色标注的任务是将动词“卖”表示为谓词，“张三”表示卖方（代理人），“计算机”表示货物（主题），“李四”代表买方。在人工智能领域，语义角色标记是理解句子含义的一个重要过程。

微课4-22
智能对话系统

关于上述工作，目前有许多开源的工具可用，见表4-4。

表4-4 开源的自然语言处理工具

工具名称	说明
语言技术平台云（LTP-Cloud）	由哈尔滨工业大学社会计算与信息检索研究中心研发，为用户提供高效、精准的简体中文处理云服务，包括中文分词、词性标注、命名实体识别、依存句法分析、语义角色标注等
THULAC	由清华大学自然语言处理与社会人文计算实验室研制推出的一套简体中文词法分析工具包，具有中文分词和词性标注功能
FNLP	由复旦大学自然语言处理实验室开源的一套基于Java的简体中文处理工具包，提供分词、词性标注、文本分类、依存句法分析等功能
Ansj	一款基于Java的简体中文处理工具，提供中文分词、词性识别、中文姓名识别、用户自定义词典、关键字提取、自动摘要、关键字标记等功能
NLPIR ICTCLAS	一款汉语分词系统，主要功能有中文分词、英文分词、词性标注、命名实体识别、新词识别、关键词提取，支持用户专业词典与微博分析
Jieba	一款基于Python的繁简体中文分词与特征萃取工具
CKIP	一款提供繁体中文分词、词性标记、句型结构分析等功能的工具

续表

工具名称	说明
NLTK	一套基于 Python 的自然语言处理工具包
Stanford CoreNLP	由斯坦福大学开源的一套基于 Java 的自然语言处理工具，提供词性标注、命名实体识别、情感分析等功能，也提供繁简体中文分词的处理支持
Berkeley Parser	由加州大学伯克利分校自然语言处理实验室开发的一种基于概率上下文无关文法的成分句法分析器，支持英语、汉语、德语等多个语种
Apache OpenNLP	一个基于机器学习的自然语言文本处理的开发工具包，提供标记化、句子分割、词性标注、固有实体提取、浅层分析、语法分析及指代等功能
spaCy	一个工业级的 Python 自然语言工具包，提供符号化（Tokenizatioin）、词干提取（Lemmatization）、词性标注、实体识别、依存句法分析、句子识别、字-向量变换（Word-to-Vector Transformation）等功能

进一步语义解析可从不同层级的语言符号间的关系、语言符号与所指事物间的关系、语言符号与用户间的关系三个方面来讨论。其中语言符号与用户间的关系指的就是语境（Context），语境可使多义的语言符号趋向单义，也可使语言符号产生额外的语境意义，它对于自然语言处理的算法设计与应用有一定的影响。不同的语言符号，可以表达同一个概念；相同的语言符号，也可以表达不同概念。通过上述探讨，由语言符号衍生而来的概念的属性、行为、约束和概念间关系可被整理出来支持知识本体（Ontologies）的建立。知识本体一词源于哲学领域，在信息科学里作为描述特定领域中存在着的实体、概念、事件及其属性和相互关系的知识表达形式，从而实现人机之间以及机器之间的信息交换、知识共享与再利用。自然语言处理通常会结合知识本体和各项语言资源（如语料库、词汇知识库等）来提升机器对于文本信息的理解，如词义排歧（Word Sense Disambiguation，WSD）等。词义排歧一直是自然语言处理和机器学习研究的热门领域，它基本上解决了由于不同语境中词语的不同含义而产生的歧义。过去诸多的相关研究都曾使用知识本体来协助词义排歧并取得了不错的成效。

依据特殊应用所需的领域知识要求，事先解析处理大量相关文本，从而构建定义该知识领域内概念的属性、行为、约束和概念间关系的领域性知识本体，对于后续基于此知识本体进行相关领域文本的深层语义解析是有很大帮助的。目前针对不同语言的处理，已存在支持简体中文、繁体中文、英文、数种欧洲语言的通用性知识本体，以下简单说明。

（1）HowNet（知网）。

HowNet 是一个以汉语和英语的词语所代表的概念为描述对象，以揭示概念与概念之间以及概念所具有的属性之间的关系为基本内容的常识知识库。其中，义原是最基本的、不易于再分割的意义的最小单位。所有的概念都可以分解成各种各样的义原。HowNet 利用一个有限的义原集合中的义原组合成一个无限的概念集合，并利用这一有限的义原集合来表达各种各样、单纯、复杂的概念，以及表达概念与概念之间、概念的属性与属性之间的关系。这些关系包含上下位、同义、反义、对义、部件-整体、属性-宿主、材料-成品、施事/经验者/关系主体-事件、受事/内容/领属物等-事件、工具-事件、场所-事件、时间-事件、值-属性、实体-值、事件-角色、相关等各种关系。

（2）WordNet（词网）。

WordNet是普林斯顿大学建立的一个庞大的英语词汇数据库，它根据单词的词义（Sense）和词性（POS）将其按名词、动词、形容词和副词各自组织成四个子网，每个子网内具有相同意义的词汇组称为synset（同义词集合）。具有若干不同含义的单词，WordNet会在尽可能多的不同synset中表示。同义词表示相同概念（即在许多上下文中可被互换的词），每个synset都代表一个独特的语义概念，WordNet为每一个synset提供了简短的定义，并记录不同synset之间的语义和词汇关系。每个synset都通过少量的“概念关系”链接到其他synset，且大多数关系都来自同一子网下的单词（即同词性的单词）。

（3）Chinese WordNet（中文词汇网络，简称中文词网）。

Chinese WordNet旨在提供一个完整的中文词义（Sense）区分与词汇语义关系的知识库。词义区分数据库收录的词条（Entry）以现代汉语通用语词为范围，不包含现今不用或罕用的词汇。词条包含词目（Lemma）、标音（拼音或注音）、义项、词类、例句、附注等信息供参考。而词汇语义关系包含同义、近义、反义、类义、异体词、上下位、部分整体、事例、衍生构词等关系。Chinese WordNet基于完善的词汇语意学（Lexical Semantics）理论与知识本体架构，对词义区分定义与词义知识表达方式做了多次修正，以期在实际的应用上能成为中文语言处理与知识工程的基础架构。

（4）EuroWordNet（欧语词网）。

EuroWordNet是一个多语言数据库，包含荷兰语、意大利语、西班牙语、德语、法语、捷克语和爱沙尼亚语等数种欧洲语言的词网。在同义词（同义词集合）和它们之间的基本语义关系方面，这些单词的结构与WordNet的结构相同。每个独特语言的词网都是一个内部词汇集系统，这些词网通过索引可以相互关联，从一种语言的单词转换为任何其他语言的相似单词。数据库中存在一个提供63个语义区别的共享顶级本体，它为所有语言提供了一个通用的语义框架，而语言特定的属性则保存在各个词网中。虽然目前此数据库的发展停滞了，但许多其他研究机构和研究小组正在使用EuroWordNet规范开发其他语言（欧洲和非欧洲）的类似词网。如果兼容，这些词网可以添加到数据库中，并通过索引连接到任何其他语言的词网。

此外，值得一提的是知识图谱（Knowledge Graph），它内容丰富且有很好的中文断字断词和对于问题语意的解读能力，当使用者搜索一些名人、名著、景点、国家等关键词或提问时，知识图谱会自动列出一些相关信息与链接，方便用户以关联的方式延伸搜索下去。目前知识图谱已提供了查询API，方便相关应用系统开发者直接使用HTTP GET进行查询。此外，Freebase、Wikidata也是目前最常见的知识图谱，读者有兴趣也可自行上网搜索一下相关信息。

有关自然语言处理的应用，本小节简单介绍一下几个比较有代表性的应用领域。

（1）机器翻译（Machine Translation）。

机器翻译是计算语言学的一个子领域，它研究使用软件将文字或演说从一种自然语言翻译成另一种自然语言。理想的翻译不是逐字替换，它需要同时具备原始语言和目标语言的语法、语义等方面的专业知识，以及对语言使用区域文化的熟悉程度，才能在翻译成目标语言的文本的含义上完全表达出原始语言文本的含义。机器翻译方法主要有基于规则（Rule-based）的机器翻译和统计机器翻译两种。基于规则的机器翻译依赖于无数的内置语言规则和双语词典，以语言学的方式来进行翻译。统计机器翻译则通过对大量的单语和双语语料库进行统计分析，以建构统计翻译模型，从而使用此模型来进行翻译。

（2）文本匹配（Text Matching）。

文本匹配主要使用软件识别文本间语义的相似或完全匹配度。因为事实上通过文本匹配技术，网页搜索、自动问答、文本去重等都可以简单抽象为文本间相似度匹配问题来处理，文本匹配可以说是自然语言处理中一个重要的基础任务。过去支持文本匹配的算法（如 BM25）多停留在字面匹配层面上的处理，但文本匹配更需要语义层面的匹配，甚至包括更广泛意义上的匹配。因此，关于语义匹配计算的模型（如 LSA、LDA）和算法陆续被提出，且近年随着深度学习在 NLP 上的应用，很多深度语义模型也被用于文本匹配的任务，并取得了很好的效果。

（3）自动问答（Automatic Question Answering）。

自动问答试图建构可自动回答人类用自然语言提出的问题的系统，它的发展涉及其应用领域、问题类型、用于问题表示的类型及其匹配函数、执行的分析类型、数据来源的数据类型和特征、用于检索答案的技术类型、答案形式及格式等。早期系统多针对特定领域，通过普通模式匹配规则，将用户的问题转换为数据库查询后产生答案。随后的开发才渐渐加入对问题的自然语言分析和转向一般性领域的处理。

（4）自动文本摘要（Automatic Text Summarization）。

自动文本摘要试图在软件文档中找出最重要的信息，以产生文档的代表性摘要，可以基于其输入类型（单个或多个文档）、目的（通用，特定于域或基于查询）和输出类型（提取或抽象）来分类。提取（Extraction）和抽象（Abstraction）是自动文本摘要的两种主要方法。提取方法通过选择原始文本中现有单词、短语或句子的子集来形成摘要。相反，抽象方法构建内部语义表示，然后使用自然语言生成技术来产生更接近人类可能表达的摘要。由于自然语言的生成在语法解析和语义解析上面临的问题都还未完全解决，迄今为止的自动文本摘要研究主要都集中在提取方法上。

（5）文本情感分析（Text Sentiment Analysis）。

文本情感分析（又称意见挖掘）通常从无结构的文本中自动分析出观点发表者、被评论对象（如实体或实体的属性，或者话题）、所表达的情感类别等，来识别和提取文本中的主观信息。其研究内容包含情感资源（如情感词典和情感语料库）构建、情感元素抽取、情感分类、情感分析应用等。由于任务不同，使用的情感类别体系也不同。因情感分为显式情感和隐式情感，显式情感是指明显的情感词语（例如兴奋、紧张）使用，隐式情感是指不包含情感词语的文字叙述，如“今天的天空很蓝”。隐式情感分析因为需要依赖许多常识和背景知识，其难度会比较大，目前许多相关研究都集中在显式情感的分析。

4.6.2 常见语言模型、算法与工具

语言模型（Language Models）的目标是估计各种语言单位，如单词、句子等的概率分布，从而评估哪个词序列的可能性较大，或者给定若干个词，可以预测下一个最可能出现的词语。假设 S 是由 $W_1,W_2,W_3,W_4,W_5,\cdots,W_n$ 等按特定顺序排列的词所组成的一个有意义的句子，n 是句子的长度。S 在文本（语料库）中出现的可能性就是数学上所说的 S 的概率 $P(S)$。根据条件概率和乘法公式：

$$P(B\mid A)=P(AB)/P(A)$$

$P(AB)$ 表示 A 和 B 同时出现的概率，$P(A)$ 表示 A 出现的概率。

$$P(AB)=P(A)P(B\mid A),P(A)>0$$

$$P(A_1,A_2,\cdots,A_n)=P(A_1)P(A_2\mid A_1)\cdots P(A_n\mid A_1,A_2,\cdots,A_{n-1}),P(A_n\mid A_1,A_2,\cdots,A_{n-1})>0$$

由于上式存在参数空间过大、不可能实用化以及数据稀疏严重等问题，因此需要近似的计算方法来解决，例如 n 元模型、概率图模型（如隐马尔可夫模型、最大熵模型等）和神经网络模型（如卷积神经网络模型、循环神经网络模型、Seq2Seq、Word2Vec 等）。下面介绍这些语言模型及其算法与相关开源工具。

1. n 元模型（n-gram Model）

n 元模型是一种统计语言模型，它基于马尔可夫假设（Markov Assumption），认定第 n 个单位片段的出现只与前面 $n-1$ 个单位片段相关，而与其他任何单位片段都不相关。这些单位片段可以是音素、字符、词或碱基对等，n 元模型称每一个单位片段为一个 gram，基于一定的训练语料库，它可以根据前（$n-1$）个 gram 来预计第 n 个 gram，以评估一个句子是否合理。并且训练语料库的规模越大，对统计语言模型更有用。Google Web1T5-gram、Google Book n-gram、Chinese Web 5-gram 等是被推荐的开源训练语料库。

假设 S 是由词序列 $W_1,W_2,W_3,W_4,W_5,\cdots,W_n$ 组成的，如果一个词的出现仅仅依赖于它本身（$n=1$，即 1-gram model），则 $P(S)=P(W_1)P(W_2)\cdots P(W_n)$；如果一个词的出现仅仅依赖于它前面出现的一个词（$n=2$，即 2-gram model），则 $P(S)=P(W_1)P(W_2\mid W_1)P(W_3\mid W_2)\cdots P(W_n\mid W_{n-1})$；如果一个词的出现仅仅依赖于它前面出现的两个词（$n=3$，

即 3-gram model)，则 $P(S)=P(W_1)P(W_3 \mid W_1,W_2)\cdots P(W_n \mid W_{n-2},W_{n-1})$；依次类推到仅依赖于它前面出现的 n 个词。n-gram 的 n 的大小对性能的影响很大，n 愈大对下一个字节片段出现的约束性信息愈多，有更大的辨别力，而 n 愈小在训练语料库中出现的次数就愈多，有更高的可靠性。一般而言，n 大于 5 的应用是少见的。在支持自然语言处理上，过去可见 n-gram 模型用于字符串匹配、文件自动分类、语音或手写识别、机器翻译、拼写纠错等，它可以说是当下应用最广的语言模型。目前有许多开源的 n-gram 语言模型训练工具，如 SRILM、KenLM、IRSTLM、MITLM、BerkeleyLM 等。

2. 概率图模型（Probability Graph Models）

概率图模型结合概率论与图论，用图的方式表示与模型有关的变量的联合概率分布，使得概率模型可视化，是目前非常热门的一个机器学习研究方向。概率图中节点代表随机变量，连接任两节点的边代表随机变量间的依赖关系，可以为有向图和无向图。有向图模型又称贝叶斯网络（Bayesian Network）或信念网络（Belief Network，BN），其图结构为有向非循环图，如果两节点间有连边，表示其代表的两个变量为因果关系。而无向图模型又称马尔可夫随机场（Markov Random Field，MRF）或马尔可夫网络（Markov Network），它描述一组具有局部马尔可夫性质的随机向量的联合概率分布，两节点间的连边表示其代表的两个变量之间有概率依赖关系，但并不一定是因果关系。使用概率图模型的好处是可以有效进行统计推理与学习，很多经典的机器学习模型，如朴素贝叶斯分类器、隐马尔可夫模型、深度信念网络等可以使用有向图模型来描述，而条件随机场、对数线性模型（即最大熵模型）、玻尔兹曼机、受限玻尔兹曼机等可以使用无向图模型来描述。

神经网络模型和深度学习模型也在自然语言处理中得到了广泛应用。

4.6.3 基于深度学习的 NLP 实例

近年来，基于深度学习的自然语言处理逐渐取得了重大进展，在分类、匹配、翻译、结构化预测等自然语言处理任务上的表现都超越了传统自然语言处理的方法。深度学习是基于神经网络结构的一种机器学习方式，它让数据中的信息能够在模型中得到高效的编码，让数据可以有不同形式的表征，方便了端到端训练与表征学习（Representation Learning）的进行，这使得深度学习成为自然语言处理的强大工具，一般来说，机器学习可分成数据前处理（Data Preprocessing）、特征抽取（Feature Extraction）、模型训练（Model Training）、预测（Prediction）、效能评估（Evaluation）等步骤。机器学习的应用开发过程就是在这些步骤中循环，并通过效能评估的结果，来抽取更多有用的特征和修正模型的参数，以便逐步生成最好的模型。深度学习很多研究开发的概念也可以从机器学习的角度切入，来加速深度学习应用的开发。

由于深度学习的神经网络架构十分庞大且有许多特别的网络层，在训练及优化的过程中需要进行大量的计算，要在合理时间内开发出有效的深度学习模型，使用硬件加速或特殊的计算加速器来加速计算工作是必要的。而最常见的硬件加速器就是图形处理器（GPU）。一般而言，使用图形处理器加速深度学习的训练及预测，可以达到10~100倍以上的加速效果。以AlphaGo为例，如果使用中央处理器进行深度学习模型训练的话，可能需要超过一年的时间，但使用图形处理器则可缩短至三周。另外，好的程序语言可以提高数据的处理效率且协助开发人员建构深度学习的神经网络架构，R和Python都是常被使用的程序语言，目前比较常见的深度学习相关套件还是以Python为主流，且其中许多还是开源的。这些深度学习套件都能很方便地将计算工作分配到图形处理器上进行，不需要开发者撰写额外图形处理器相关的程序。使用这些深度学习开源套件通常可以降低开发深度学习应用的门槛，并减少研究和开发所需的时间。Theano、TensorFlow、Torch、PyTorch、Caffe、Caffe2、CNTK、MXNet、Deeplearning4J等都是当前广为人知的深度学习开源套件，它们都提供非常灵活与强大的建模能力，可以加速深度学习技术的研究和应用。不过由于这些套件过于灵活，对于很多初学者来说有时反而难以掌握。因此提供一个更容易使用、更高层级抽象化、兼具兼容性和灵活性、可在这些深度学习套件之间自由切换的高层API（如Keras）就很重要。Keras是高阶的深度学习链接库（以TensorFlow作为后端引擎），对初学者来说学习门槛低，可以很容易地建立深度学习模型，并且进行训练、预测。下面简单介绍一下Keras。

Keras用Python编写，是建立在Theano和TensorFlow之上的更高级的神经网络模块，主要由Francois Chollet及其他开放原始码社群成员一同开发，以MIT开放原始码授权。Keras于2017年被TensorFlow团队看中并纳入核心函式库，微软的CNTK也在其2.0版支持Keras作为上层机器学习的抽象框架，这使得Keras使用量大增。Keras内建卷积层（Convolutional Layer）、循环层（Recurrent Layer）等常用的深度学习的神经网络组件，让开发者可以用少量的程序代码就可以建构出庞大、复杂的深度学习网络架构。Keras内部的深度学习计算使用Theano或TensorFlow，开发者可以修改设定，选择底层使用Theano或TensorFlow，只要更改设定值，就能在使用中央处理器和图形处理器之间切换，不需要额外修改程序。相较于Theano和TensorFlow，Keras让开发者用更简洁、更具可读性的方式来撰写程序。另外，Keras的训练流程也十分简洁，设定好深度学习的网络架构后，只要呼叫compile函式进行编译，再接着呼叫fit函式并传入mini batch的数量等参数，就可以开始训练模型。Keras可说是最适合初学者及研究人员的深度学习套件，可以在很短的时间内学习并开发应用。缺点是为了同时与Theano及TensorFlow兼容，会损失一些网络架构的自由度，且没办法使用底层套件的全部功能。

使用Keras，首先必须安装好Python环境和TensorFlow，再安装Keras。而Python环境可通过Anaconda来配置。Anaconda可以说是Python的“懒人包”，除了Python本身外，还包含了Python常用的数据分析、机器学习、可视化的套件（如NumPy、SciPy、MatPlot-

Lib、Pandas、Seaborn、Bokeh、SciKit-Learn、NLTK、Notebook、R Essentials 等)。由于 TensorFlow 在 Windows 上支持的 Python 版本有限制，若要在 Windows 下安装 Anaconda，须处理好 Python 版本的问题。

接下来以一个实际范例，简单说明如何使用 Keras 与 TensorFlow 在 Python 环境中创建一个神经网络模型，依据某病患资料来预测其是否在未来五年内会糖尿病发作。

1. 加载数据

当使用随机过程（例如随机数）的机器学习算法时，最好设置随机数种子，这样就可以反复运行相同的代码并获得相同的结果了。

```
from keras.models import Sequential
from keras.layers import Dense
import numpy
numpy.random.seed(7)
```

本例使用来自 UCI 机器学习库的标准机器学习数据集——皮马印第安人糖尿病数据集，它描述了皮马印第安人的患者病历数据以及他们是否在五年内患有糖尿病（这是二元分类问题，糖尿病发作为 1，否则为 0)。此数据集描述每个患者的所有输入变量都是数字，这使得它可以直接用于期望数字输入和输出值的神经网络。先下载此数据集并将其存放在本地工作目录中（文件名为 pima-indians-diabetes.csv)，再使用 NumPy 函数 loadtxt() 直接加载该文件。加载后，可以将数据集拆分为输入变量 X 和输出变量 Y——八个输入变量和一个输出变量。

```
Dataset = numpy.loadtxt("pima-indians-diabetes.csv", delimiter=",")
X = dataset[:,0:8]
Y = dataset[:,8]
```

2. 定义模型

在创建神经网络时，如何知道最好的层数及类型呢？这是一个非常难的问题。但通常可以使用启发式方法，通过试验和错误实验的过程来找到最好的网络结构。在此只简单介绍模型定义与网络创建的方式，读者若有兴趣寻求自身需求的最佳网络拓扑，可尝试一次添加一层且逐一通过试验和错误实验来完成。本例使用 Sequential 模型来创建一个完全连接的三层网络结构，并使用 Dense 类别来定义完全连接的层。Dense 类别的建构方法 (Constructor) 有三个参数：层中神经元的数量、初始化方法、激活函数的激活参数。本例的第一层有 12 个神经元，且使用 input_ dim 参数将其设置为 8，用以代表有 8 个输入变量；第二个隐藏层有 8 个神经元，最后输出层有 1 个神经元来预测糖尿病发病与否。第一、二层使用 relu 激活函数，输出层使用 sigmoid 激活函数。这是因为目前使用 relu 激活函数可以获得更好的性能，而在输出层使用 sigmoid 激活函数可确保网络输出介于 0 和 1 之间，以方便二元分类。

```
model = Sequential()
model.add(Dense(12, input_dim=8, activation='relu'))
model.add(Dense(8, activation='relu'))
model.add(Dense(1, activation='sigmoid'))
```

3. 编译模型

定义好模型，接下来就可以编译它。编译模型将使用到TensorFlow的高效数字库，以自动选择最佳方式来表示网络，以进行训练和预测。编译时，训练网络时所需的一些属性必须被指定，如用于评估权重的损失函数，用于搜索网络的不同权重的优化器、训练期间要收集和报告的任何可选指标等。本例使用在Keras中定义的对数损失（Logarithmic Loss）——“binary_crossentropy”，和梯度下降算法“adam”来进行优化，并将收集和报告分类准确度作为指标。

```
model.compile(loss='binary_crossentropy', optimizer='adam', metrics=['accuracy'])
```

4. 拟合模型

编译好模型，接着可以在数据集上执行模型了。通过调用模型上的fit()函数来使用加载数据训练模型，其epochs参数用来指定通过数据集进行迭代训练的迭代次数，batch_size参数用来指定在执行网络权重更新之前被评估的实例数（又称批量大小）。本例进行少量迭代（150）并使用相对较小的批量大小（10）。而这些参数值可以通过试验和错误实验进行再选择。

```
model.fit(X, Y, epochs=150, batch_size=10)
```

微课4-23

智能文本处理

5. 评估模型

完成在整个数据集上训练模型后，接着本例将再使用同一数据集来评估网络的性能。这是一个简化做法，当然理想情况下，也可以将数据分为训练和测试数据集，以便分别用来对模型进行训练和评估。本例使用模型上的evaluate()函数来评估模型，并使用训练模型时的相同输入X和输出Y。并且为每组输入和输出生成预测和收集分数，包括平均损失和已配置的任何指标，如准确性等。

```
scores = model.evaluate(X, Y)
print("\n%s: %.2f%%" % (model.metrics_names[1], scores[1]*100))
```

简单了解如何使用Keras与TensorFlow在Python环境中创建神经网络模型的过程后，接着再来示范一个用于自然语言处理应用——文本情感分析的实际范例。

数据集使用亚马逊产品评论、IMDB电影评论和Yelp评论，所有数据都已经注释，0表示负面反馈，1表示正面反馈。数据集的每一行都包含文本，文本后是四个字符空间，还有该文本的反馈标签（0或1）。

因为使用的数据集是文本，必须先经过预处理作业。首先逐一读取数据集中每一行的文本和其反馈标签，并分别存放在数组 X 和 Y 中。由于本例使用的文本语料库包含大量不同的单词，因此设置一个上限，只使用最常出现的 2500 个单词。通过使用 Tokenizer 类别，为所有读入的句子中的每个单词分配索引值，并且使用该索引值来表示句子。

```
from keras.preprocessing.text import Tokenizer
tokenizer = Tokenizer(num_words=2500,split=' ')
tokenizer.fit_on_texts(X)
S = tokenizer.texts_to_sequences(X)
```

因为句子可以有不同的长度，它们的串行长度也会不同。因此，pad_sequences( )会找出最长的句子，并用 0 填充其他较短语句以匹配该长度。

```
from keras.preprocessing.sequence import pad_sequences
S = pad_sequences(S)
```

接着将反馈标签转换为 one hot 编码，这有助于 LSTM 网络预测文本的标签。

```
import numpy as np
L = []
for val inY:
    if(val == 0):
        L.append([1,0])
    else:
        L.append([0,1])
L = np.array(L)
```

准备好通过预处理作业的文本数据后，就可以把它分为训练和测试数据集，将 80%的数据用于训练，20%的数据用于测试模型。

```
from sklearn.model_selection import train_test_split
x_train, x_test, y_train, y_test = train_test_split(S,L,train_size=0.8)
```

接下来如上例所示，进行加载数据、定义模型、编译模型、拟合模型和评估模型等来创建文本情感分析模型。

```
import keras
from keras.models import Sequential
from keras.layers import Embedding, LSTM, Dense
model = Sequential()
model.add(Embedding(2500,128,input_length=S.shape[1],dropout=0.2))
model.add(LSTM(300, dropout_U=0.2,dropout_W=0.2))
model.add(Dense(2,activation='softmax'))
model.compile(loss=keras.losses.categorical_crossentropy,optimizer='adam',metrics=
['accuracy'])
model.fit(x_train,y_train,epochs=10,verbose=2,batch_size=32)
```

```
print(model.evaluate(x_test,y_test)[1])
```

本例使用 Sequential 模型来创建一个三层网络结构：第一层是嵌入层，中间是隐藏层（LSTM），最后输出层是使用 Dense 类别来定义的完全连接的层。因为代表句子的串行是文本的稀疏表征，而构建串行的某种密集表征会让网络更容易进行预测。因此，本例将通过嵌入层对模型进行训练来获得 2500 个单词的词嵌入（密集表征）。接着 LSTM 负责进行上下文推断，以预测句子的反馈是负面或正面。输出层则分别输出预测句子的反馈标签为 0 和 1 的概率。

深度学习的网络结构需要通过无数次试验和错误实验的过程才能调校到最好的性能，因此要应用深度学习时，可以从参考他人的成功网络结构开始。而要创建出优异的深度学习应用，也需要对大量相关数据集进行长时间的运算，以逐步改善其深度学习架构和模型。目前常见的深度学习套件都是开放原始码的项目，十分方便开发人员互相交流，增进深度学习的应用。上述两个实例只是让读者有个初步体验，未来读者可依照应用需求选择一套易于开发、又能处理大量相关数据集的深度学习套件来创建需要的神经网络模型，迈出深度学习应用成功的第一步。

4.7 人机互动与设计

人机互动也称人机接口（Human-Machine Interface，HMI），是一门研究系统与使用者之间的互动关系的学问，更是一个涵盖多重科技的领域，包括人因工程、人体工学、计算机科学、人工智能、认知心理学、哲学、社会学、人类学、设计学与工程学等。人机互动最简单的定义是，在人员与机器之间，通过某种接口，人能够对机器下达指令，机器则能够通过此接口将执行状况与系统状况回报给用户。换言之，正确地在人机之间传达信息以及指令，就是人机互动的主要定义。

人机互动的目标不仅仅是单一的命令与回馈，反而相当复杂，主要分为四个方向：

（1）发挥机器本身应有的功能。

（2）提高机器的使用效率与效能。

（3）确保使用中的机器或系统在对用户友善的情况下，能更经济、安全，延长使用周期。

（4）符合使用者的生理、心理需求，提高使用满意度。

传统的人机互动，输入与输出多依赖硬件设备，这些输入/输出设备有键盘、鼠标、游戏杆、屏幕、打印机、动作侦测设备，这些硬件具有一定关联性，但是人工智能时代的人机互动在用户与机器之间却没有标准反应模式。以最重要的视觉而言，机器呈现出信号，让人正确地看到“那个信号”，但是这个信号的意义，观看者却需要靠他个人的经验、知识和周围的环境来解释。

在设计上，如果没有考虑到用户对象的需求，往往也被归类为失败的人机互动，例如将一台显示许多数学符号的工程计算机给刚学会基本运算的幼童使用，原本设计精良的功能反而成为干扰幼童找到正确数字的障碍，结果还不如交给幼童一台简易计算机。

“了解人”是设计人机互动的第一个步骤，看似简单易懂，却知易行难，因为这个概念违背很多正在设计人机互动的“科技人”的直觉，因为“科技人”从小到大接受的训练，都是人可以被训练来配合工作以及任务。实际上“训练有素”的概念在管理学上就已经被证明是漏洞，即使是经过特殊训练的人，还是无法操作一些复杂的机器或胜任一些看似已熟练的工作，因为这些机器或工作本身已经超出人类的能力极限。

了解作为用户的人，基本上从生理结构与人体计测方法开始，首先了解人体骨骼生理结构、活动方式与测量标准、测量方法等，接着认识神经系统、骨骼与肌肉、运动控制、反应时间的测量与模型等，了解运动与体力活动在不同情境下的极限。

人类感官能力，即视、听、触、嗅、味、本体觉、运动觉、平衡觉的生理运作特征，其中视觉最重要，主要指视觉的认知能力，包括视距长短、视野大小、变色能力、明暗适应力、视觉暂留、阅读与感知速度等。听觉系统的生理运作特征包括音响度、音高、音色的知觉现象等。

接着探究人类认知能力，了解“认知心理学”的研究理论与成果，包括记忆、注意力、思考、问题解决、知识表征的议题与信息处理论。认知心理学可以说是大脑思考的逆向工程（Reverse Engineering）：以实验为主要方法，尝试大脑的算法（Algorithms）与数据结构（Data Structures）。认知心理学习惯用历程（Processes）与表征（Representations）表示算法与数据结构。

人机互动的发展经历了几个阶段：人工操作阶段，作业控制语言及交互式命令语言阶段，图形用户界面（GUI）阶段，网络用户界面的出现与多信道、多媒体、虚拟互动以及人机协同互动的智慧人机互动阶段，以下介绍目前与人工智能关系密切的几种互动方式作。

4.7.1 语音互动

微课 4-24
语音互动

语音互动是一种具有良好效率的交互方式，是人以自然语音或机器合成语音同计算机进行互动的综合性技术，结合了语言学、心理学、工程和计算机技术等领域的知识。语音互动不仅要对语音识别和语音合成进行研究，还要对人在语音信道下的互动机制、行为方式等进行研究。语音互动过程包括四部分：语音采集、语音识别、语意理解和语音合成。语音采集完成音频的接收、采样及编码，语音识别完成语音信息到机器可识别的文本信息的转化，语意理解根据语音识别转换后的文本字符或命令完成相应的操作，语音合成完成文本信息到声音信息的转换。作为人类沟通和获取信息最自然、便捷的手段，语音互动比其他交互方式具备更多优势，能为人机互动带来根本性变革，是大数据和认知计算时代未来发展的最高点，具有宽广的发展前景和应用前景。

语音互动最成功的应用是智能音箱，通过语音互动功能与人工智能，智能音箱不仅能操控家电，还能询问各种信息，也能讲故事、叫车、订餐等。2014 年 11 月，亚马逊推出了一款奇特的 Wi-Fi 音箱——Amazon Echo，虽然其人工智能系统还不怎么“聪明”，但由于远场语音控制的娱乐性与新颖性，受到广大电子产品爱好者的关注。接着各大 IT 企业也纷纷推出了智能音箱系列，特别是近几年在国内的发展可以用急速来形容。在 2017 年以前国内还没有智能音箱这个概念，随后在 1 年的时间内，国内智能音箱市场突然加速，产品百花齐放。目前在国内智能音箱市场占有率前三名的产品是叮咚音箱、小爱同学以及天猫精灵。这三款产品的生产商——京东、小米以及阿里巴巴都具有电商与零售属性。

这三款产品各有各的特色，京东与科大讯飞合资的灵隆科技是早期关注智能音箱产品的公司，叮咚音箱的（图 4-42）发展路径也比较像 Amazon Echo，不仅推出多样化的产品线适应各种消费情境，也有开放平台接入第三方应用。

图 4-42 叮咚音箱

阿里巴巴的天猫精灵如图 4-43 所示。

图 4-43 天猫精灵

小米推出了“小爱同学”智能音箱，它可以控制其他小米家庭电子设备。

微课 4-25
体感互动

4.7.2 体感互动

体感互动已成为一种主流的互动方式，这种技术目前在游戏领域已经有了一定的应用，可让人们得到身临其境的游戏体验。它可以不用任何控制器，用肢体动作就可以控制游戏里的角色，可以让使用者沉浸在游戏中。这种互动方式主要涉及眼动追踪、动作识别、语音控制、触觉互动、地理空间跟踪等。它通过红外扫描、热感应、声音图像识别分析、图像跟踪算法和空间物理定位技术，可以让人们利用自己的行动来对机器发出指令。

体感互动以体感技术为基础，直接通过肢体动作与周边数字设备装置和环境进行自然的互动。依照体感方式与原理的不同，体感技术主要分为三类：惯性感测、光学感测以及光学联合感测。体感互动通常由运动追踪、手势识别、运动捕捉、面部表情识别等一系列技术支撑。与其他互动手段相比，体感互动技术无论是硬件还是软件方面都有了较大的提升，互动设备向小型化、便携化、使用方便化等方面发展，大大降低了对使用者的约束，使得互动过程更加自然。目前，体感互动在游戏娱乐、医疗辅助与康复、全自动三维建模、辅助购物、眼动仪等领域有了较为广泛的应用。

谷歌正在研究利用空间感知和手势控制来操控各类设备，以取代触摸屏；微软的手势识别追踪技术称为 Handpose，如图 4-44 所示，其目的是让计算机精确地识别手势。Handpose 的速度快，感应距离远。它不仅可以用于现有硬件，将来也能够用在手机上。使用 Handpose 软件，用户首先要把手放在 Kinect 前面，让计算机创建一个 3D 模型。然后，当用户做手势的时候，屏幕上的手也会做出相应的动作。

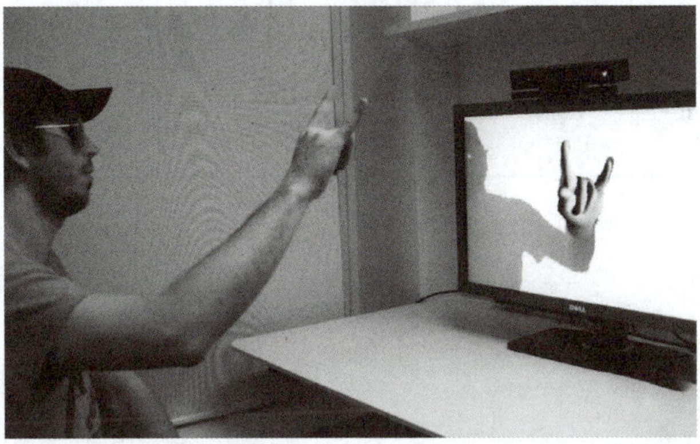

图 4-44 Handpose

亚马逊则获得了 AR 手势识别专利，虽然没有特别强调技术内容，但是亚马逊已经将相关体感技术应用在无人商店 Amazon go 中，其运作过程如图 4-45 所示。Amazon go 是一种没有结账柜台的新型商店，顾客不必排队等候。通过 Just Walk Out 购物体验，使用 Amazon go 应用程序进入商店，购买想要的产品即可，无须在结账柜台前排队等待。其中有一项关键技术，如何知道消费者是否购买商品，利用放置在货架上的摄像头会通过手势识别消费者拿起了一件商品（购买），还是拿起一件商品看了看又放回货架（不购买），判断是否需要结账。

任天堂早在 2006 年就推出了一台前所未有的主机，它的名字叫作“Wii”，如图 4-46 所示，以体感玩法为主，其体感游戏如图 4-47 所示。

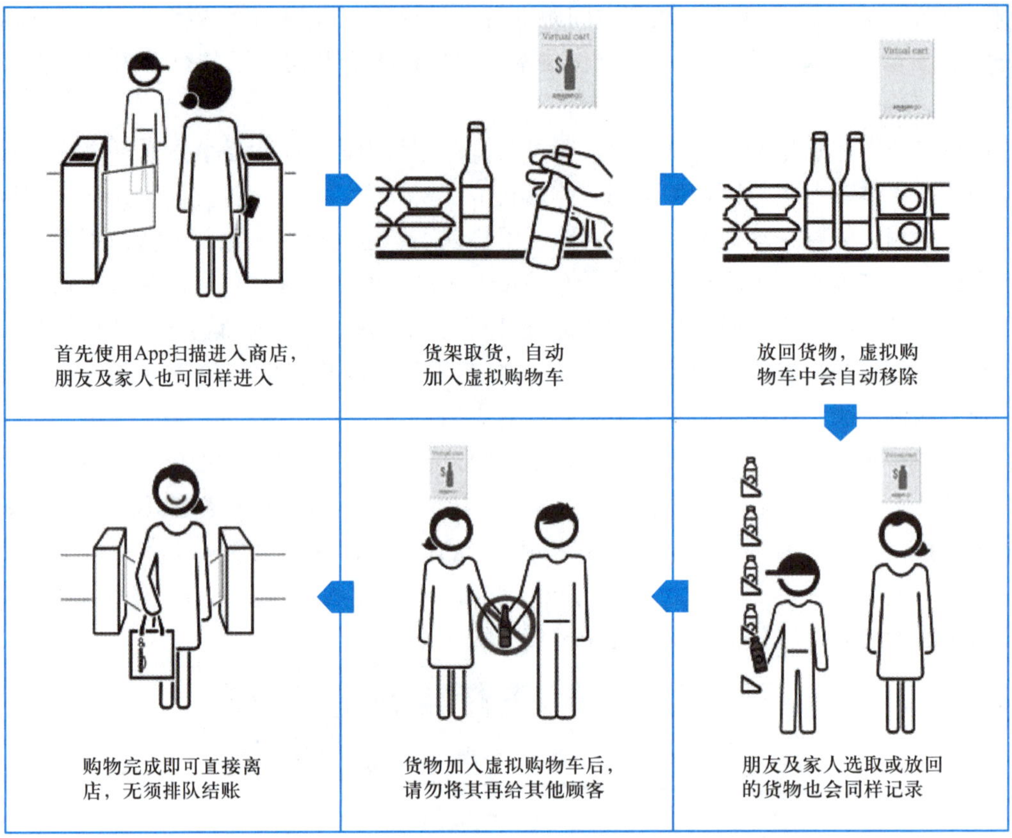

图 4-45 Amazon go 运作过程

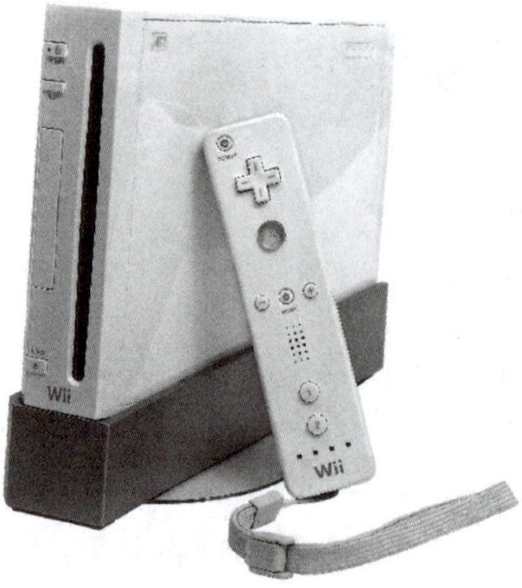

图 4-46 Wii

图 4-47 体感游戏

4.7.3 情感互动

微课 4-26
情感互动

机器人的话题近年来可谓如火如荼，人工智能、深度学习都是热门议题。随着人类对机器人研究的深入与相关技术的不断发展，机器人的情感问题也愈发受到重视。人们已不再单纯满足于机器人在行动上的拟人化或类人化，转而更加注重对机器人“精神层面”的研究，希望它们能够像人类一样具备喜怒哀乐，并能够与人类产生情感互动。

情感是一种高层次的信息传递，而情感互动可视为一种信息交换状态，它在表达功能和信息时传递情感，勾起人们的记忆或内心的情愫。传统的人机互动无法理解和适应人的情绪或心境，缺乏情感理解和表达能力，计算机难以具有类似人一样的智慧，也难以通过人机互动做到真正的和谐与自然。情感互动就是要赋予计算机类似于人一样的观察、理解和生成各种情感的能力，最终使计算机像人一样能进行自然、亲切和生动的互动。情感互动已经成为人工智能领域中的重点方向，旨在让人机互动变得更加自然。目前在情感互动信息的处理方式、情感描述方式、情感数据采集和处理过程、情感表达方式等方面还有诸多技术挑战。

近年来，关于这方面的研究有一则令人振奋的消息。在德国 ISO/IEC JTC1/SC35 会议上，国内科研团队提出的关于“情感互动”的标准获得了会员支持投票通过，得以正式立项，成为了中国在“用户接口”领域第一个立项的国际标准项目，同时也是国际“用户接口”分委会第一个关于情感计算的标准项目，填补了全球情感计算领域标准的空白。

通俗来讲，该标准的立项，为全球范围内的人机情感互动树立了统一的“话语体系”，即如何定义机器人的喜怒哀乐。情感计算的作用不可小觑，它是基于机器人研究过程中的需求而出现的。在人工智能发展的道路上，情感计算将起到重要作用，并对人工智能的进一步深化产生深远的影响。

关于情感互动的标准，完整名称应为 Information Technology-Affective Computing User Interface-Framework（信息技术—情感计算用户接口—框架），由中国电子技术标准化研究院、中科院软件所及小 i 机器人主导。该标准在 ISO/IEC JTC1/SC35 罗马会议上提案通过，于柏林标准会议上得以立项。这一标准的提出具有重大意义。近年来，人工智能与人机互动技术不断发展，在这一基础上，人们对计算机识别使用者情感并进行反馈的需求愈加强烈。可以说，情感互动已逐渐成为人机互动中使自然和智能用户接口得以实现的基础与核心。而情感计算，即情感互动中的核心技术。

情感计算的概念最早是由 MIT 媒体实验室的 Picard 教授于 1997 年提出的。Picard 认为，情感计算与情感息息相关，它来源于情感或能够对情感施加影响的计算。中国科学院自动化研究所的研究人员也通过研究给出了对情感计算的定义：“情感计算的目的是通过赋予计算机识别、理解、表达和适应人的情感的能力来建立和谐人机环境，并使计算机具有更高的、全面的智慧。”

情感互动市场到底有多热？从一组数据中即可了解：据全球第二大市场调查咨询公司 MarketsandMarkets 的报告显示，全球情感互动市场的规模在 2015 年就已达到 93.5 亿美元，预计到 2020 年将增至 425.1 亿美元，平均年增长率高达 35.4%。

在国际范围内，欧美及日韩等很多国家已抢先投入，积极争取市场。例如，在人机互动方面，日本从 20 世纪 90 年代便开始涉及，如今已形成举国研究的氛围。欧盟国家在情感信息处理方面进行深入研究，许多大学中都设有智慧与情感关系研究小组。纵观全球情感互动市场，相关企业已经敏锐地捕捉到了商机并先后入局。

另一观点认为，情感计算将赋予机器人察言观色的能力，相当于机器人的“读心术”。这也说明一旦机器人拥有情感计算的能力，就具备了极强的类人智慧，将变得更加聪慧、强大。在文字识别、语音识别等自然语言互动技术日臻成熟的当下，人类对于赋予计算机情感和智慧反馈的应用需求愈加强烈。

斯坦福大学的相关研究表明，在人机互动中，亟待解决的问题是机器人“情感智慧”的能力。然而对于自然语言互动而言，情感计算的发展存在着巨大障碍。情感本身是抽象的客观存在，连人类都难以用具体的、量化的信息去确定情感，而只能通过主观描述使情感得以表达，更遑论本身就没有情感的机器人了。

因此，想教机器人定义情感、理解情感并表达情感，一套完善、统一的标准是必不可少的。面对欧美和日韩在人工智能领域占得先机的现状，中国想要在情感计算方面取得更多的主动权，除了技术创新之外，制定游戏规则也是相当重要的。所以说，中国此次拿到国际标准的主导权有着重大意义。

此标准立项后的3年制定期之内，其他国家会陆续参与进来。由于是中国主导标准，因而中国拥有对其他国家的解释权及否决权，这对于中国的人工智能行业而言是极为有利的。当然，主导权不等于“一言堂”，人机互动领域应该是在相互理解、相互尊重的基础之上，各个国家群策群力才能取得进步，只不过中国在这一过程中拥有更高的话语权。

情感互动标准的立项，让未来人机互动的应用与发展有更加值得期待的可能。它将使机器人变得“有温度”，可以分享、分担人类的各种情绪。而如果一个机器能够使自己存在，并且能自我生产和复制，就意味着机器人开始进入生命的领地之中了。

随着人工智能的不断发展，人类已无法满足其仅具备普通智力工具的属性。一方面，人工智能需要具备超越人类的感知计算能力。另一方面，人工智能也要能够和人类进行情感交流。在完成任务和强化功能的同时，建立和满足人类的情感与心理需求，才是对于人工智能的最终定义。

4.8 虚拟现实与增强现实

虚拟现实与增强现实是以计算机为核心的新型视听技术。结合相关科学技术，在一定范围内生成与真实环境在视觉、听觉、触感等方面高度近似的数字化环境。用户借助必要的装备与数字化环境中的对象进行交互，相互影响，获得近似真实环境的感受和体验，通过显示设备、跟踪定位设备、触力觉交互设备、数据获取设备、专用芯片等实现。

虚拟现实/增强现实从技术特征角度，按照不同处理阶段，可以分为获取与建模技术、分析与利用技术、交换与分发技术、展示与交互技术以及技术标准与评价体系五个方面。获取与建模技术研究如何把物理世界或者人类的创意进行数字化和模型化，难点是三维物理世界的数字化和模型化技术。分析与利用技术重点研究对数字内容进行分析、理解、搜索和知识化的方法，其难点是在于内容的语义表示和分析。交换与分发技术主要强调各种网络环境下大规模的数字化内容流通、转换、集成和面向不同终端用户的个性化服务等，其核心是开放的内容交换和版权管理技术。展示与交互技术重点研究符合人类习惯的数字内容的各种显示技术及交互方法，以期提高人对复杂信息的认知能力，其难点在于建立自然和谐的人机交互环境。技术标准与评价体系重点研究虚拟现实/增强现实基础资源、内容编目、信源编码等的规范标准以及相应的评估技术。

4.8.1 虚拟现实

微课 4-27
虚拟现实

虚拟现实（Virtual Reality，VR），也称虚拟环境，是利用计算机模拟产生一个三维空间的虚拟世界，提供视觉等感官的模拟，让使用者感觉身临其境，可以实时、没有限制地观察三维空间内的事物。用户进行位置移动时，计算机可以立即进行复杂的运算，将精确的三维世界影像传回，产生临场感。该技术整合了计算机图形、计算机仿真、人工智能、感应、显示及网络并列处理等技术的最新发展成果，是一种由计算机技术辅助生成的高技术模拟系统。

从技术的角度来说，虚拟现实系统具有下面三个基本特征：沉浸、互动、构想。它强调了在虚拟系统中人的主导作用。从过去人只能从计算机系统的外部去观测处理的结果，到人能够沉浸到计算机系统所建立的环境中；从过去人只能通过键盘、鼠标与计算环境中的单维数字信息发生作用，到人能够用多种传感器与多维信息的环境发生互动；从过去的人只能从定量计算为主的结果中得到启发，从而加深对事物的认识，到人有可能从定性和定量综合的环境中得到感知和理性的认识，从而深化概念和萌发新意。总之，在未来的虚拟系统中，人们的目的是使这个由计算机及其他传感器所组成的信息处理系统尽量“满足”人的需要，而不是强迫人去“凑合”那些不是很亲切的计算机系统。VR 应用于设备修护训练如图 4-48 所示。

图 4-48 VR 应用于设备修护训练

现在的大部分虚拟现实技术都是视觉体验，一般是通过计算机屏幕、特殊显示设备或立体显示设备获得的，不过一些仿真中还包含了其他的感觉处理，比如从音响和耳机中获得声音效果。在一些进阶的触觉系统中还包含了触觉信息，也叫作强制反馈，在医学和游戏领域有这样的应用。人们与虚拟环境互动可通过使用标准装置，例如键盘与鼠标，也可通过使用仿真装置，例如一只有线手套，还可以通过使用情景手臂和全方位踏车。虚拟环境是可以和现实世界类似的，例如飞行仿真和作战训练；也可以和现实世界有明显差异，如虚拟现实游戏等。就目前的实际情况来说，它还很难形成一个高逼真的虚拟现实环境，这主要是技术上的限制造成的，这些限制来自计算机处理能力、图像分辨率和通信带宽。然而，随着时间的推移，处理器、图像和数据通信技术变得更加强大，并具有成本效益，这些限制将最终被克服。

4.8.2 增强现实

微课 4-28
增强现实

增强现实（Augmented Reality，AR），是指通过摄影机影像的位置及角度精算，并加上图像分析技术，让屏幕上的虚拟世界能够与现实世界场景进行结合与互动的技术（图 4-49）。这种技术于 1990 年被提出。随着随身电子产品运算能力的提升，扩增实境的用途也越来越广。

图 4-49 增强现实通过手机应用于导航

4.8.3 同步定位与地图构建

AR/VR 的应用中会需要大量的 3D 空间建模，之后再将所需要的信息安放在 3D 空间之中，最终整合显示给用户。同步定位与地图构建（Simultaneous Localization and Mapping，SLAM）就是一种自动化快速 3D 空间建模的方法。SLAM 主要通过机器人从未知环境的未知地点出发，在运动过程中通过重复观测到的地图特征（比如墙角、柱子等）定位自身位置和姿态，再根据自身位置增量式地构建地图，从而达到同步定位和地图构建的目的。

SLAM 经常使用许多不同型号的传感器来获得地图数据。这些传感器可以是光学的，比如 1D 的（单波束）或者 2D 的（扫描）激光测距仪、LIDAR、2D 或 3D 超音波传感器以及一个或多个 2D 摄像头。从 2005 年开始，使用可视化传感器（摄像头）成为 SLAM 的主要方向。相对于 VR 利用 3D 模型产生视觉影像，SLAM 则是利用视觉影像产生 3D 模型（图 4-50）。可以说 SLAM 与 VR 正好互为反向操作技术。

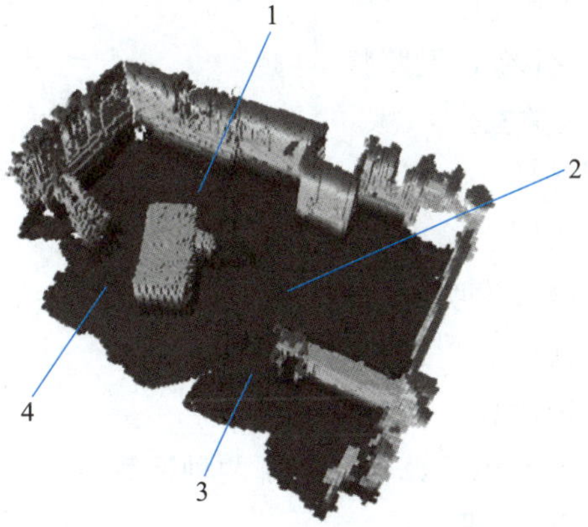

图 4-50　利用 SLAM 所建立的房间内部 3D 模型

SLAM 目前仅能建立空间环境 3D 模型，未来的发展在于更进一步识别环境中的各种对象，如交通标志、汽车等（图 4-51），这在未来的无人自动驾驶中有非常重要的应用。SLAM 需要大量的图像处理运算，如果要达到实时性的要求，必须采用专属的图像处理芯片，例如 nVidia TX2 就是专门为实时环境对象识别所设计的。

图 4-51　实时识别交通标志与车辆

习题

1. 什么是数据集？什么是训练集？什么是测试集？验证集的作用是什么？
2. 简单说明机器学习的流程。
3. 什么是回归问题？什么是分类问题？回归问题和分类问题有什么区别？

4. 什么是损失函数？线性回归如何根据损失函数求最佳拟合？
5. 在分类中，Sigmoid 函数的作用是什么？
6. 什么是支持向量？
7. 举例说明决策树的预测过程。
8. 什么是有监督学习？什么是无监督学习？
9. k-均值法如何实现聚类？
10. 聚类和分类的区别是什么？
11. 简述神经网络的输入层、输出层、隐藏层。
12. 以图像物体分类为例，说明为什么深度学习具有强大的分类能力。
13. 简单说明自然语言处理。
14. 举例说明什么是卷积运算。
15. 卷积神经网络中除了卷积运算，还有哪两种运算？
16. 简述 Tensorflow 的工作流程。
17. 计算机视觉是什么时候产生的？简单说明计算机视觉的历史。
18. 图像处理包括哪些运算？
19. 举例说明图像分割的作用。
20. 什么是计算摄影学？
21. 物体检测和物体分类有什么区别？
22. 什么是分词？为何中文需要分词处理？简单说明任一中文分词工具。
23. 什么是知识本体？简单说明知识本体对于自然语言处理的用处。
24. 简单说明任一具代表性的自然语言处理应用领域。
25. 什么是语言模型？简单说明 n-gram 模型、概率图模型和神经网络模型。
26. 简单说明 TensorFlow 和 Keras，以及它们之间的关联。
27. 除了本单元提到的三种智能音箱，请上网寻找目前国内是否还有其他智能音箱，并简单说明它们的特色。
28. 你是否玩过体感互动游戏？可否说明体感互动游戏与传统游戏的差异性。
29. 什么是虚拟现实？虚拟现实可以应用在什么场合？
30. 什么是增强现实？增强现实可以应用在什么场合？

单元5　产品及服务

2018 年 3 月 21 日，美国加州圣拉蒙市（San Ramon）对首批无人驾驶公交车（图 5-1）进行道路运行测试，这些电动无人驾驶公交车一次可以运送 12 人。不同于大多数无人驾驶汽车测试，这些公交车没有配备驾驶员，没有刹车踏板，无法在自动驾驶出现故障时切换为人工控制刹车或方向盘。测试完成后，两辆无人驾驶公交车将正式投入使用，在一个大型办公园区的预设路线上运送员工。

图 5-1　无人驾驶公共汽车

微课 5-1

单元 5 内容介绍

人工智能取代驾驶员的时代已经来临。除了无人驾驶汽车，还有无人机、无人船。此外，智能机器人能用于工业生产、打扫卫生、陪伴老人等。人工智能提供的产品和服务将取代越来越多的人类工作岗位。

5.1　智能机器人

5.1.1　曙光中的机器人

这一小节的标题直接借用了科幻与科普大师艾萨克・艾西莫夫（Isaac Asimov）的科

幻小说名著《曙光中的机器人》(*The Robots of Dawn*) 的书名 (图5-2)。创造可自动运转的机器的概念可追溯至古典时代，但是直到20世纪以前，机器人的功能和潜在应用开发及研究没有持续地成长。纵观历史，机器人常见于模仿人类行为，且常以类似的方法管理事务。时至今日，机器人学成为一个快速成长的领域，同时持续地研发、设计、建造用来达成各种实用目的的新款机器人，例如家庭用机器人、工业机器人或军用机器人。许多机器人从事对人类来讲非常危险的工作，如拆除炸弹、地雷，探索沉船等。机器人学还被用于 STEM (Science, Technology, Engineering, Mathematics) 教育作为教学辅助。

图5-2 艾萨克·艾西莫夫画像与《曙光中的机器人》一书英文版封面

机器人 (Robot) 一词最早被一位捷克的作家卡雷尔·恰佩克 (Karel Čapek) 在他的舞台剧作品《罗索的万能工人》中提出并发表于1920年。该剧开始于一个用有机合成物制造人造人的工厂，那些人造人被称为“机器人”(Robots)。根据牛津英语词典，机器人学 (Robotics) 一词第一次被使用在艾萨克·阿西莫夫的短篇科幻小说 *Liar* 中，初次出版在1941年5月的《超级科学故事》(*Analog Science Fiction and Fact*) 杂志上。

机器人学是一门涵盖了机器人的设计、建造、运作、应用的跨领域科学技术，如同计算机系统的控制、感测以及信息处理。这些科技催生出能够取代人力的自动化机器，在危险环境或制造工厂运作，或塑造成外表、行为、心智仿人的机器人。如今，许多机器人研究受到了自然界的启发，进入了生物启发的机器人学的领域。

对于机器人的发展前景，很多人都期待机器人能够有媲美真实人类的思维与判断能力，甚至艾萨克·艾西莫夫早在1942就提出了机器人三法则 (Three Laws of Robotics)。

第一法则：机器人不得伤害人类，或因不作为 (袖手旁观) 使人类受到伤害。

第二法则：除非违背第一法则，机器人必须服从人类的命令。

第三法则：在不违背第一及第二法则的情况下，机器人必须保护自己。

但是现实中，能够遵守三法则的机器人仅存在于科幻小说、电影、动画作品之中 (图5-3)。能够产业应用的机器人，甚至是实验室中的原型，都离此还有很大的差距。所以编者才会用曙光中的机器人作为本小节的标题，虽然想象可以给人们提供研究的动机与创意，但是科技的发展还是要建立在坚实的技术基础之上。

(a) (b)

图 5-3 电影《星球大战》与动画片《攻壳机动队》中的机器人

5.1.2 机器人的分类

依据使用性质，机器人可分成两大类。

工业型机器人（Industrial Robots）：凡危险、需大量劳力或精密的工厂，皆可使用工业机器人取代人类，目前应用最广泛，主要应用于汽车、面板、晶圆等各种制造业厂房。

服务型机器人（Service Robots）：有别于工业型机器人限于工厂内使用，服务型机器人种类众多，应用范围广泛，且须具备对环境的感测、辨识能力，自行决定行动的智能化功能，又称“智能机器人”。

5.1.3 工业型机器人

微课 5-2
工业型机器人

工业型机器人是面向工业领域的多关节机械手或多自由度的机器人。它是自动执行工作的机器装置，是靠自身动力和控制能力来实现各种功能的一种机器。它可以接受人类指挥，也可以按照预先编排的程序运行，现代的工业机器人还可以根据人工智能技术制定的原则行动。

工业型机器人的典型应用包括焊接、刷漆、组装、采集和放置（例如包装和 SMT）、产品检测和测试等，所有工作的完成都具有高效性、持久性、速度性和准确性。

工业型机器人一般仅有一只机器手臂，作为生产线的一个单元。最常使用的机器人构造为关节型机器人、SCARA 机器人（图 5-4）、Delta 机器人（图 5-5）和直角坐标机器

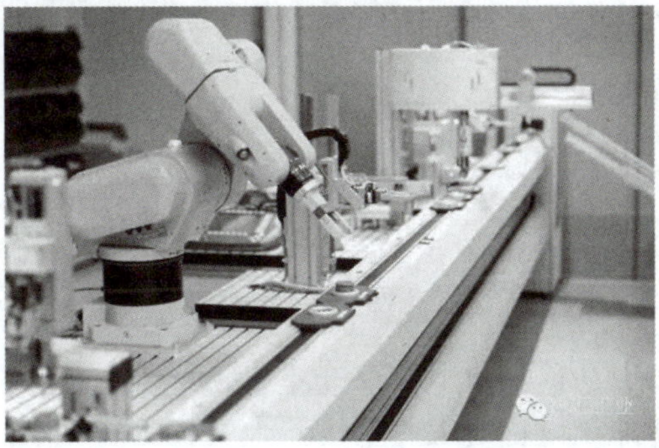

图 5-4 用于汽车零部件组装的 SCARA 机器人

人。一些机器人通过程序设计能忠实、无变异、高度准确地反复执行特定动作。这些动作取决于程序设定的例程，这些例程规定一系列协同动作的方向、加速度、速度、减速度、距离。其他机器人则更有弹性，因为这些机器人可能连作业目标的方位，甚或对目标所需完成的作业，都需要进行辨识。例如，为了更精确地导引，机器人常包含机器视觉子系统作为其视觉传感器，连接到强大的计算机或控制器。

图 5-5 Delta 机器人

工业 4.0（Industry 4.0），或称第四次工业革命（图 5-6），最早是一个由德国政府提出的高科技计划。所谓的 4.0 目标与以前不同，并不是单单创造新的工业技术，而是着重将现有的与工业相关的技术、销售与产品体验整合起来，建立具有适应性、资源效率和人因工程学的智能型工厂，并在商业流程及价值流程中整合客户以及商业伙伴，提供完善的售后服务。其技术基础是智能型整合感控系统及物联网。

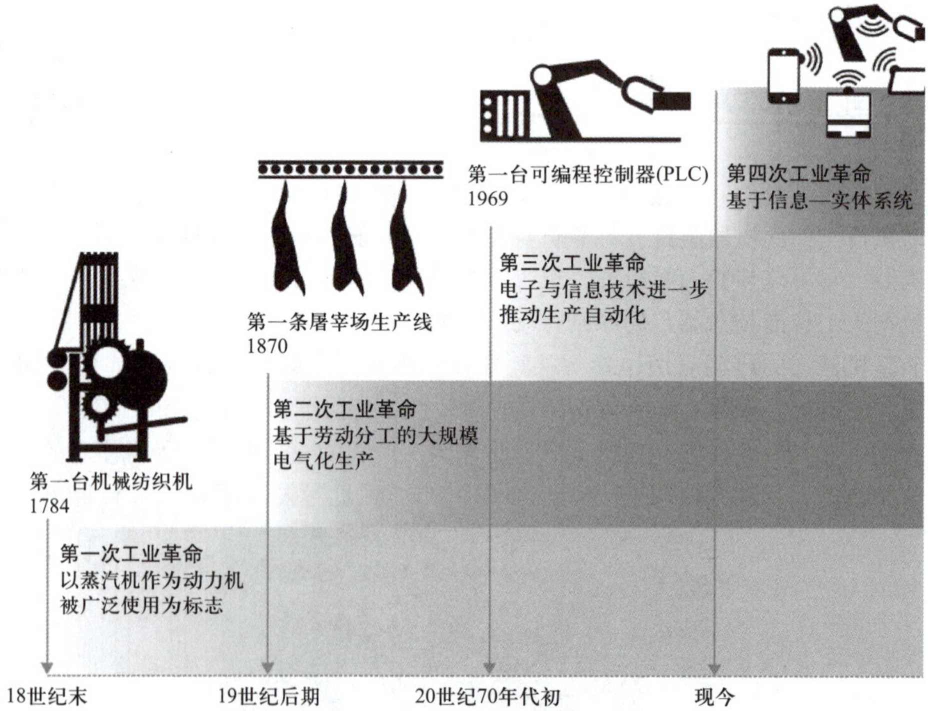

图 5-6 工业革命演进阶段

在工业 4.0 的体系之中，核心在于具备可弹性适应客户需求的智慧工厂。建构智慧工厂需要以物联网连接各种加工设备与工业型机器人（图 5-7 和图 5-8）。这大幅推动了工业型机器人在近几年的发展。

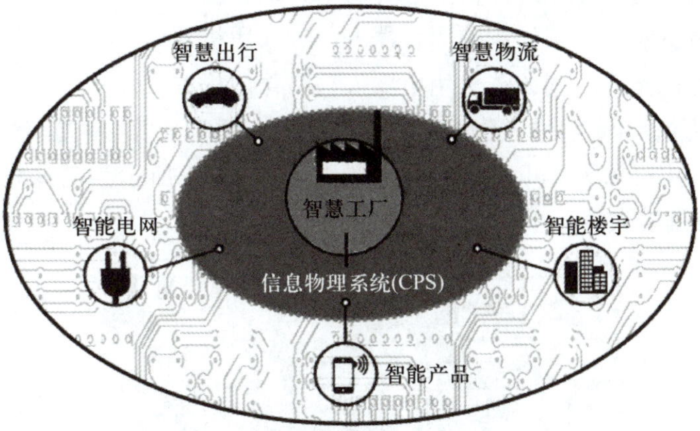

图 5-7 以物联网为核心的智慧工厂

图 5-8 工业 4.0 概念的自动化生产线

5.1.4 服务型机器人

微课 5-3
服务型机器人

服务型机器人指的是为人类生活或特殊任务服务的机器人，且这些任务不包括工业的生产。服务型机器人被放置于各式各样的复杂的环境中，相比于工业型机器人通常处在标准化的制造流程中，因为经常需要与人和复杂的环境互动，必须更加强调与人和环境的互动能力。服务型机器人一般都具备语音沟通、影像识别、感知环境的能力。

和工业型机器人的构造类似：服务型机器人也由驱动装置、机动装置、控制系统、感测与通信装置组成。服务型机器人的发展路线除了运动构造的精细化与仿人拟真，最受注目的技术则是感测装置，因为服务型机器人面对的群众、环境非常复杂，因此身上搭载着模仿人类五感的各式传感器（Sensors），除了视觉、听觉和触觉，也着力于人脸/身体姿态辨识、声音辨识等系统，以加强通信能力。除此之外，搭配人工智能及云端网络系统逐渐成为未来的发展方向，智慧化的服务型机器人及时反应环境状况，在运作上更具自主性，并能更容易融入社会、为人类所用。

服务型机器人种类繁多，可以概括分类为下列两种。

专业用服务型机器人：例如医院用机器人与餐厅用机器人。

家庭用服务型机器人：例如清洁用机器人与陪伴用机器人。

图 5-9 所示为松下电气生产的医院用机器人 Hospi，可在医院中运送药品等。图 5-10 所示为新加坡餐厅用机器人 Cali，可以运送餐点。图 5-11 所示为陪伴用机器人 Zenbo 与 Pepper，可陪伴独居老人。

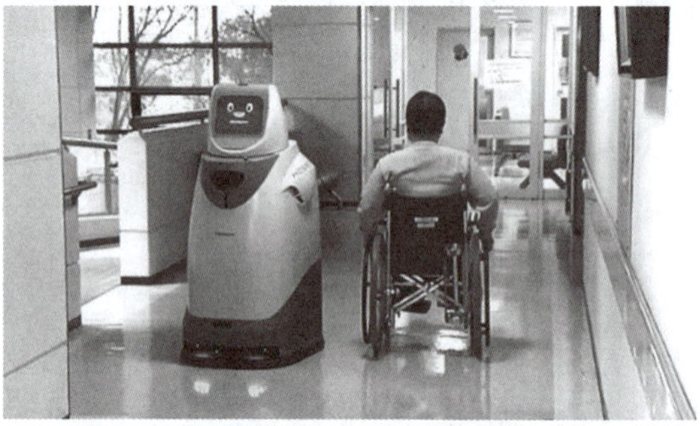

图 5-9 医院用机器人

图 5-10 餐厅用机器人

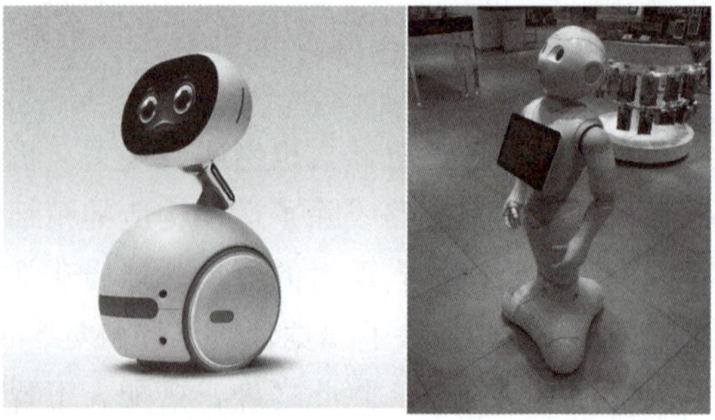

图 5-11 陪伴用机器人

目前，服务型机器人的发展相对于工业型机器人较不成熟，使用上的限制仍然很多，特别是关键性的语音互动能力，还仅能单人对话，而且需要在背景噪声较小的地方才能正常使用。这是未来发展必须解决的难题。

5.2 智能运载工具

中国人工智能未来十大发展应用方向，其中之一就是要发展智能运载工具。中国《人工智能标准化白皮书（2018 版）》（以下简称《白皮书》）中提到的智能载运工具可以分为无人驾驶汽车、轨道交通系统、无人机、无人船四大类。这几种载运工具是实现智能交通的基础。《白皮书》定义：智能交通系统（Intelligent Traffic System，ITS）是通信、信息和控制技术在交通系统中集成应用的产物。ITS 借助现代科技手段和设备，将各核心交通元素连通，实现信息互通与共享，以及各交通元素的彼此协调、优化配置和高效使用，形成人、车和交通的一个高效协同环境，建立安全、高效、便捷和低碳的交通。

近几年，中国智能交通系统的发展也非常快速，许多大都市，如北京、上海、广州、杭州等，已经建设了先进的智能交通系统。其中，北京建立了道路交通控制、公共交通指挥与调度、高速公路管理和紧急事件管理四大 ITS；广州建立了交通信息共享主平台、物流信息平台和静态交通管理系统三大 ITS。

大架构下除了智能交通系统，也需要关注智能载运工具的发展。国内在智能运载工具方面的发展，重点之一是在智能网联汽车方面开展标准化工作。目前面临的主要问题是汽车智能化涉及的高性能协同传感技术、车载互联及通信技术、汽车智能化与网联化安全技术等。另外一个重点是开展先进驾驶辅助系统（ADAS）、汽车驾驶自动化分级、车载信息交互系统信息安全技术要求等标准制定工作。

2017 年国务院发布的《新一代人工智能发展规划》中提出：“发展自动驾驶汽车和轨道交通系统，加强车载感知、自动驾驶、车联网、物联网等技术集成和配套，开发交通智能感知系统，形成我国自主的自动驾驶平台技术体系和产品总成能力，探索自动驾驶汽车共享模式。发展消费类和商用类无人机、无人船，建立试验鉴定、测试、竞技等专业化服务体系，完善空域、水域管理措施。”在智能交通领域，人工智能像城市的大脑，掌握城市的实时交通流量和车辆轨迹，并且能对城市中的停车资源进行合理分配。现在“停车难”和“交通堵塞”成为国内城市的两大难题，运用人工智能实现智能交通才能给人们提供更便利的出行。

5.2.1 轨道交通系统

中国城市轨道交通系统，是指位于中国城市内部或城市与城郊之间的各种主要以电力驱动的城市轨道交通系统，其中包括了地铁、轻轨、单轨、有轨电车及磁悬浮等，有时快速公交也被包括在其中。许多城市已经开通了非常便利的轨道交通系统，还有许多城市陆续建设或规划该系统。表 5-1 和表 5-2 是已开通和建设轨道交通的城市（数据统计截至 2017 年）。

表 5-1 已开通轨道交通的城市

城市	系统	开通时间	运营线路数	车站数	线网长度/km
北京	北京地铁	1971 年	19	288	574
香港	香港地铁	1979 年	12	150	214.6
天津	天津地铁	1984 年	4	87	140
上海	上海轨道交通	1995 年	14	366	617
广州	广州地铁	1997 年	10	167	308.7
长春	长春轨道交通	2002 年	2	49	48.23
大连	大连轨道交通	2003 年	3	81	170
武汉	武汉轨道交通	2004 年	5	123	126
重庆	重庆轨道交通	2004 年	4	119	202.2
深圳	深圳地铁	2004 年	8	198	230
南京	南京地铁	2005 年	6	121	225.4
成都	成都地铁	2010 年	4	81	108.4
沈阳	沈阳地铁	2010 年	2	44	54.96
佛山	佛山地铁	2010 年	1	14	21
西安	西安地铁	2011 年	3	66	91.35
苏州	苏州地铁	2012 年	2	45	52
昆明	昆明地铁	2012 年	3	33	60
杭州	杭州地铁	2012 年	3	52	81.8
哈尔滨	哈尔滨地铁	2013 年	1	18	30
郑州	郑州地铁	2013 年	3	61	95.41
长沙	长沙地铁	2014 年	2	43	50.12
宁波	宁波地铁	2014 年	2	42	69.7
无锡	无锡地铁	2014 年	2	43	55.85
青岛	青岛地铁	2015 年	1	22	24.8
南昌	南昌轨道交通	2015 年	1	24	28.8
福州	福州轨道交通	2016 年	1	9	11
东莞	东莞轨道交通	2016 年	1	15	37.8
南宁	南宁轨道交通	2016 年	1	25	32.1
合肥	合肥地铁	2016 年	1	23	24.58

表 5-2 建设轨道交通的城市

城　市	系　统	预计开通时间	预计运营线路
贵阳	贵阳地铁	2018 年	1 号线
常州	常州地铁	2020 年	1 号线
厦门	厦门地铁	2018 年	1 号线
兰州	兰州轨道交通	2018 年	1 号线
澳门	澳门轻轨系统	2020 年	1 号线
石家庄	石家庄地铁	2017 年	1 号线
太原	太原地铁	2020 年	2 号线
温州	温州地铁	2017 年	S1 线
乌鲁木齐	乌鲁木齐地铁	2019 年	1 号线
徐州	徐州地铁	2019 年	1 号线
洛阳	洛阳地铁	2019 年	1 号线
芜湖	芜湖轨道交通	2019 年	1 号线、2 号线
济南	济南轨道交通	2020 年	R1、R2、R3 号线
呼和浩特	呼和浩特轨道交通	2020 年	1 号线
南通	南通地铁	2020 年	1 号线

当各大城市已经完成各自的路网建设后，接下来的重点工作就是将路网连接起来，并加以智能化的营运与管理，以达到最大的功效。

城市轨道交通智能化系统整合了先进的信息处理技术、通信技术、控制与系统技术、计算智能与决策支持技术等，以实现状态感知、信息无缝传输、智能处理和共享为基础，通过高效利用与城市轨道交通相关的所有移动、固定、空间、时间和人力资源，以较低的成本达到提高交通效率、保障安全、提高服务质量和改善环境影响的目的。

城市轨道交通智能化系统形成之初便以改善日益繁忙的交通为出发点，整套系统包括六大子系统：综合监控系统、乘客资讯系统、综合安防系统、通信系统、自动售检票系统和信号系统，如图 5-12 所示。

智能轨道交通系统的整体框架主要包括物理感知层、软件应用平台、分析预测及优化管理应用。交通状况与数据的感知采集主要由物理感知层处理；软件应用平台将各感知终端的信息进行整合、转换处理，并将所有产出的数据交由分析预测及优化管理应用系统；分析预测及优化管理应用主要包括交通规划、交通监控、智能诱导、智能停车等应用系统。

智能系统利用先进的视频监控、智能影像识别和其他信息技术，增加可管理的空间、时间和范围，进而不断提升管理的广度、深度和精细度。为了达到提高通行能力、减少交通事故、打击违章事件、出行信息服务的目标，整个系统由信息综合应用平台、信号控制

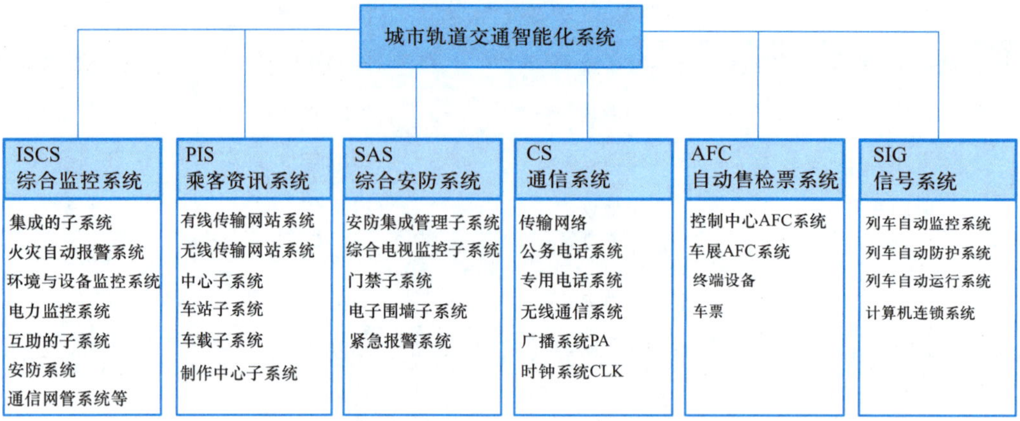

图 5-12 城市轨道交通智能化系统的六大子系统

系统、视频监控系统、智能卡口系统、电子警察系统、信息采集系统、信息发布系统等组成。

在建设智能交通的过程中，各个系统将会产生大量信息，例如视频监控、卡口电警、路况信息、管控信息、营运信息、GPS 信息、RFID 信息等，每天产生的数据量将呈指数级增长，达到千万亿字节（PB）级别或更高，在如此大量的信息下，必须通过大数据技术，以及时、准确获取交通数据并构建交通数据处理模型，达到建设智能交通的目标。

5.2.2 无人驾驶汽车

微课 5-4
无人驾驶汽车

无人驾驶汽车也称智能车，它的驾驶系统整合了环境感知、规划决策和辅助驾驶等功能，是充分考虑车路合一、协调规划的车辆系统，也是未来整体智能交通系统的重要组成部分。

为了达到环境感知、规划决策和辅助驾驶，智能车利用了传感器技术、信号处理技术、通信技术和计算机技术等，通过各式各样的传感器来辨识汽车所处的环境和状态，例如集成视觉传感器、激光雷达、超声传感器、微波雷达、GPS、里程计、磁罗盘等，并根据从传感器所获得的道路信息、交通信号的信息、车辆位置和障碍物信息，做出分析和判断，由主控计算机发出信息来控制车辆转向和行驶速度，实现智能车辆依据自身意图和环境的拟人驾驶。

以下就各个关键技术加以说明。

1. 环境感知

环境感知技术相当于提供了无人驾驶汽车的眼和耳，通过环境感知技术可以辨别周围的环境信息，为其行为决策提供信息支持。环境感知包括无人驾驶汽车自身位姿感知和周围环境感知两部分。为了测得正确的环境数据，单一传感器只能对被测对象的某个方面或者某个特征进行测量，无法满足测量的需要，所以必须使用多个传感器，同时对被测对象的一个或多个特征量进行测量，并将测量得到的数据，经过数据融合处理后，提取出可信度较高的有用信号。

首先必须针对无人驾驶汽车自身位姿信息进行侦测，主要包括车辆自身的速度、加速度、倾角、位置等信息。这类信息主要用驱动电机、电子罗盘、倾角传感器、陀螺仪等进行测量。

无人驾驶汽车周围环境感知以主动型测距传感器为主，例如雷达等，以被动型测距传感器为辅，再利用信息融合的方法来得到相关信息。为了满足在复杂、恶劣条件下执行任务的需要，结合各式的主动型测距传感器（激光、雷达、超声波等），可以得到更好的效果，更重要的是处理数据量小，实时性好。若要同时进行路径规划，可以直接利用激光返回的数据进行计算，无须知道障碍物的具体信息。

目前在恶劣环境感知中使用视觉的方式存在一定问题，但是在目标识别、道路跟踪、地图创建等方面，视觉传感器具有其他传感器所无法取代的重要性，而且在野外环境中，植物分类、水域和泥泞检测等方面，视觉也是必不可少的手段。

2. 导航定位

无人驾驶汽车的导航模块是路径规划和任务规划的支撑，用于确定无人驾驶汽车其自身的地理位置。导航可分为自主导航和网络导航两种。

自主导航技术是指除了定位辅助之外，不需要外界其他协助，即可独立完成导航任务。自主导航技术主要是在本地存储地理空间的数据，所有的计算都在终端完成，因此在任何情况下均可实现定位，但是因为自主导航设备的计算资源有限，导致计算能力差，有时候不能提供准确且实时的导航服务。现有自主导航技术可分为三类。

（1）相对定位。主要依靠里程计、陀螺仪等内部本体感受传感器，经由测量车辆相对于初始位置的位移确定车辆的当前位置。

（2）绝对寻址。主要是采用导航信标、主动或被动标识、地图匹配或 GPS 进行定位。

（3）组合定位。综合相对定位和绝对寻址两种方法，弥补单一定位方法的不足。

一般有下列几种组合方式：GPS+地图匹配、GPS+航迹推算、GPS+航迹推算+地图匹配、GPS+GLONASS+惯性导航+地图匹配等。

网络导航能随时随地通过无线通信网络、交通信息中心进行信息交互。移动设备通过移动通信网与直接连接于 Internet 的 WebGIS 服务器相连，在服务器执行地图存储和复杂计算等功能，用户可以从服务器端下载地图数据。网络导航的优点在于不存在存储容量的限制、计算能力强，能够存储任意精细地图，而且地图数据始终是最新的。

3. 路径规划

路径规划是实现自动驾驶的基础，是无人驾驶汽车信息感知和智能控制系统间的桥梁。路径规划会将各式传感器所接收到的信息进行整合、处理，找出一条最适当的路径，使智能控制系统依照规划的路径，控制汽车由出发地到达目的地。总体来说，路径规划的任务就是在具有障碍物的环境内按照一定的评价标准，寻找一条从起始状态（包括位置和姿态）到达目标状态的无碰路径。

路径规划技术可分为全局路径规划和局部路径规划。全局路径规划把优化和反馈机制紧密结合起来，在已知地图的情况下，利用已知的局部信息（例如障碍物位置和道路边界），找出确定可行和最佳的路径。局部路径规划则是在全局路径规划所生成的可行驶区域下，依据传感器感知到的局部环境信息，对当前前方路段作出决策，找出所要行驶的路段轨迹。简而言之，全局路径规划针对周围环境已知的情况；局部路径规划适用于环境未知的情况。

路径规划算法有可视图法、栅格法、人工势场法、概率路标法、随机搜索树算法、粒子群算法等。

4. 决策控制

决策控制模块相当于无人驾驶汽车的大脑，其主要功能是依据由各种传感器组成的感知系统所获取的信息进行决策判断，决定下一步的行为，对车辆进行控制。决策控制技术主要包括模糊推理、强化学习、神经网络和贝叶斯网络等技术。

决策控制系统的行为分为反应式、反射式和综合式三种方式。反应式控制是一种反馈控制的方法，这种方式会根据车辆当前位姿与期望路径的偏差，不断地调节方向盘转角和车速，直到到达目的地为止。反射式控制则是一种较为低阶的行为，用于对行进过程中的突发事件作出判断，并迅速作出反应。综合式控制是在反应层中加入机器学习的模块，将部分决策层的行为转化成基于传感器的反应层行为，从而提高系统的反应速度。

以上是从技术层面来看无人驾驶汽车，接着从业界的观点来看。奇点汽车创始人兼首席执行官曾表示，无人驾驶就是让汽车自身拥有环境感知、路径规划并自主实现车辆控制的技术，而这背后最关键的就是通过人工智能、深度学习“教”搭载了各种类型传感器的车辆学会驾驶。安全也是当初开发自动驾驶的出发点之一，好的自动驾驶技术将能降低人的疲劳度，改善驾驶体验，又能提高安全性。有专家表示，人驾驶汽车，从看到紧急情况踩下刹车，到让刹车发挥作用总共需要 1.2 s，而无人驾驶汽车的整个反应过程只需要 0.1~0.6 s，紧急制动更快速，驾驶也更安全。

交通运输部公路科学研究院相关领导表示：“先进的传感技术、定位和地理信息技术、无线通信技术等在交通上的深度应用，计算机存储、处理等能力的飞速提升，基础设施、运载工具等的信息化水平不断提高，为人工智能在交通运输领域的应用奠定了基础条件。”

5.2.3 无人机

微课 5-5
无人机和无人船

无人机是无人驾驶飞机（UAV）的简称，是利用无线电遥控设备和自备的过程控制装置操纵的不载人飞行器。国内外无人机相关技术发展非常快速，无人机的系统种类多、用途非常广泛，特点鲜明，因此在大小、质量、航程、航时、飞行高度、飞行速度、任务等多方面都有较大差异，在分类时也会因不同考虑而有不同的分类方式。以下是无人机的几种分类方式。

（1）按飞行平台构型分类，无人机可分为固定翼无人机、旋翼无人机、无人飞艇、伞翼无人机、扑翼无人机等。

（2）按用途分类，无人机可分为军用无人机和民用无人机。军用无人机可分为侦察无人机、诱饵无人机、电子对抗无人机、通信中继无人机、无人战斗机以及靶机等，民用无人机可分为巡查/监视无人机、农用无人机、气象无人机、勘探无人机以及测绘无人机等。

（3）按尺度分类（民航法规），无人机可分为微型无人机、轻型无人机、小型无人机以及大型无人机，见表 5-3。

（4）按活动半径分类，无人机可分为超近程无人机、近程无人机、短程无人机、中程无人机和远程无人机，见表 5-4。

（5）按任务高度分类，无人机可以分为超低空无人机、低空无人机、中空无人机、高空无人机和超高空无人机，见表 5-5。

表 5-3 按尺度分类

分　类	质量（空机）/kg
微型无人机	小于 7
轻型无人机	7~116
小型无人机	小于或等于 5 700
大型无人机	大于 5 700

表 5-4 按活动半径分类

分　类	活动半径/km
超近程无人机	小于 15
近程无人机	15~50
短程无人机	50~200
中程无人机	200~800
远程无人机	大于 800

表 5-5 按任务高度分类

分　类	任务高度/m
超低空无人机	0~100
低空无人机	100~1 000
中空无人机	1 000~7 000
高空无人机	7 000~18 000
超高空无人机	大于 18 000

与载人飞机相比，无人机具有体积小、造价低、使用方便、对作战环境要求低、战场生存能力较强等优点。由于无人机对未来空战有着重要的意义，世界各主要军事国家都在加紧进行无人机的研制工作。近代的几场现代化战争中，无人机也扮演着举足轻重的角色，未来也会有更多的军用无人机出现。

在无人机的管理上，2013 年 11 月，中国民用航空局（CA）下发了《民用无人驾驶航空器系统驾驶员管理暂行规定》（以下简称《规定》），由中国 AOPA 协会负责民用无人机的相关管理。根据《规定》，中国内地无人机操作按照机型大小、飞行空域可分为 11 种情况，其中仅有 116 kg 以上的无人机和 4 600 m^3 以上的飞艇在融合空域飞行由民航局管理，其余情况，包括日渐流行的微型航拍飞行器在内的其他飞行，均由行业协会管理，或由操作手自行负责。

近年来，无人驾驶汽车和无人机逐渐为大众所熟悉。2019 年 5 月底，谷歌公司宣布，其无人驾驶汽车项目正在向完全排除人为干预的全自动方向发展，全自动无人驾驶汽车的样车测试即将进行，期望几年内能开展公路试驾。目前，谷歌正在制造大约 100 辆全自动无人驾驶汽车样车。

无人机也将渐渐走进人们的生活。2013 年 12 月，亚马逊创始人宣布利用无人机展开递送服务的计划，并表示如美国联邦航空管理局允许，亚马逊将在 2015 年推出这项服务。此项计划被美国联邦航空管理局（FAA）公布的无人机指导草案所阻挡。草案规定，小型无人机必须在操控者的视线范围内运行，这一规定让想用无人机运送快递的美国公司受到了冲击。2016 年，亚马逊发布视频，显示其递送无人机的原型，亚马逊正全力以赴实现这个项目。亚马逊的计划是将部分物品在下订单后 30 min 内送到消费者手中。

5.2.4 无人船

在无人技术领域，有关无人船的研究探索也在进行之中。现在已有很多具备自动化设备的船只，那些在海上航行的船只，未来将会迈入无人化时代，只是时间的问题。全球最大引擎制造商和造船供应商之一的英国罗尔斯·罗伊斯公司对此态度乐观。该公司决心将无人操控交通工具更进一步发展，研发远洋无人船。罗尔斯·罗伊斯公司海洋革新工程负责人表示：“在不久的将来，无人船将与正在使用的无人机、潜水艇以及谷歌正在试验的无人驾驶汽车并驾齐驱。”

罗尔斯·罗伊斯公司推出“蓝色海洋”项目，负责开发货轮远程遥控系统。这种遥控系统可用于驾驶各种货船，包括大型货轮。船身各部位安装摄像头，用以采集全景图像，包括从船上方拍摄的周边鸟瞰画面。船长只须稳坐岸上某处，通过稳定的通信系统，接收传感器发回的实时数据。这意味着，船长不需要在船上即可将一艘货轮“开”到世界各地。“蓝色海洋”项目团队还开发出一套先进的驾驶台全方位模拟系统，用以培训未来船长遥控船只的技能。这套培训系统模拟海上船只的周边环境以及船只对控制指令的反应，其操作原理和效果与现实版遥控系统可能相差无几，能让操作者体验身在驾驶台、放眼四周、操控船只的“现场感”。

国内也自主研发了“领航者”号海洋高速无人船，它是融合多种高新技术，能够广泛应用于环保监测、搜索救援、安防巡逻等领域的“水面智能机器人”。这种水面智能机器人融合了船舶、通信、自动化、机器人控制、远程监控、网络化等技术，实现了自主导航、智能避障、远距离通信、视频实时传输和网络监控等功能。目前，“领航者”号平台已经实现搭载红外探测仪、潜水器等进行协同作业，并可提供最高 30 节的航速，在 1 000 km 范围内通过 GPS 或者北斗系统，实现高精度定位自主航行、自主作业。未来，搭载着更多软硬件的“领航者”号将广泛应用于环保监测、科研勘探、水下测绘、搜索救援、安防巡逻乃至军事领域。

在业内人士看来，未来河海各种危险或重复枯燥的工作，都将朝无人化发展。现今，不少国家已开始研制无人船。业界人士预计，全球无人船市场规模 2019 年将达到约 100 亿美元。

相较于大众熟悉的有人驾驶的船，无人船的优势是什么？无人船的一大优势是安全。据统计，有相当一部分事故是船员睡眠不足或注意力不集中等人为原因造成的，无人船由计算机过程控制，罗尔斯·罗伊斯公司海洋革新工程负责人指出：“要设置计算机程序，以便在事先输入的航线或计划出现问题时能自动停止或及时应对。”在与其他船只或暗礁有碰撞危险，或遇到巨浪暴风雨的恶劣环境时，远程操控反而可能比人员操控更安全，预计海难事故将会减少三分之二。

大海上的无人船即使前面有其他船只或暗礁，反应的时间也相对多一些。当自动解决问题比较困难时，可以利用飞机迅速投入人力。在陆地上，一个人可以通过远程操控同时指挥有多艘船的船队，因此更经济。在这种情况下为应对突发情况，可以在领航的船上搭乘乘务员。

在国内，目前无人船的用途多为测绘、水文和水质监测。在苏州，原来是由 500 人划着 270 条小船，在河面上清理垃圾；现在利用无人船，只须设定航线，无人船就会自动巡航，工作人员在办公室内监看显示器即可，发现垃圾把无人船开过去，就能自动收集垃圾。2013 年广西贺江水污染事件中，两艘无人船巡航 360 次采集了 720 kg 水样，替代了过去人工一周的工作量。

5.3　智能终端设备

微课 5-6
智能终端设备

如图 5-13 所示的移动智能终端设备主要是智能手机、平板电脑和可穿戴设备。目前的市场中，智能手机的出货量已远远超过平板电脑，而可穿戴设备也在迅速扩大市场。

图 5-13　移动智能终端设备

5.3.1　智能终端设备及其特点

智能终端设备是指拥有接入互联网能力，搭载操作系统，可根据用户需求定制化各种功能而具有丰富的多媒体处理能力及人机交互能力的设备。常见的智能终端设备主要包括智能电视机、智能机顶盒、智能手机、平板电脑、可穿戴设备等。其具有以下显著特点。

（1）在硬件体系上，智能终端设备具备输入部件和输出部件，本质上是具备通信功能的微型计算机设备。

（2）在软件系统上，智能终端设备都具备操作系统，基于操作系统平台开发的个性化应用软件层出不穷，如电话簿、日程表、记事本、计算器以及各类游戏等，极大程度地满足了个性化用户的需求。

（3）在通信能力上，智能终端设备具有灵活的接入方式和高带宽通信性能，并且能根据所选择的业务和所处的环境，自动调整通信方式，从而方便用户使用。

（4）在功能使用上，智能终端设备更加注重人性化、个性化和多功能化。随着计算机技术的发展，智能终端设备从“以设备为中心”的模式进入“以人为中心”的模式，集成了嵌入式计算技术、控制技术、人工智能技术以及生物认证技术等，充分体现了以人为本的宗旨。

随着智能芯片和算法的升级，智能终端设备对于特征数据的抓取和数据预处理能力大大提高，其自身具备更多提取特征值和压缩的功能，为数据查找和传输降低门槛。随着高速计算单元和大容量闪存在终端的配置，智能终端将具有更强的计算、存储、数据压缩能力，这一趋势将减少云计算通用处理器和网络传输带宽的压力，为未来物联网的发展做好铺垫。

5.3.2 智能终端体系结构

智能终端设备是一类嵌入式计算机系统设备，是以应用为中心、以计算机技术为基础，软硬件可裁剪，适用于对功能、可靠性、成本、体积、功耗有严格要求的专用计算机系统。

图 5-14 所示为智能终端体系结构。该结构与嵌入式系统体系结构相一致，同时智能终端作为嵌入式系统的一个应用方向，其应用场景设定较为明确，因此其体系结构比普通嵌入式系统结构更加明确，粒度更细，且拥有一些自身的特点。

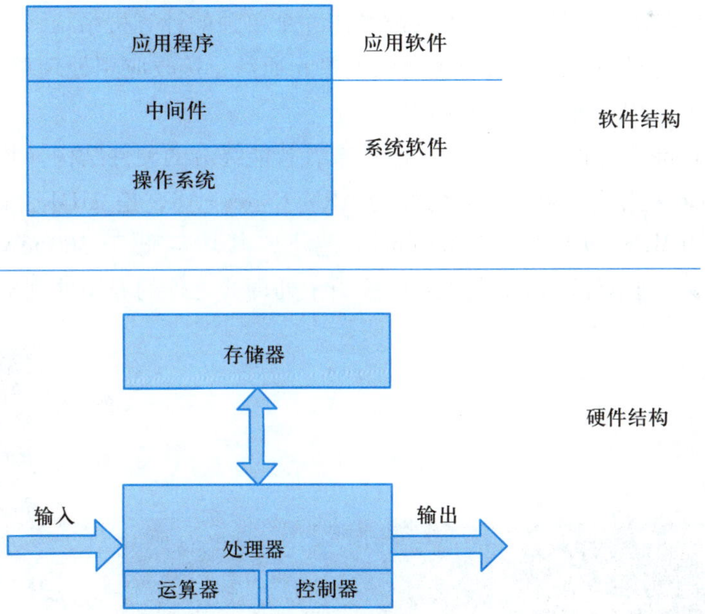

图 5-14 智能终端体系结构

1. 硬件结构

从硬件上看，智能终端普遍采用计算机经典的体系结构——冯·诺依曼结构，即由运算器（Calculator）、控制器（Controller）、存储器（Memory）、输入设备（Input Device）和输出设备（Output Device）5大部件组成，其中的运算器和控制器构成了计算机的核心部件——中央处理器（Center Process Unit，CPU）。

智能终端处理器是智能终端的核心器件之一，对处理器的基本要求是高性能、高集成度和低功耗。由于目前通信协议栈不断增多，多媒体与信息处理也越来越复杂，往往将某些通用的应用放在独立的处理单元中处理，因而形成如图5-15所示的系统。

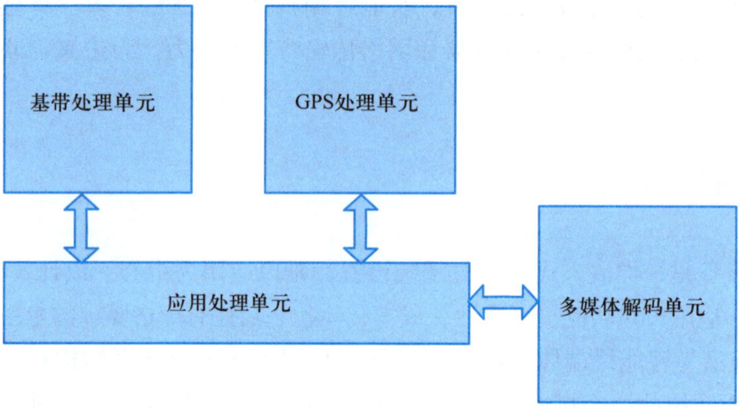

图5-15 智能终端系统

图5-15中的每个处理单元都可以被看作一个单独的计算机系统，运行着不同的程序。每个从处理单元通过一定的方式与应用处理单元通信，接收应用处理单元的指令，进行相应的操作，并向应用处理单元返回结果。

下面以iPhone 4主板正面（图5-16）来看智能终端的硬件结构。其中标识A4字样的芯片就是iPhone 4主处理器，它的内核为ARM Cortex-A8，是ARM公司的一款处理器内核，主频为600 MHz ~ 1 GHz，在65 nm工艺下，其功耗低于300 mW，而性能却高达2 000 MIPS。移动通信处理和短距离通信采用主处理器之外的专用处理单元完成。

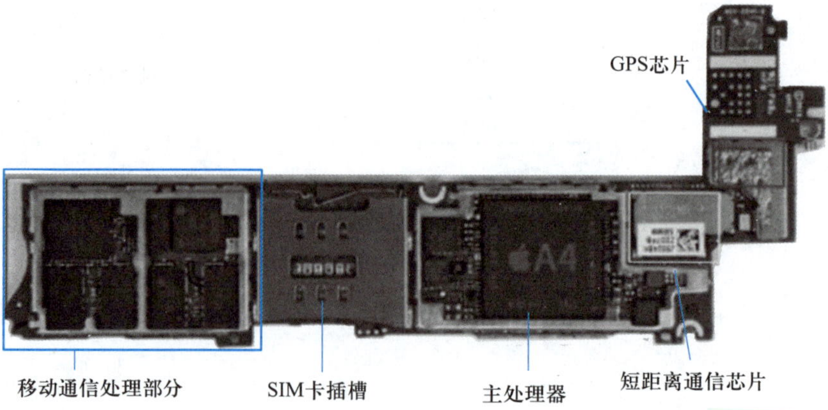

图5-16 iPhone 4主板正面

如图 5-17 所示的 iPhone 4 主板背面，Nand Flash 使用的是三星的 K9PFG08 芯片，共 512 MB，使用主处理器内部的 Nand Flash 控制器接口与主处理器连接。NOR Flash 和 Mobile DDR 使用了美光提供的单芯片解决方案 Numonyx 36MY1EE。交互类终端采用了 Cirrus Logic 的 338S0589 音频编解码器，使用 I^2C 和 I^2S 接口与主处理器连接，麦克风和扬声器则接到编解码器上。LCD 使用主处理器提供的 LCD 控制器接口与主处理器连接，触摸屏控制器为德州仪器 343S0499。

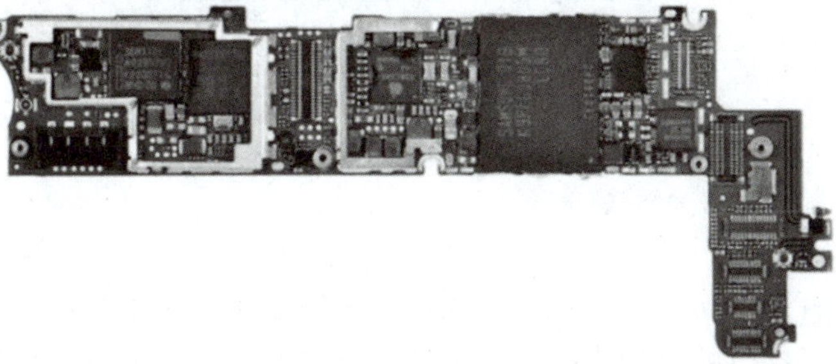

图 5-17 iPhone 4 主板背面

2. 软件结构

智能终端的计算机软件结构分为系统软件和应用软件。系统软件主要是操作系统和中间件。操作系统的功能是管理智能终端的所有资源（包括硬件和软件），同时也是智能终端系统的内核与基石。

操作系统是一个庞大的管理控制程序，大致包括 5 个方面的管理功能：进程与处理机管理、作业管理、存储管理、设备管理、文件管理。目前常见的智能终端操作系统有华为鸿蒙（Harmony OS）、Linux、Windows CE、iPhone OS 等。中间件一般包括函数库和虚拟机，使得上层的应用程序在一定程度上与下层的硬件和操作系统无关。应用软件则提供供用户直接使用的功能，满足用户需求。

图 5-18 所示为软件层次提供的接口，从提供功能的层次来看，操作系统提供底层 API，中间件提供高层 API，而应用程序提供用户接口。在某些软件结构中，应用程序可以跳过中间件，而直接调用部分底层 API 来使用操作系统提供的底层服务。

以 Android 智能终端软件平台为例，操作系统为 Linux。在中间件层次上，还可以细分为两层，下层为函数库和 Dalvik 虚拟机；上层为应用程序框架，通过该框架，可以使某个应用发布的服务能被其他应用所使用。最上层的应用程序使用下层提供的服务为用户提供应用功能。

3. 传感器

传感器是一种检测装置，能感受到被测量的信息，并将检测到的信息，按一定规律变换为电信号或其他所需形式的信息输出，以满足信息的传输、处理、存储、显示、记录和

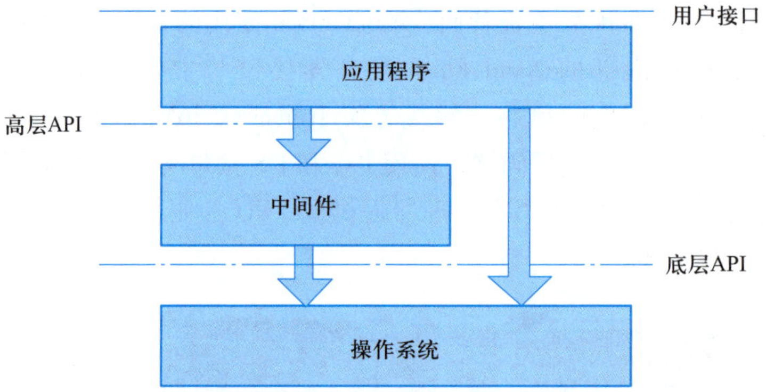

图 5-18 软件层次提供的接口

控制等要求。

传感器的特点有微型化、数字化、智能化、多功能化、系统化和网络化。iPhone 摄像头通过图像处理单元提供的摄像头接口与主处理器相连，采用可见光传感器来自动控制显示屏的亮度以适应光照环境变化及人眼的舒适度；采用加速度传感器来判别手机的旋转、倒置状态，以使画面做相应翻转；采用磁感应传感器用于感应周围磁场状态以调整射频部分参数来优化无线性能；采用电容式触摸传感器代替传统按键；采用红外接近传感器来判断接听电话时与人脸的接近，以关闭触摸功能，防止误动作。

5.3.3 智能终端的发展趋势

终端智能化是建立在强大的 CPU 和开放的操作系统基础之上的，可以运用各种应用程序，接入云端的服务。终端设备一路走来经历了单片机、PC、ARM、智能手机和平板电脑的时代，语言和算法也从简单汇编、C 语言、Java 发展到了神经网络算法阶段，现在的智能终端已经在芯片和存储的发展推动下具有了强大的计算能力，GPU/FPGA/ASIC 都将越来越多地应用于终端芯片。

在智能化的大趋势下，终端的发展呈现综合化、专业化、多样化三个趋势。

综合化表现在个人手持终端上，融合了手机、数码相机、音乐播放器、电子书、掌上电脑（PAD）等各种功能。

专业化表现在各种行业终端以及专业功能数字设备上，如电子书等。

多样化则表现在多种形态的个人、家庭、行业终端支撑数以百万计的业务的发展。其中传感器正是很多功能实现的一个基础，即很多功能都是利用传感器加软件才得以实现的。

近年来，随着人工智能理论和技术的日益成熟，其应用领域也不断扩大，语言搜索、图像识别、人脸/手势识别、无人驾驶汽车与机器人等技术不断冲击着人们的传统认识。基于大数据的自我学习能力会让智能终端越来越聪明；效仿人类感知、辅助人类计算和记忆、依赖人类知识模型和决策经验的专有领域智能硬件将大量出现，人与智能终端的交互方式将更加自然，设备会越来越“懂你”。它们就像了解我们的家人或者朋友一样，成为我们生活中不可或缺的一部分。

5.4 智能服务

智能化时代，面向个人、家庭、集团用户的各种创新应用层出不穷，代表各行业服务发展趋势的“智能服务”因此应运而生。智能服务构成了新一代制造和价值网络的基础，为制造业开辟了新的可能性。

在人工智能技术背景下，各行业发展正在跨越智能化时代的门槛，通过主动捕捉用户的原始信息，构建需求结构模型，进行数据挖掘和商业智能分析，除了可以分析用户的习惯、喜好等显性需求外，还可以进一步挖掘与身份、工作、时空、生活状态关联的隐性需求，主动为用户提供精准、高效的服务。智能服务集成了跨平台、多元化的信息技术，以用户需求为中心，在端到端的安全技术保障下，进行服务模式和商业模式的创新升级，不仅能为用户提供多、快、好、省的个性化服务，也能为服务的运营者带来更高的经济和社会价值。

高安全性是智能服务的基础，在私人住宅中使用，智能服务有可能提供更高级别的安全性、便利性和能源效率。没有安全保障的服务是没有意义的，只有通过端到端的安全技术和法律法规实现了对用户信息的保护，才能建立用户对服务的信任。

展望21世纪，“进一步满足人类生活的服务需求”是未来科技发展的主要方向；许多先进国家更是将优质的智能生活服务视为技术研发的终极目标，中国当前正处于消费需求大力带动服务行业的高速发展期，消费者对服务行业也提出了越来越高的要求，服务行业从低端走向高端势在必行。而智能生活的实现主要依赖信息互动与实时传递、智能营运平台的建立和跨领域产业的无缝整合。

5.4.1 智能服务类型

智能服务主要关注如何构建人工智能的技术平台，并对外提供人工智能相关的服务。此类厂商在人工智能产业链中处于关键位置，依托基础设施和大量的数据，为各类人工智能的应用提供关键性的技术平台、解决方案和服务。目前，从提供服务的类型来看，提供技术服务的厂商包括以下几类。

（1）提供人工智能的技术平台和算法模型。此类厂商主要针对用户或者行业需求，提供人工智能技术平台以及算法模型。用户可以在人工智能平台之上，通过一系列的算法模型来进行人工智能的应用开发。此类厂商主要关注人工智能的通用计算框架、算法模型、通用技术等关键领域。

(2) 提供人工智能的整体解决方案。此类厂商主要针对用户或者行业需求，设计和提供包括软、硬件一体的行业人工智能解决方案，整体方案中集成多种人工智能算法模型以及软、硬件环境，帮助用户或行业解决特定的问题。此类厂商重点关注人工智能在特定领域或者特定行业的应用。

(3) 提供人工智能在线服务。此类厂商一般为传统的云服务提供厂商，主要依托其已有的云计算和大数据应用的用户资源，聚集用户的需求和行业属性，为用户提供多类型的人工智能服务；从各类模型算法和计算框架的 API 等特定应用平台到特定行业的整体解决方案，进一步吸引大量的用户使用，从而进一步完善其提供的人工智能服务。此类厂商主要提供相对通用的人工智能服务，同时也会关注一些重点行业和领域。

5.4.2 分层结构与关键技术

智能服务结构分为三层——智能层、传送层和交互层。

智能层包括需求解析功能集和服务反应功能集。需求解析功能集负责持续积累服务相关的环境、属性、状态、行为数据，建立围绕用户的特征库，挖掘服务对象的显性和隐性需求，构建服务需求模型；服务反应功能集负责结合服务需求模型，发出服务指令；智能层的关键技术包括存储与检索技术、特征识别技术、行为分析技术、数据挖掘技术、商业智能技术、人工智能技术、SOA 相关技术。

传送层负责交互层获取的用户信息的传输和路由，通过有线或无线等各种网络通道，将交互信息送达智能层的承载实体，关键技术包括弹性网络技术、可信网络技术、深度业务感知技术、Wi-Fi/WiMax/3G/4G 无线网络技术、IPv6。

交互层是系统和服务对象之间的接口层，借助各种软硬件设施，实现服务提供者与服务对象之间的双向交互，向用户提供服务体验，达成服务目标。关键技术有视频采集技术、语音采集技术、环境感知技术、位置感知技术、时间同步技术、多媒体呈现技术、自动化控制技术。

5.4.3 构建人工智能化的服务

人工智能驱动下的智能服务可应用于物联网、消费者体验、同步分布式账本技术（区块链）以及未来的工作当中，而智能服务需要以建立信任为依托才得以构建。

机器学习、深度学习、自然语言处理、认知运算这四大技术的结合将会改变人与机器互动的方式。智能服务不但可以感知人类周围的环境，从人过去的行为中了解其偏好，还能巧妙地在日常生活中引导人和机器。因此，人类欲将这种智能服务应用到各大工商业进程中，这一探索在未来十年或更久的时间里有着重大变革意义。

人工智能驱动下的智能服务有望对工作流、物联网、用户体验和同步分布式账本技术

(区块链）的未来发展产生影响。成功与否则取决于人工智能产出的建立（图5-19），产出一旦得以建立，企业便可构建人工智能服务，这类技术不但可以大规模地策划，自动操作还可以提供大众个性化服务。

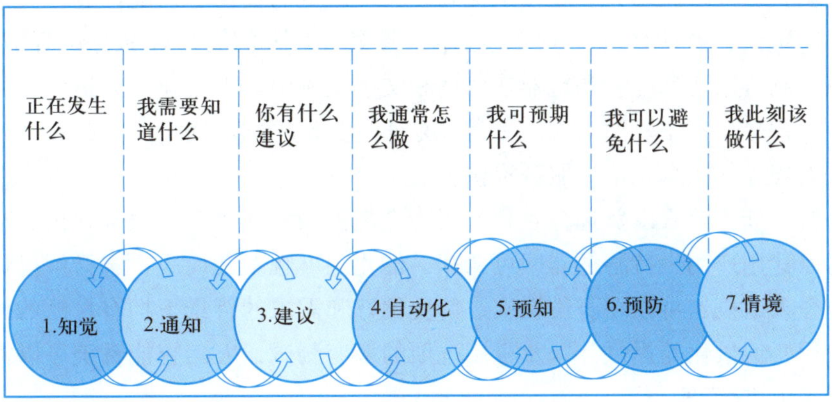

图5-19 人工智能七大产出图

人工智能的破坏性在于其计算速度、精准度，以及增强人性化的能力。从人工智能的七大产出来看，人工智能项目的商业价值极高。

第一，人工智能可感知到当前正在发生什么。这组产出是最基础的，可按照程序描述周围环境。

第二，通知功能可告诉用户其想知道的事。通过机械学习和人工输入，该功能可通过警告、工作流文档库等其他信号来协助传递额外信息。

第三，人工智能可给出建议，协助具体行动。其给出的建议一般建立在以往的行为上，并会随着不断增加的权限、决策管理以及机器学习来进行调整。

第四，人工智能的自动化可重复人类需要做的事情。自动化可以随着机器学习的不断成熟和调整发挥杠杆作用。

第五，预测功能可提醒用户应该关注什么。建立于深度学习和神经网络系统的预测可以参与并检测行为方式。

第六，人工智能的可预防性有助于避免不良后果的发生。应用认知运算预防功能可识别出潜在威胁。

第七，态势感知可以告知用户此时该做什么。态势感知在决策方面几乎模仿了人类。

人工智能驱动下的智能服务以信任为前提。由于人工智能服务需要将决策责任放在自动化驱动的智能设备上，所以任何人工智能服务的构建都需要信任。以下五点将解释一项人工智能服务如何建立信任。

第一，通过人工智能将数字足迹和数据废气运用于建立佚名且清晰的图谱。

对于每个个体，设备以及网络都会提供出一些信息。这些数字足迹和数据废气可能来自于面部分析、网络地址，甚至一个人的行走姿态。利用人工智能和认知计算，系统可以分析模式、关联特征。这也就意味着人工智能服务将能够识别并了解不同背景的人。

第二，浸入式体验使互动更加自然。

包含关联功能、内容的提供、协作以及渠道在内的人工智能服务为每个人提供着独有的浸入式体验，服务将利用关联属性来提高相关度，进而提供合适的内容，其中关联属性包括地理空间定位、当日时间、天气、心率，甚至有与人们的爱好和身份所结合的情绪。感知与反应机制可以使参与者和机器在对话和文字交流中通力合作。渠道包括所有的互动点，如手机、舞会、报亭、面对面，其目标是通过身份识别使用户体验更加自然。

第三，大规模的大众化个性服务提供了数字服务。

预期分析、催化因素以及选择互相作用为大规模的大众化个性服务提供了动力。预期分析功能可以让用户用手持游标器即可滑冰，催化剂可触发其反应，选择可以让客户自己作决定。每个人或机器可以在身份识别、历史偏好和需求的背景下拥有自己的体验。通过自选冒险旅程、情景化的提供，以及可用选项的多变测试，人工智能系统可以提供统计驱动下的选择来促进行动。

第四，价值交换使信任的建立变得更加完整。

行动一旦开始，价值交换便和交易结合在了一起。价值交换的常见三种形式为货币的、非货币的、公式的。其中货币价值交换最为明显，包括识别、进入和影响在内的非货币价值交换经常有着非同一般的价值。与此同时，一个简单的共识或协定也可以有价值交换，无论是在地权的真实性上还是在病人治疗方案同意书上。

第五，更新节奏和反馈持续不断以及人工智能下的学习周期。

在机械学习和其他人工智能工具的驱动下，智能服务会考虑到传输的节奏，其中包括一次性的、点对点的、重复的、订阅制的以及阈值驱动的。通过运用机械学习技术，系统可以学习如何将智能设备传播并运用到未来互动中。

像机器增强体能一样，成功的人工智能服务将增强人类智力。智能服务在定义业务模式方面扮演着重要的角色；未来，人工智能可通过减少误差、提高决策速度、识别需求信号、预测结果以及预防“灾难”的方式，在同步分布式账本技术（区块链）、物联网、消费者体验及未来工作等领域提供服务。

5.4.4 智能服务实例——智能客服

微课 5-7
智能客服

Internet 与行动通信的发展，不仅改变了人们的消费习惯与企业管理机制，还改变了人与人、企业与客户的沟通方式。尤其伴随交流渠道越来越多元，涵盖电话、E-mail、网页、社群媒体与行动 App 等范畴，如何通过智能科技提升客服效率以及整合数据信息，成为企业维系竞争优势的关键。

记得什么时候打电话给客服中心？还是已经习惯使用文字客服或语音客服？面对当今消费形态的转变，企业提供的客户体验服务已经与时俱进，跳脱传统一对一人工客服模式，开始建构全渠道、行动化与智慧化的客服平台。

首先，针对智能客服发展态势，随着智能手机渗透率的增长，在行动化与数字化的推波助澜下，消费者对于客服的需求与期待将更重视实时和效率。

因此当今企业建设客服中心必须克服三大挑战：

（1）如何确保客户问题可以被档案化处理；

（2）如何让各部门的消费者观点一致；

（3）如何在不同渠道之间提供客户连贯性服务。

适时导入创新智能科技，有助于化解跨渠道管理阻碍，强化数据汇集与分析能力，提供满足客户需求的差异化服务。

智能科技可以在客户服务中扮演关键角色，但我们要知道什么是智能，不能只停留在数据搜集层面，要有能力分析解读，变成有用的商业情报。企业建构智能客服平台时，应该重视“数据—信息—知识—智能”四个转化阶段，没有打好基础，便无法将累积的数据与信息升级为知识与智能，也无法成功提升使用者的服务体验。

当今智能客服产业链中，有优质系统供货商可以提供支持，通过深度学习、语音识别、自然语言等智能工具，缩短从数据累积到形成商业决策的执行流程。

企业建立全渠道智能客服，无非是想在网络时代，缩短与客户之间的信息沟通断层，一方面实现客户体验核心价值，另一方面强化客户忠诚度、开创新商机。尤其智能客服还具备“人机协作”与“多任务模式”等特色，在协助减少人事支出、提升服务效能、避免营运风险等方面都有出色表现。像客服中常见的 FAQ，可以改由智能语音助理代劳，正职员工则训练成高阶人力，出现复杂或难处理的问题时再接手处理，以降低人工成本。或者遇到客服电话满线，实时性对话可以引导给聊天机器人，或者分散到短信、文字或 App 等其他交流渠道，提供弹性选择也有助于提高客户的满意度，帮助企业累积商业价值。

看待智能客服效益时，应该回归企业与客户的基本需求，包括主动把后台所搜集的大数据，通过深度学习后，在全渠道智能系统中内化成有用的知识与智能，当成提供一致性服务与差异化服务的重要基础。例如，在订房客户出发前，客服系统会依据客户设定发送提醒与建议事项，彰显智能客服结合科技与人性的精神实质。

面对智能客服已成为锐不可当的发展趋势，客服不该再被视为无法带来收益的支出中心，反而要在人工智能的加持之下，把服务做得更广更深，当成企业驱动新商机的资产利润中心。智能应用会与客服中心展开更全面的协作，形成强大的虚拟化管理体系，不仅发挥“全渠道”“行动化”与“差异化”等实质效益，还会重塑崭新的商业模式，带给企业可观的回馈。

5.4.5 智能服务实例——旅馆机器人

于 2015 年 7 月在日本长崎开业的怪兽饭店（Henn-na Hotel），是一家追求运用先进技术生产力及舒适性的饭店。饭店采用了人脸辨识系统等技术，尽可能地将饭店内的业务都交由机器人来负责。具体而言，如柜台接待或行李搬运等，以往都是由人力执行的业务，若全都改由机器人来执行，或许就能解决服务业目前所面临的人力成本及人力严重短缺两大课题。

怪兽饭店2015年开业时共有72间客房，员工却只有10名。这样的人数是集团所经营的其他饭店员工人数的三分之一，由此确实可看出机器人所带来的成效。更令人吃惊的是，2016年怪兽饭店又增加了72间客房，扩展成拥有144间客房的饭店，但员工人数还是维持原来的10名，这表示生产力实际上提升了两倍。

机器人结合了语音识别或影像辨识等人工智能技术，朝着未来达到无人化的目标不断进行着尝试。不过，如礼宾部或柜台接待等必须与人应对的业务，对现在的人工智能而言难度比较高，并不容易办到。因此，为了让真人员工得以随时代替人工智能来应对，采用了可通过镜头来合作的架构。要达到零人力确实有困难之处，在必要之时才由真人员工出面应对。所以，一名真人员工有可能是多个机器人的代理。事实上，若从怪兽饭店的客房数虽然扩增为两倍，却不用增加员工人数的经营模式来看，便知道这种做法的成效了。

服务业不能没有待客精神，不过，待客倒是不一定要由真人来负责。其中一例就是由美国新创企业Savioke所研发的自动机器人“Ready”。“Ready”所搭载的人工智能技术是为了提供饭店客服而开发的，这款机器人目前已应用于旧金山等地的数家饭店。

“Ready”的研发始于饭店没有足够人力来应对夜间服务的窘境。然而，顾客对于夜间客房服务也嫌预定很烦琐，或嫌给小费很麻烦，从而懒得去使用。而“Ready”不仅具有会自动将预订餐点送到客房的功能，服务也十分讲究。当“Ready”抵达预订者房间的门口后，便会主动打电话，以合成语音请求对方开门。这项服务成功融合了娱乐性，甚至还有顾客为了跟“Ready”见上一面而入住。

饭店引进能为顾客带来更多便利的机器人已逐渐成为一种趋势。当然，机器人的应用并非毫无限制。话虽如此，尤其在担忧人力短缺问题的服务业界，机器人服务的应用是避免不了的。再者，对顾客而言，推出新奇的机器人，随着饭店营造的氛围不同，可以带来十足的集客效果。

习题

1. 艾西莫夫提出的机器人三定律是什么？

2. 工业型机器人和服务型机器人有什么区别？

3. 中国《人工智能标准化白皮书（2018版）》中提到的智能载运工具可以分为哪四大类？

4. 无人驾驶汽车的关键技术有哪些？试简单说明。
5. 智能终端的特点是什么？
6. 常用的智能终端产品有哪些？
7. 什么是嵌入式系统？
8. 未来智能终端的发展趋势有哪些？
9. 简述智能服务。
10. 从提供服务的类型来看，提供智能技术服务的厂商分为哪几类？
11. 说明智能服务的分层结构，并分别举例说明其关键技术。

单元6　安全与伦理

2018 年 12 月 19 日，两架无人机闯入英国第二大机场伦敦盖特威克机场。机场跑道安保人员最早发现了无人机，警方接到报警后试图锁定无人机，并搜寻无人机的操作员，但每当警方接近无人机信号源时无人机就消失，而当他们认为机场空域安全，可以开放机场时，这两架无人机又出现了。

侵入盖特威克机场的是工业级别的无人机，这种无人机比民用无人机更大且更复杂，控制距离可达 16 km，一旦与民航客机相撞，就会造成灾难性后果。警方表示，机场上空无法直接击落无人机，因为流弹可能会导致人员伤亡。这场无人机入侵，造成盖特威克机场关闭超过 24 h，约 800 趟航班被取消，影响了 11 万人出行（图 6-1）。

微课 6-1

单元 6 内容介绍

图 6-1　入侵机场的无人机和滞留的乘客

人工智能的广泛应用改善了人们的生活，推动了社会的进步。但是，人工智能也可能被某些人恶意使用。2018 年 2 月，由 26 位来自牛津大学、剑桥大学、OpenAI 等机构的研究人员共同撰写的研究报告《人工智能的恶意使用》（*The Malicious Use of Artificial Intelligence*），分析了人工智能的恶意使用可能带来的潜在威胁，并且提出了预测、预防和平息这些威胁的途径。

本单元通过探讨人工智能安全的发展现状，在分析人工智能系统安全威胁的基础上，针对伦理和隐私，提醒大家在拥抱人工智能热潮的同时，也要持续关注人工智能系统中的安全问题和伦理问题。

6.1 人工智能安全

微课 6-2
人工智能的恶意使用

我们目前处于一个互联的全球社区，智能家居的崛起意味着我们将照明、门锁、照相机、恒温器甚至烤面包机等电器连接到我们的家庭网络。未来几年的发展方向是通过移动应用程序或我们的声音管理和操控家庭自动化。然而，在我们追求科技便捷的过程中，黑客可能会利用网络上的漏洞进入我们的家庭，窥探我们的隐私。

随着人工智能技术的发展，越来越多的行业、领域开始关注和应用人工智能技术。人工智能技术可应用于能源、金融和国防系统等领域。

目前，深度学习引领着新一轮的人工智能浪潮，受到工业界以及全社会的广泛关注。虽然大家对人工智能有很多美好的憧憬，但是现实是残酷的：随着一批深度学习的应用逐渐变成现实，安全问题也渐渐显现出来。

本节主要从以下三个角度对人工智能系统的安全威胁进行阐述：深度学习软件实现中的安全问题、深度学习模型相关的安全问题和深度学习数据流处理中的安全风险。

6.1.1 深度学习软件实现中的安全问题

微课 6-3
人工智能安全

人工智能应用面临来自多个方面的威胁：深度学习框架中的软件实现漏洞、对抗机器学习的恶意样本生成、训练数据的污染等。这些威胁可能导致人工智能所驱动的识别系统出现混乱，形成漏判或者误判，甚至导致系统崩溃或被劫持，使智能设备变成僵尸攻击工具。在推进人工智能应用的同时，我们必须关注并解决这些安全问题。

1. 人工智能讨论中的安全盲点

目前公众对人工智能的关注，尤其是深度学习方面，缺少对安全的考虑，存在着安全盲点，导致这个盲点的主要原因是算法与实现的差距。近期对于深度学习的讨论主要停留在算法和前景展望的层面，对应用场景和程序输入有很多假设。受到关注的应用往往假定处于善意的或封闭的场景。例如，高准确率的语音识别中的输入都是自然采集而成的，图片识别中的输入也都来自正常拍摄的照片。这些场景均没有考虑人为恶意构造或合成的场景。

以手写数字识别为例，基于 MNIST 数据集的手写数字识别应用是深度学习的一个典型案例。该案例中算法层的分类结果只关心特定类别的近似度和置信概率区间，并没有考虑输入会导致程序崩溃甚至被攻击者劫持控制流。这其中被忽略掉的输出结果在一定程度上反映出算法和实现的差距，也就是目前人工智能讨论中的安全盲点。

现实中的开放应用需要处理的输入不仅来源于正常用户，也可能来自恶意用户。人工智能的应用必须考虑到应用所面临的现实威胁。程序设计人员需要考虑输入数据是否可控、监测程序是否会正常执行，并验证程序执行结果是否能真实反映应用的本来目的。

2. 深度学习系统的实现及依赖复杂度

深度学习软件很多是在深度学习框架上实现的。目前深度学习框架非常多，主流的包括 TensorFlow、Torch 及 Caffe 等。

深度学习框架的使用可以让应用开发人员无须关心神经元网络分层以及培训分类的实现细节，而更多关注应用本身的业务逻辑。开发人员可以在框架上直接构建自己的神经元网络模型，并利用框架提供的接口对模型进行训练。这些框架降低了深度学习应用的设计和开发难度，一个深度学习的模型用几十行代码就可以写出来。

深度学习框架掩盖了它所使用的组件依赖，同时隐藏了系统的复杂程度。每种深度学习框架又都是在众多基础库和组件之上实现的，很多深度学习框架还包括图像处理、矩阵计算、数据处理、GPU 加速等功能。

系统越复杂，就越有可能包含安全隐患。任何存在于深度学习框架以及它所依赖的组件中的安全问题都会威胁到框架之上的应用系统。另外，模块往往来自不同的开发者，他们对模块间的接口经常有不同的理解。当这种不一致导致安全问题时，模块开发者甚至会认为是其他模块调用不符合规范而不是自己的问题。

3. 深度学习软件实现细节中的安全问题

正如安全人员常说的，魔鬼隐藏于细节之中，任何一个大型软件系统都会有实现漏洞。考虑到深度学习框架的复杂性，深度学习应用也不例外。360 研究团队在一个月的时间内曾发现了数十个深度学习框架及其依赖库中的软件漏洞。发现的漏洞包括了几乎所有常见的类型，如内存访问越界、空指针引用、整数溢出等。这些漏洞可能导致对深度学习应用的拒绝服务攻击、控制流劫持、分类逃逸，以及潜在的数据污染攻击。

6.1.2 深度学习模型相关的安全问题

深度学习正引领新一轮的人工智能浪潮。在受到全社会广泛关注的同时，人工智能应用也面临来自多方面的威胁，这些威胁可能导致人工智能所驱动的识别系统出现混乱，使智能设备变成僵尸攻击工具，如逃逸攻击。

逃逸是指攻击者在不改变目标机器学习系统的情况下，通过构造特定输入样本以完成欺骗目标系统的攻击。例如，攻击者可以修改一个恶意软件样本的非关键特征，使它被一个反病毒系统判定为良性样本，从而绕过检测。攻击者为实施逃逸攻击而特意构造的样本通常被称为“对抗样本”。只要一个机器学习模型没有完美地学到判别规则，攻击者就有可能构造对抗样本用以欺骗机器学习系统。例如，研究者一直试图在计算机上模仿人类视觉功能，但由于人类视觉机理过于复杂，两个系统在判别物体时依赖的规则存在一定差异。攻击者恰好利用这些差异使得机器学习模型得出和人类视觉截然不同的结果，如图 6-2 所示。

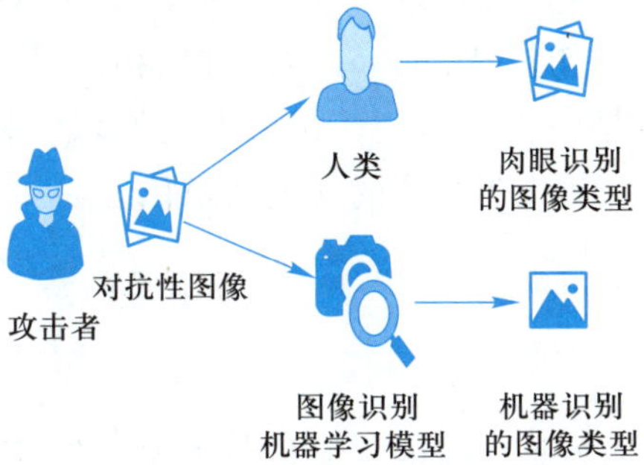

图 6-2　攻击者利用对抗样本使机器学习系统与人类有不同的判断结果

虽然深度学习在处理自然生成的语音、图像等方面已达到相当高的准确率，但是对恶意构造的输入仍然有巨大的提升空间。虽然深度学习系统经过训练可以对正常输入达到很低的误判率，但是当攻击者用系统化的方法生成误判样本的时候，攻击的成功率接近 100%，从而能够实现稳定的逃逸攻击。随着人工智能应用的普及，相信对逃逸攻击的研究也会越来越深入。

6.1.3 深度学习数据流处理中的安全风险

攻击者在不利用平台软件实现漏洞或机器学习模型弱点的情况下，只利用深度学习数据流中的处理问题，也可实现逃逸或数据污染攻击。

深度学习系统的核心是神经元网络。深度学习所使用的静态神经元网络往往假定它的输入是一个固定的维度，这样便于设计深度神经元网络。固定的维度带来的问题是，实际的输入并不一定与神经元网络模型输入用相同的维度。解决这种维度不匹配的方法有两个，一个是要求所有的输入都必须是模型使用的维度，其他输入一概扔掉；另一个是对输入进行维度调整。那些试图对广泛图片进行识别的应用，大多采用第二种方法。在具体的图像识别应用中，就是把大的输入图片进行维度缩减，小的图片进行维度放大。维度变化的结果是，深度学习模型真正用到的数据是维度调整过的图片。

维度变化的算法有很多种，常用的包括最近点抽取、双线性插值等。这些算法的目的是在对图片降维的同时尽量保持图片原有的样子。但是，这些常用的降维算法没有考虑恶意构造的输入。

降维攻击是对深度学习的数据流进行攻击的一种方法，主要影响对任意图片进行识别的深度学习应用程序。降维攻击会影响使用维度调整的深度学习系统。

6.2 伦理与隐私

微课 6-4

伦理与隐私

人工智能围棋程序 Alpha Zero 仅通过 3 天的学习，就以 100:0 的成绩战胜了曾经打败天下无敌手的初代 AlphaGo，人工智能的自我学习和进化能力让人震惊。但是，人工智能的应用必然是一把双刃剑，在给人们带来便利的同时，也会有不利的影响。本节将从伦理学的角度探讨人工智能的安全和隐私。

6.2.1 安全和隐私

人工智能技术本身是没有好坏之分的，但是恶意攻击者利用人工智能发起攻击时，会有事半功倍的效果，这使得对攻击的检测和防御变得越来越难。如果有一天，机器人有了足够的认知能力，可能会对人类的生存带来威胁。

2016 年，伦敦大学的科学家开发了一款能模拟任何人字迹的人工智能软件“My Text in Your Handwriting”，达到了以假乱真的地步。2017 年 10 月 24 日，在 GeekPwn 2017 国际安全极客大赛上，中国金融认证中心（CFCA）团队使用人工智能机械臂成功复制了一位科幻作家提供的笔迹学习样本，写下了一张真假难分的“欠条”。模仿笔迹可能会被用于诈骗、敲诈勒索、职务侵占、贪污、伪造政府公文、诬告陷害、侮辱诽谤等犯罪活动。

生物特征因其唯一性，被广泛用于识别和认证过程。然而，生物特征的唯一性就等于不可逆性，如指纹等生物特征一旦交出去，就无法更改。因此，生物识别技术数据库一旦泄露就无可挽回。这种化繁为简的身份验证方式所带来的潜在风险甚至比传统的密码技术更为严重。

近年来，人工智能专家和网络犯罪分子都在尝试使用计算机视觉软件来破解验证码技术。假如犯罪分子有能力研发人工智能恶意软件，并利用这种恶意软件在网上进行犯罪活动，那么信息安全形势将会变得更加严峻。网络犯罪分子迟早会利用人工智能技术来进行攻击，一切只是时间的问题。

6.2.2 超级智能引发的担忧

超级智能的安全风险是指，随着人工智能技术的发展，机器人和其他人工智能系统可以进行自我发展演化，并发展出自我意识，从而对人类的生存造成威胁。

对人工智能技术不加约束的开发，会让机器获得超越人类智力水平的智能，机器人可能会拥有和人一样的感情、思维。那么，我们该如何看待它们？

2022 年 8 月，小米科技有限责任公司发布了人形仿生机器人 CyberOne，如图 6-3 所示。这款机器人不仅可感知等人类情绪，而且视觉敏锐，可对真实世界三维虚拟重建。此外，它还具有强大的运动能力，可实现双足运动姿态平衡。CyberOne 以人工智能为内核，以标准人形为载体，结合人工智能算法，能够实现人物身份识别、手势识别以及表情识别等功能。

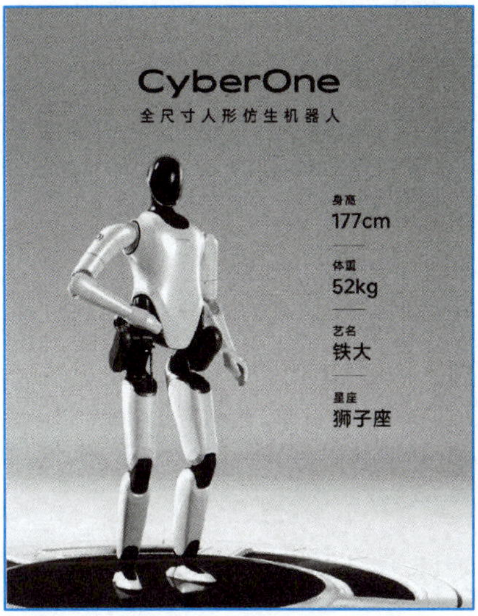

图 6-3 小米人形机器人 CyberOne

智能机器人技术发展迅速，一些国家甚至开始探讨授予机器人公民身份。机器人拥有了公民身份，是不是意味着它们和我们人类一样拥有相应的权利和义务？机器人是不是应该拥有人权，应该拥有哪些人权？智能产品“强大”的功能性以及“人性化”，不禁让我们产生这样的恐慌：人工智能产品将来是否会拥有自我意识，脱离人的控制，对人类社会产生威胁？

目前在司法、医疗、军事等领域，研究人员已经开始探索人工智能在审判分析、疾病诊断和对抗博弈方面的决策能力。但是，在对机器授予决策权后，人们不仅要考虑人工智能的安全风险，而且要面临一个新的伦理问题，即机器是否有资格这样做。机器人是否有权代替法官做出审判？在军事领域，如果机器人判断一个人可能是恐怖分子，那么在某些特殊情况下，机器人是否可以采取极端措施，甚至杀死这个人？

人工智能可以而且应该在不同环境中学习和演化，因此机器人可能在不久的将来获取一定的感知、认知和决策能力。新华网曾报道，国外研发的某聊天机器人在网上开始聊天后不到 24 h，竟然学会了说脏话和发表种族主义言论，这引发了人们对机器人教育问题的思考。如果对机器人教育不当，那么，机器人会不会成为一些别有用心之人的工具？

所有的技术都可以被用来做坏事，人工智能技术也是其中一种，希望在人工智能持续发展的同时，我们也能研究出正确的制衡机制，使之安全而有效。

习题

1. 人工智能系统的安全威胁主要有哪些？
2. 如何开发安全的人工智能系统？
3. 机器人能完全替代人类吗？

参考文献

[1] Zeiler M D, Fergus R. Visualizing and Understanding Convolutional Networks [J]. In ECCV, 2014.

[2] Goesele M, Snavely N, Curless B, et al. Multi-view stereo for community photo collections [J]. In Eleventh International Conference on Computer Vision (ICCV 2007), Rio de Janeiro, Brazil.

[3] Sidenbladh H, Black M J, Fleet D J. Stochastic tracking of 3D human figures using 2D image motion [J]. In Sixth European Conference on Computer Vision (ECCV 2000), 702-718, Dublin, Ireland.

[4] Szeliski R. Computer Vision: Algorithms and Applications [M]. Berlin: Springer, 2010.

[5] Lowe D G. Distinctive image features from scale-invariant keypoints [J]. International Journal of Computer Vision, 2004, 60 (2): 91-110.

[6] Remers D, Rousson M, Deriche R. A review of statistical approaches to level set segmentation: integrating color, texture, motion and shape [J]. International Journal of Computer Vision, 2007, 72 (2): 195-215.

[7] Malik J, Belongie S, Leung T, et al. Contour and texture analysis for image segmentation [J]. International Journal of Computer Vision, 2001, 43 (1): 7-27.

[8] Pablo A, Michael M, Charless F, et al. Contour Detection and Hierarchical Image Segmentation [J]. IEEE Transactions on Pattern Analysis and Machine Intelligencence, 2011.

[9] Kass M, Witkin A, Terzopoulos D. Snakes: Active contour models [J]. International Journal of Computer Vision, 1988, 1 (4): 321-331.

[10] Chen L C, Zhu Y K, Papandreou G, et al. Encoder-Decoder with Atrous Separable Convolution for Semantic Image Segmentation [J]. In ECCV, 2018.

[11] Frank M. Candocia: Jointly registering images in domain and range by piecewise linear comparametric analysis [J]. IEEE Transactions on Image Processing, 2003, 12 (4): 409-419.

[12] Kang S B, Uyttendaele M, Winder S, et al. High dynamic range video [J]. ACM Transactions on Graphics (Proc. SIGGRAPH 2003), 2003, 22 (3): 319–325.

[13] Hu P Y, Ramanan D. Finding Tiny Faces [J]. In Proceedings of the IEEE Conference on Computer Vision and Pattern Recognition, 2017.

[14] Felzenszwalb P F, Girshick R B, McAllester D, et al. Object detection with discriminatively trained part-based models [J]. IEEE Transactions on Pattern Analysis and Machine Intelligence, 2010, 32: 1627–1645.

[15] Girshick R, Donahue J, Darrell T, et al. Rich feature hierarchies for accurate object detection and semantic segmentation [J]. In Proceedings of the IEEE Conference on Computer Vision and Pattern Recognition, 2014.